高等学校土木工程专业“十三五”规划教材
全国高校土木工程专业应用型本科规划推荐教材

钢结构设计原理

宋高丽　主编

中国建筑工业出版社

图书在版编目（CIP）数据

钢结构设计原理/宋高丽主编. —北京：中国建筑工业出版社，2019.7（2024.6 重印）
高等学校土木工程专业“十三五”规划教材
全国高校土木工程专业应用型本科规划推荐教材
ISBN 978-7-112-23603-9

Ⅰ. ①钢…　Ⅱ. ①宋…　Ⅲ. ①钢结构-结构设计-高等学校-教材　Ⅳ. ①TU391.04

中国版本图书馆 CIP 数据核字（2019）第 068934 号

本书主要介绍钢结构基本构件（轴心受力构件、受弯构件、拉弯和压弯构件）和钢结构连接（焊缝连接、螺栓连接）的基本设计方法。全书按《钢结构设计标准》GB 50017—2017 编写，计算案例主要为普通钢屋架单层厂房和钢平台，以案例阐述理论，以实用和够用为主要编写原则。

本书既可作为土木工程专业本科生的教材，也可供钢结构工程技术人员参考。

为了更好地支持教学，本书作者制作了教学课件，有需要的读者可以发送邮件至：2917266507@qq.com 免费索取。

* * *

责任编辑：聂　伟　王　跃
责任校对：王　瑞

高等学校土木工程专业“十三五”规划教材
全国高校土木工程专业应用型本科规划推荐教材
钢结构设计原理
宋高丽　主编
*
中国建筑工业出版社出版、发行（北京海淀三里河路 9 号）
各地新华书店、建筑书店经销
霸州市顺浩图文科技发展有限公司制版
建工社（河北）印刷有限公司印刷
*
开本：787×1092 毫米　1/16　印张：12　字数：289 千字
2019 年 6 月第一版　2024 年 6 月第四次印刷
定价：**28.00** 元（附配套数字资源及课件）
ISBN 978-7-112-23603-9
（33895）

前　　言

本书根据《钢结构设计标准》GB 50017—2017 编写，主要阐述钢结构材料的种类和性能、钢结构基本构件的截面设计方法、钢结构连接（焊缝连接、螺栓连接）的基本构造和设计方法。全书共分为 6 章，分别为：绪论、钢结构的材料、轴心受力构件、受弯构件、拉弯和压弯构件、钢结构的连接。

本书在知识体系上力求简明扼要，适当弱化公式的推导过程，以实用、够用为主要原则。各章节案例主要为普通钢屋架单层厂房和钢平台，有利于学习者将基本设计理论与实际应用相结合。

本书可作为高校土木工程专业和其他相关专业钢结构设计原理课程的教材，也可作为钢结构工程技术人员的参考书籍。本书由昆明学院宋高丽编写第 1～6 章、周卫霞编写附录部分，课件由周卫霞制作。

本书在编写过程中，参考或引用了有关单位或个人的资料，谨致谢意。

限于编者水平，书中的错误和不足之处在所难免，敬请读者批评指正。

编　者

目　录

第 1 章　绪　　论

1.1　钢结构的应用和发展

1.1.1　钢结构的应用

钢结构是用钢板、型钢经过加工制成各种基本构件，通过焊接、螺栓连接等方式连接组成的结构。20 世纪 80 年代以来，随着我国经济建设的快速发展，钢结构在工业及民用建筑中的应用日益广泛。

（1）工业厂房（图 1-1）

大型冶金企业、重型机械制造厂、火力发电厂等的一些车间，由于厂房跨度和柱距大、高度高，车间内设有工作繁忙和起重量较大的起重运输设备等，一般采用钢屋架（或钢梁）、钢柱和钢吊车梁等组成的全钢结构。

近年来，随着压型钢板等轻型屋面材料的应用，一般的工业厂房也常采用钢结构，结构形式主要为实腹式变截面门式刚架。

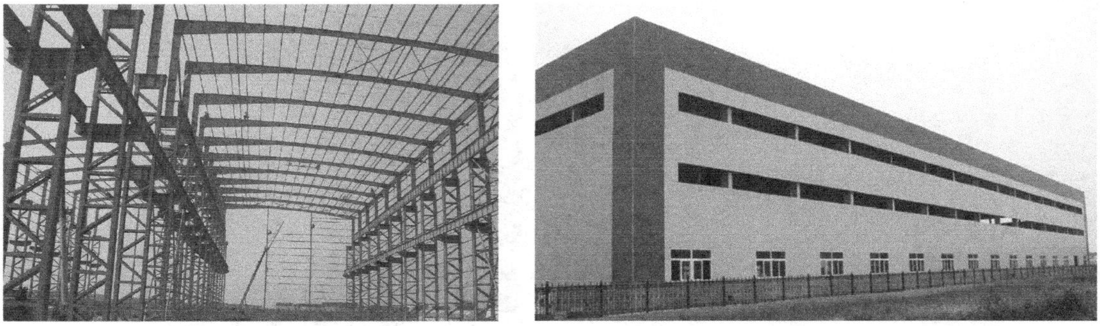

图 1-1　钢结构厂房

（2）大跨结构（图 1-2）

一般情况下，跨度不小于 60m 的结构就称为大跨度结构，常见的如飞机装配车间、会展中心、体育馆、桥梁等结构。结构跨度越大，自重在全部荷载中所占比重也就越大，减轻结构的自重会带来明显的经济效益，因此轻质高强的钢结构在大跨结构中具有明显的优势。

（3）可移动或可拆卸的结构（图 1-3）

需要搬迁的结构，如建筑工地生产生活用房、临时性展览馆等，采用钢结构最为适宜。塔式起重机、履带式起重机的吊臂和龙门起重机等移动结构，都采用钢结构。

图 1-2　大跨结构

图 1-3　可移动或可拆卸结构

（4）多层及高层建筑（图 1-4）

房屋高度越大，施工难度越大，风荷载、地震作用等水平荷载对其影响也越大，因此在高层建筑中采用钢结构更为理想。

图 1-4　高层建筑

根据 1990 年 11 月第四届国际高层建筑会议资料，当时已建成的世界最高 90 幢高层建筑中，51 幢为钢结构，25 幢为钢-钢筋混凝土结构，14 幢为钢筋混凝土结构。

(5) 高耸结构（图 1-5）

高耸结构包括塔架和桅杆结构，如电视塔、输电线塔、无线电天线桅杆、广播发射桅杆等。

图 1-5 高耸结构

(6) 钢-混凝土组合结构

混凝土的抗压强度远高于其抗拉强度，钢构件受压时往往是稳定性起控制作用而不能充分发挥它的强度优势，将钢与混凝土并用，使两种材料的优势都得到充分发挥。常见的钢-混凝土组合构件有压型钢板与混凝土组合楼板、钢与混凝土组合梁、钢管混凝土柱等，如图 1-6 所示。

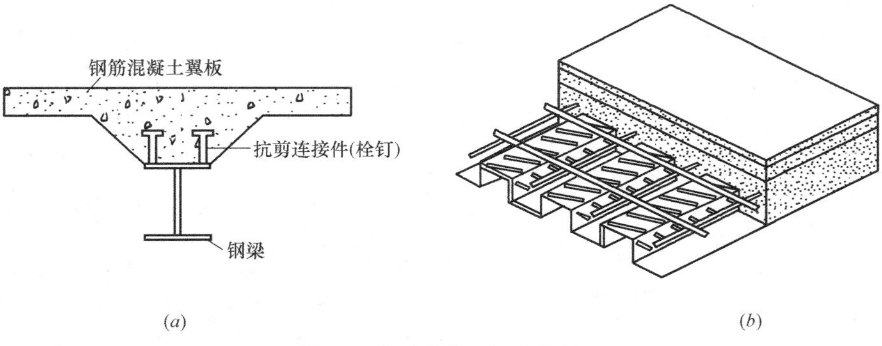

图 1-6 钢-混凝土组合构件

(a) 钢与混凝土组合梁；(b) 压型钢板与混凝土组合楼板

(7) 其他结构

其他结构如储气罐（图 1-7）、油罐、高炉等容器及栈桥、管道支架、井架和海上采油平台（图 1-8）等结构也常采用钢结构。

1.1.2 钢结构的发展

1949 年新中国成立以后，由于受到钢产量的制约，钢结构仅在重型厂房、大跨度公共建筑、铁路桥梁以及塔桅结构中采用。如 1961 年建成的北京工人体育馆，采用了圆形双层辐射式悬索结构，直径 94m。1967 年建成的浙江体育馆，采用双曲抛物面正交索网的悬索结构，椭圆平面，长轴 80m，短轴 60m。1975 年建成的上海体育馆采用三向网架，跨度达 110m。1977 年北京建成的环境气象塔是一高度达 325m 的钢桅杆结构。

图 1-7 干式储气罐

图 1-8 海上采油平台

1978 年我国实行改革开放政策以来，经济建设有了突飞猛进的发展，钢产量逐年增加，自 1996 年超过 1 亿吨以来，一直位列世界钢产量的首位，且钢材的质量及钢材规格已能满足建筑钢结构的要求。1997 年建设部颁发的《中国建筑技术政策》（1996-2010 年）中明确提出了发展钢结构的要求。

1999 年，地上 88 层、地下 3 层、高 420.5m 的上海金茂大厦（图 1-9）的建成，标志着我国超高层钢结构已进入世界前列。2008 年建成的国家体育场“鸟巢”，作为第 29 届北京奥林匹克运动会的主体育场，以其独特的建筑造型吸引了全世界的目光。工程主体结构呈空间马鞍椭圆形，南北长 333m，东西宽 294m，高 69m。交叉布置的主桁架与屋面及立面的次结构一起形成了“鸟巢”的特殊建筑造型。主桁架主要杆件截面为箱形，钢板最大厚度为 110mm。2009 年竣工的中央电视台新台址（图 1-10）采用钢支撑筒体结构体

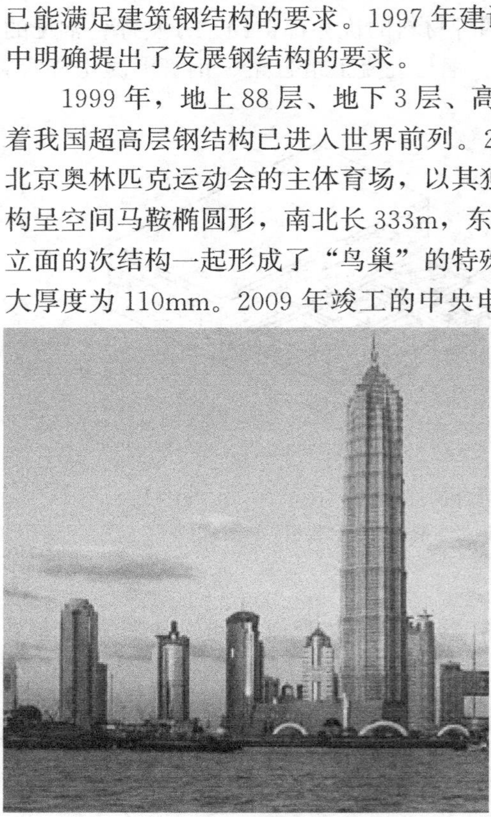

图 1-9 上海金茂大厦

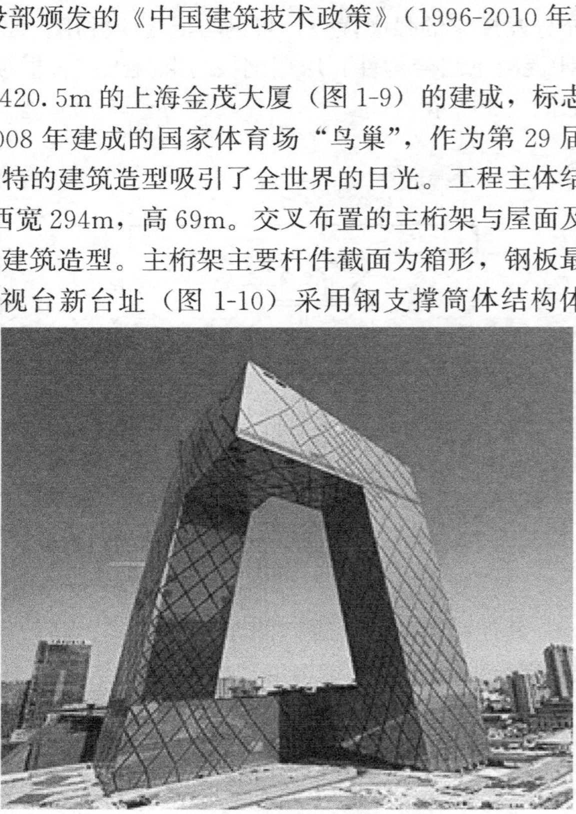

图 1-10 中央电视台新台址

系，主楼由高 234m 的塔楼 1 和高 194m 的塔楼 2 组成，塔楼双向 6°倾斜，并由 14 层 56m 高、悬挑长度 75m、重 1.8 万吨的悬臂钢结构连接。筒体结构采用了 Q390、Q420、Q460 等高强度钢材，钢构件最大板厚达到 100mm。

经过多年的发展，我国在钢结构领域的科学研究、设计、制造和施工等方向都取得很多成就，但仍有很多问题需解决，如高性能钢材的应用、钢结构设计方法的改进、结构形式的革新、钢结构加工制造水平还需进一步提高等。

1.2 钢结构的特点

钢结构和其他材料的结构相比具有如下特点：

（1）材料强度高，塑性和韧性好

钢材与其他建筑材料如混凝土、砖、石、木材等相比，强度要高得多，因此一般构件截面小且壁薄。当构件在受压时通常稳定性和刚度起控制作用，强度难以得到充分利用。钢材塑性好，结构或构件在一般条件下不会发生脆性破坏。钢材韧性好，结构对动力荷载的适应性较强。

（2）钢结构的重量轻

结构的轻质性可以用材料的质量密度和强度的比值 β 来衡量，β 值越小，结构相对越轻。建筑钢材的 β 值为（1.7～3.7）$\times10^{-4}$/m，而钢筋混凝土的 β 值为 18×10^{-4}/m。一般在跨度相同、所受荷载相同的情况下，钢屋架的重量约为钢筋混凝土屋架重量的 1/4～1/3，如果采用冷弯薄壁型钢屋架，其重量甚至仅为钢筋混凝土屋架的 1/10。

（3）材质均匀，符合力学计算假定

钢材内部组织比较均匀，接近各向同性，实际受力情况与工程力学计算结果比较符合。钢材在冶炼和轧制过程中质量可以严格控制，材质波动的范围小。

（4）工业化程度高，施工工期短

钢结构构件一般在工厂制作、工地安装，构件制作的准确度和精密度均较高，现场施工机械化程度高，可以有效缩短施工工期。

（5）绿色环保

采用钢结构可大大减少砂、石、水泥的用量，减少对不可再生资源的使用。钢结构加工制造过程中产生的余料，以及废弃和破坏的钢结构或构件，均可回炉重新冶炼成钢材重复使用。

（6）耐腐蚀性差

钢材容易锈蚀，防止钢材锈蚀最常采用的方法是涂防锈漆。在涂刷油漆前应彻底除锈，油漆质量和涂层厚度均应符合相关规范要求。设计时应尽量避免在构造上存在难以检查、清刷和油漆之处以及能积留湿气和大量灰尘的死角或凹槽，处于较强腐蚀性介质环境中的建筑物不宜采用钢结构。耐候钢具有较好的抗锈性能，近年已逐步推广应用。

（7）钢材耐热不耐火

钢材受热时，若温度在 200℃以内钢材性质变化不大。当温度超过 200℃，钢材强度逐渐降低，还会发生蓝脆和徐变现象。当温度达到 600℃时，钢材进入塑性状态不能继续承载。因此，《钢结构设计标准》GB 50017—2017 规定，高温环境下的钢结构温度超过

100℃时，应进行结构温度验算，并根据不同情况采取防护措施。钢结构耐火性较差，在火灾中未加防护的钢结构一般只能维持 20min 左右。对需防火的钢结构，常用的防火措施通常是在构件表面喷涂防火涂料、外包混凝土或其他防火材料等。

1.3 钢结构的设计方法

1.3.1 概率极限状态设计方法

（1）结构的功能要求

结构计算的目的在于保证所设计的结构构件在施工和使用过程中能满足预期的各种功能要求。结构在规定的设计使用年限内应满足的功能主要有：

① 在正常施工和正常使用时，能承受可能出现的各种作用；

② 在正常使用情况下具有良好的工作性能；

③ 在正常维护下具有足够的耐久性；

④ 在偶然事件（如地震、火灾、爆炸、撞击等）发生时及发生后，仍能保持必需的整体稳定性。

这里的“各种作用”指使结构产生内力或变形的各种原因，如施加在结构上的集中力或分布力（直接作用，也称为荷载），以及引起结构外加变形或约束变形的原因（间接作用，如地震、温度变化、地基沉降等）。

（2）结构的极限状态

当整个结构或结构的一部分超过某一特定状态就不能满足设计规定的某一项功能要求时，此特定状态就称为该功能的极限状态。结构的极限状态主要有：

① 承载能力极限状态

承载能力极限状态指结构或结构构件在荷载作用下，达到最大承载力或不适于继续承载的变形的状态，包括：结构构件或连接因超过材料强度而破坏，或因过度变形而不适于继续承载；整个结构或其一部分作为刚体失去平衡；结构转变为机动体系；结构或结构构件丧失稳定；结构因局部破坏而发生连续倒塌；地基丧失承载力而破坏；结构或结构构件的疲劳破坏。

② 正常使用极限状态

正常使用极限状态指结构或结构构件在荷载作用下，达到正常使用的某项规定限值的状态，包括：影响正常使用或外观的变形；影响正常使用或耐久性能的局部损坏；影响正常使用的振动；影响正常使用的其他特定状态。

③ 耐久性极限状态

耐久性极限状态是指结构或结构构件在环境影响下出现的劣化达到耐久性能的某项规定限值或标志的状态，包括：影响承载能力和正常使用的材料性能劣化；影响耐久性能的裂缝、变形、缺口、外观、材料削弱等；影响耐久性能的其他特定状态。

（3）概率极限状态设计方法

结构的工作性能可用结构的功能函数来描述。若结构设计时需要考虑 n 个影响结构可靠性的随机变量，即 x_1、x_2，…，x_n，则这 n 个随机变量之间通常可建立函数关系：

$$Z=g(x_1, x_2, \cdots, x_n) \tag{1-1}$$

式中，Z 称为结构的功能函数。

为了简化，只以作用效应 S 和结构抗力 R 两个基本随机变量表达结构的功能函数，则得：

$$Z=g(R,S)=R-S \tag{1-2}$$

在实际工程中，可能出现三种情况：①$Z>0$ 时，结构处于可靠状态；②$Z=0$ 时，结构达到临界状态；③$Z<0$ 时，结构处于失效状态。

传统的设计方法认为 S 和 R 都是确定的变量，只要按 $Z>0$ 进行设计结构就是绝对安全的，但事实并非如此，因为影响结构功能的各种因素，如荷载的大小、材料强度的高低、构件截面尺寸大小和施工质量等都具有不确定性，因此绝对可靠的结构是不存在的。结构设计要解决的根本问题是在结构的可靠和经济之间选择一种最佳的平衡。那么，对所设计结构的功能只能给出一定概率的保证，只要可靠的概率足够大，或者说失效的概率足够小，便可认为所设计的结构是安全的。

按照概率极限状态设计方法，结构的可靠度定义为：结构在规定的时间内、规定的条件下，完成预定功能的概率。若以 p_s 表示结构的可靠度，则可靠度的定义可表达为：

$$p_s=P(Z\geqslant 0) \tag{1-3}$$

若以 p_f 表示结构的失效概率，则：

$$p_f=P(Z<0) \tag{1-4}$$

由于事件（$Z<0$）和（$Z\geqslant 0$）是对立的，所以结构可靠度 p_s 和结构的失效概率 p_f 的关系可表示为：

$$p_s+p_f=1 \tag{1-5}$$

因此，结构可靠度的计算可以转换为结构失效概率的计算。钢结构设计应采用以概率理论为基础的极限状态设计方法（除疲劳计算和抗震设计外），用分项系数设计表达式进行计算。

1.3.2 分项系数设计表达式

（1）承载能力极限状态设计表达式

结构或结构构件强度不足破坏或过度变形时的承载能力极限状态设计，应符合下式要求：

$$\gamma_0 S_d \leqslant R_d \tag{1-6}$$

式中 γ_0——结构重要性系数：对安全等级为一级的结构构件不应小于 1.1，对安全等级为二级的结构构件不应小于 1.0，对安全等级为三级的结构构件不应小于 0.9；

S_d——承载能力极限状态下作用组合的效应（如轴力、弯矩等）设计值：对非抗震设计，应按作用的基本组合计算；对抗震设计，应按作用的地震组合计算；

R_d——结构构件的抗力设计值。

整个结构或其一部分作为刚体失去平衡时的承载能力极限状态设计，应符合下式规定：

$$\gamma_0 S_{d,dst} \leqslant S_{d,stb} \tag{1-7}$$

式中 $S_{d,dst}$——不平衡作用效应的设计值；

$S_{d,stb}$——平衡作用效应的设计值。

结构或结构构件的疲劳强度不足的破坏应按容许应力设计原则及容许应力幅的方法进行设计。

建筑结构设计时，应考虑持久状况、短暂状况、偶然状况、地震状况等不同的结构设计状况。其中持久设计状况适用于结构使用时的正常情况；短暂设计状况适用于结构出现的临时情况，包括结构施工和维修时的情况等；偶然设计状况适用于结构出现的异常情况，包括结构遭受火灾、爆炸、撞击时的情况等；地震设计状况，适用于结构遭受地震时的情况。对不同的设计状况，应采用不同的作用组合。

对持久设计状况和短暂设计状况，应采用作用的基本组合，其效应设计值 S_d 按下式中最不利值确定：

$$S_d = S\left(\sum_{i\geqslant 1}\gamma_{G_i}G_{ik} + \gamma_{Q_1}\gamma_{L_1}Q_{1k} + \sum_{j>1}\gamma_{Q_j}\psi_{cj}\gamma_{L_j}Q_{jk}\right) \tag{1-8}$$

式中　$S(\cdot)$——作用组合的效应函数；

γ_{G_i}——第 i 个永久荷载的分项系数，当永久荷载效应对结构不利时，取 1.3；当永久荷载效应对结构有利时，不应大于 1.0；

G_{ik}——第 i 个永久荷载标准值；

Q_{jk}——第 j 个可变荷载标准值，其中 Q_{1k} 为各可变荷载中起控制作用者（主导可变荷载）；

γ_{Q_j}——第 j 个可变荷载的分项系数，其中 γ_{Q_1} 为主导可变荷载 Q_{1k} 的分项系数。当可变荷载效应对结构不利时，取 1.5；当可变荷载效应对结构有利时，取 0；

γ_{L_j}——第 j 个可变荷载考虑结构设计使用年限的荷载调整系数，其中 γ_{L_1} 为主导可变荷载 Q_{1k} 考虑结构设计使用年限的调整系数，按表 1-1 取值；

ψ_{cj}——第 j 个可变荷载的组合值系数，按现行《建筑结构荷载规范》GB 50009—2012 规定采用。

当作用与作用效应按线性关系考虑时，基本组合的效应设计值 S_d 按下式中最不利值计算：

$$S_d = \sum_{i\geqslant 1}\gamma_{G_i}S_{G_{ik}} + \gamma_{Q_1}\gamma_{L_1}S_{Q_{1k}} + \sum_{j>1}\gamma_{Q_j}\gamma_{L_j}\psi_{cj}S_{Q_{jk}} \tag{1-9}$$

式中　$S_{G_{ik}}$——按第 i 个永久荷载标准值 G_{ik} 计算的荷载效应值；

$S_{Q_{jk}}$——按第 j 个可变荷载标准值 Q_{jk} 计算的荷载效应值，其中 $S_{Q_{1k}}$ 为各可变荷载效应中起控制作用者。

建筑结构考虑结构设计使用年限的荷载调整系数 γ_L　　**表 1-1**

结构设计使用年限(年)	5	50	100
γ_L	0.9	1.0	1.1

注：对设计使用年限为 25 年的结构构件，γ_L 应按各种材料结构设计标准的规定采用。

对偶然设计状况应采用作用的偶然组合，对地震设计状况应采用作用的地震组合，其应符合的规定详见相关规范。

（2）正常使用极限状态设计表达式

结构或结构构件按正常使用极限状态设计时，应符合下式要求：

$$S_{\mathrm{d}} \leqslant C \tag{1-10}$$

式中　S_{d}——正常使用极限状态下作用组合的效应值；

C——设计对变形、裂缝等规定的相应限值，按相关结构设计规范的规定采用。

按正常使用极限状态设计时，宜根据不同情况采用作用的标准组合、频遇组合或准永久组合。标准组合宜用于不可逆正常使用极限状态；频遇组合宜用于可逆正常使用极限状态；准永久组合宜用于长期效应是决定性因素时的正常使用极限状态。

设计计算时，对正常使用极限状态的材料性能的分项系数，除各结构设计规范有专门规定外，应取为 1.0。

各组合的效应设计值 S_{d} 可分别按以下各式确定：

① 标准组合

标准组合的效应设计值 S_{d} 按下式确定：

$$S_{\mathrm{d}} = S\left(\sum_{i\geqslant 1} G_{i\mathrm{k}} + Q_{1\mathrm{k}} + \sum_{j>1} \psi_{\mathrm{c}j} Q_{j\mathrm{k}}\right) \tag{1-11}$$

当作用与作用效应按线性关系考虑时，标准组合的效应设计值 S_{d} 按下式计算：

$$S_{\mathrm{d}} = \sum_{i\geqslant 1} S_{G_{i\mathrm{k}}} + S_{Q_{1\mathrm{k}}} + \sum_{j>1} \psi_{\mathrm{c}j} S_{Q_{j\mathrm{k}}} \tag{1-12}$$

② 频遇组合

频遇组合的效应设计值 S_{d} 按下式确定：

$$S_{\mathrm{d}} = S\left(\sum_{i\geqslant 1} G_{i\mathrm{k}} + \psi_{\mathrm{f}1} Q_{1\mathrm{k}} + \sum_{j>1} \psi_{\mathrm{q}j} Q_{j\mathrm{k}}\right) \tag{1-13}$$

当作用与作用效应按线性关系考虑时，频遇组合的效应设计值 S_{d} 按下式计算：

$$S_{\mathrm{d}} = \sum_{i\geqslant 1} S_{G_{i\mathrm{k}}} + \psi_{\mathrm{f}1} S_{Q_{1\mathrm{k}}} + \sum_{j>1} \psi_{\mathrm{q}j} S_{Q_{j\mathrm{k}}} \tag{1-14}$$

③ 准永久组合

准永久组合的效应设计值 S_{d} 按下式确定：

$$S_{\mathrm{d}} = S\left(\sum_{i\geqslant 1} G_{i\mathrm{k}} + \sum_{j\geqslant 1} \psi_{\mathrm{q}j} Q_{j\mathrm{k}}\right) \tag{1-15}$$

当作用与作用效应按线性关系考虑时，准永久组合的效应设计值 S_{d} 按下式计算：

$$S_{\mathrm{d}} = \sum_{i\geqslant 1} S_{G_{i\mathrm{k}}} + \sum_{j\geqslant 1} \psi_{\mathrm{q}j} S_{Q_{j\mathrm{k}}} \tag{1-16}$$

式中　$\psi_{\mathrm{f}1}$——可变荷载的频遇值系数，按现行《建筑结构荷载规范》GB 50009—2012 规定采用；

$\psi_{\mathrm{q}j}$——第 j 个可变荷载的准永久值系数，按现行《建筑结构荷载规范》GB 50009—2012 规定采用。

复习思考题

1-1　与其他材料的结构相比，钢结构有哪些特点？

1-2　简述钢结构的应用范围。

1-3　钢结构采用什么设计方法？其原则是什么？

1-4　什么是钢结构的承载能力极限状态、正常使用极限状态和耐久性极限状态？

第 2 章　钢结构的材料

2.1　钢材的主要力学性能

钢材的力学性能是指钢材在拉伸、冷弯和冲击作用下显示的强度、塑性、冷弯性能及韧性，可通过试验测定。试件的制作和试验方法要符合国家相关标准的规定。

2.1.1　强度

钢材的强度指标可通过拉伸试验获得。拉伸试验是将试件在常温下，通过拉力试验机或万能试验机由零开始缓慢加载直到试件被拉断，进行一次单向均匀的拉伸。如图 2-1 所示为拉伸试验得到的碳素结构钢应力-应变曲线示意图。图中纵坐标为试件截面的应力 σ（按变形前的截面积计算），横坐标为试件的应变 ε（$\varepsilon=\Delta L/L$，L 为试件原有标距段长度，一般取试件直径的 5 倍或 10 倍；ΔL 为标距段的伸长量）。从图 2-1 中可看出，钢材在单向拉伸的过程中主要经历如下几个阶段：

弹性阶段（OA 段）：当应力不超过 A 点，钢材处于弹性工作阶段，应力 σ 和应变 ε 成正比，符合虎克定律。A 点的应力称为比例极限，记为 f_p，在这一阶段如果卸载，应力 σ 和应变 ε 将恢复为零。

弹塑性阶段（AB 段）：AB 段应力 σ 和应变 ε 不再保持直线变化，在这一阶段如果卸荷，应力降为零，但应变不能完全恢复，会产生残余应变。

屈服阶段（BC 段）：当应力达到 B 点后，即使荷载不增加但变形仍会持续增加，即发生了塑性流动，此时 σ-ε 曲线接近一水平线，B 点的应力称为屈服点，记为 f_y。含碳量较高的钢材，拉伸试验时没有明显的屈服点，通常取残余应变为 0.2%时的应力作为名义上的屈服点，记为 $f_{0.2}$。

硬化阶段（CD 段）：钢材在屈服阶段产生了较大的塑性变形，达到 C 点后又恢复继续承载的能力，σ-ε 曲线又开始上升，直到应力达到最大值（D 点），即钢材的抗拉强度 f_u。

劲缩阶段（DE 段）：应力达到最大值 f_u时，试件中部截面变细，形成颈缩现象，σ-ε 曲线开始下降直到试件被拉断（E 点）。

屈服点 f_y和抗拉强度 f_u是衡量钢材强度性能的重要指标，f_y/f_u称为屈强比。设计时，取屈服点 f_y作为钢材设计应力极限，并将 σ-ε 曲线简化为如图 2-2 所示的理想弹塑性模型，相当于把钢材看作理想的弹塑性体，即钢材应力小于 f_y时是完全弹性的，超过 f_y后则是完全塑性的。

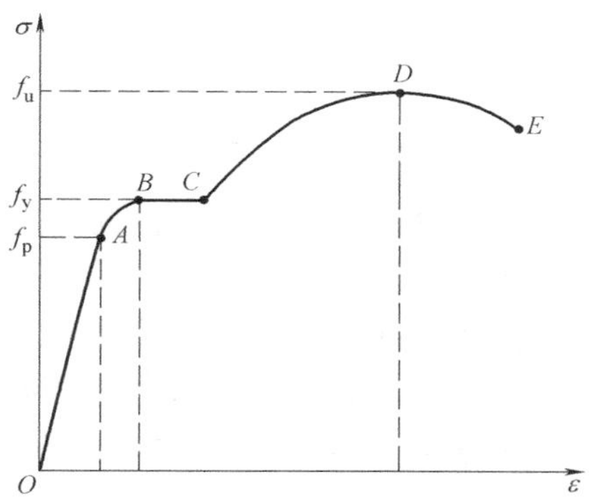

图 2-1　碳素结构钢材的应力-应变曲线

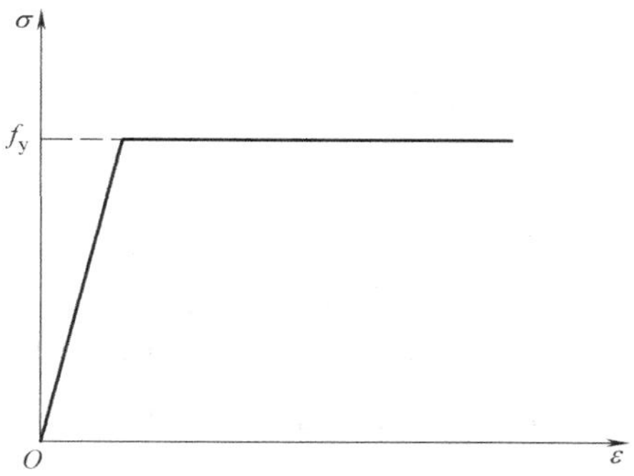

图 2-2　理想弹塑性材料的应力-应变曲线

2.1.2　塑性

通过钢材的拉伸试验，还可获得衡量钢材塑性性能的一个重要指标，即伸长率 δ，表示钢材断裂前发生塑性变形的能力。δ 值越大，表示钢材的塑性性能越好，有助于避免和降低钢结构发生脆性破坏的可能。

$$\delta=\frac{(L_1-L_0)}{L_0}\times100\% \quad (2\text{-}1)$$

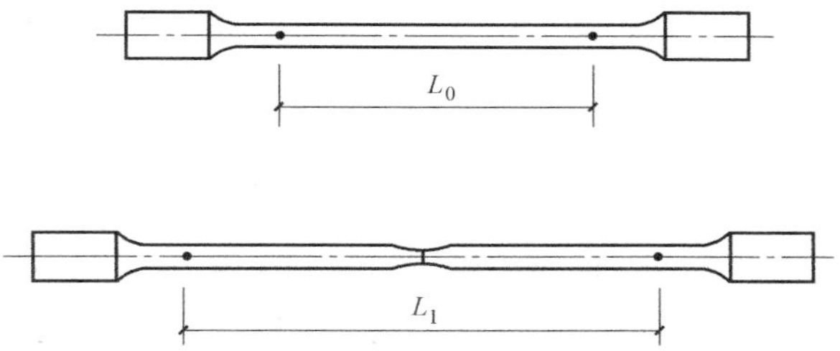

图 2-3　钢材拉伸试验的试件

式中：L_0 和 L_1 分别为试件拉伸前和拉断后的标距长度，如图 2-3 所示。当试件拉伸前标距度长度与试件直径之比为 5 或 10 时，伸长率分别以 δ_5、δ_{10} 表示。拉伸试验过程中在应力小于抗拉强度 f_u 时，试件沿标距产生均匀拉伸变形，到劲缩阶段，均匀拉伸变形停止而代之以颈缩变形，颈缩变形在长试件和短试件中是相同的，因而同一钢材，由短试件求得的 δ_5 大于由长试件求得的 δ_{10}。

2.1.3　冷弯性能

冷弯性能是鉴定钢材在弯曲状态下的弯曲变形性能和抗分层的性能，通过冷弯试验来确定。试验是将厚度为 a 的试件置于如图 2-4 所示支座上，在常温下加压使试件弯曲 180°，如果试件表面不出现裂纹和分层等，即表示钢材冷弯性能合格。弯心直径 d 随试验的钢材种类及其厚度不同，通常有 a、$1.5a$、$2a$、$2.5a$ 和 $3a$ 等。

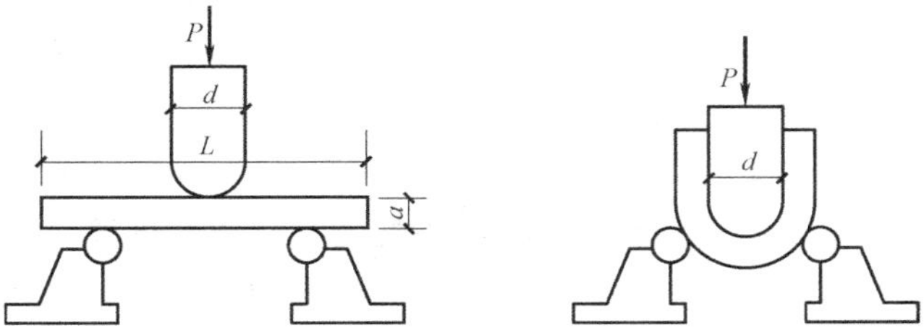

图 2-4　钢材的冷弯试验

冷弯性能是评估钢材质量优劣的一个综合性指标，不仅要求钢材具有必要的弯曲变形能力和塑性性能，同时还要求钢材中没有或极少有冶炼过程中产生的缺陷，如非金属夹杂、裂纹、分层等。钢结构在制作和安装过程中常需进行冷加工，所以钢材需具有良好的冷弯性能。

2.1.4 冲击韧性

冲击韧性可以间接反映钢材抵抗由于各种原因引起的脆断的能力，由冲击韧性试验确定。现行国家标准《碳素结构钢》GB/T 700—2006 规定采用国际上通用的夏比（Charpy）V形缺口试件。如图 2-5 所示，将规定形状和尺寸的 V 形缺口试件置于试验机两支座之间，缺口背向打击面放置，用摆锤一次打击试件。摆锤击断 V 形缺口试件所作的功用“*KV*”表示，单位为“J”（1J=1N·m），可从试验机度盘上直接读取。

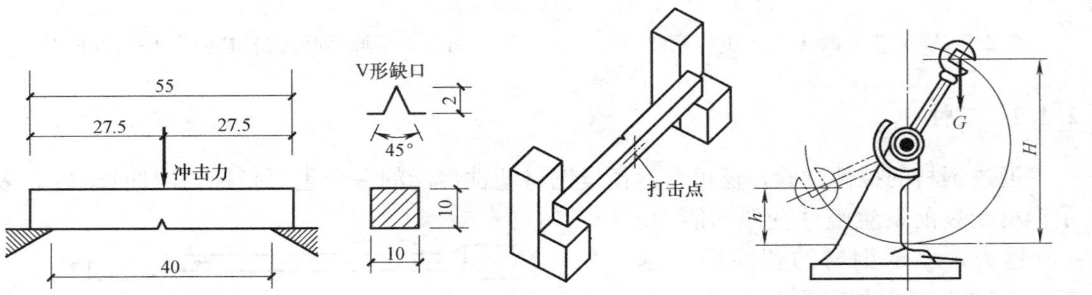

图 2-5 钢材的冲击韧性试验

击断缺口试件所需机械功的大小就表示了试件抵抗脆性破坏的能力。钢材的冲击韧性随温度而不同，低温时冲击韧性将明显降低。因此，对寒冷地区直接承受较大动力荷载的钢结构，钢材除应有常温（20℃）的冲击韧性保证外，视情况尚需有 0℃、－20℃、－40℃的冲击韧性保证，以保证结构在低温下具有足够抗脆性破坏的能力。

2.2 钢结构常用钢材种类

钢材按化学成分可分为碳素钢和合金钢。含碳量小于 0.25％的碳素钢为低碳钢，含碳量在 0.25％～0.6％之间的为中碳钢，含碳量大于 0.6％的为高碳钢。合金钢是在冶炼时，在普通碳素钢的基础上中加入少量的合金元素如锰、钒等，提高钢材强度的同时又不损害其塑性和韧性。合金元素少于 5％称为低合金钢，合金元素在 5％～10％之间的称为中合金钢，超过 10％称为高合金钢。

钢材按用途不同可分为碳素结构钢、优质碳素结构钢、低合金高强度结构钢、合金结构钢、弹簧钢、碳素工具钢、合金工具钢、高速工具钢、轴承钢、不锈耐酸钢、耐热钢和电工用硅钢共 12 大类。在建筑工程中主要采用的是碳素结构钢和低合金高强度结构钢两类。

钢材生产过程中，如果钢液中残留氧，将使钢材晶粒粗细不均匀并易发生热脆，因此浇铸钢锭时需加入脱氧剂进行脱氧。因脱氧程度的不同，钢可分为沸腾钢、镇静钢和特殊镇静钢，分别用代号 F、Z、TZ 表示，其中镇静钢和特殊镇静钢的代号可以省略。采用锰作为脱氧剂时，由于锰是弱脱氧剂，脱氧不完全，浇铸后钢液中仍残留较多的氧化铁，它与钢液中的碳相互作用生成一氧化碳气体，气体从钢液中逸出时使钢液在钢锭模中产生“沸腾”，故称为沸腾钢。因钢液冷却较快，部分气体无法从钢锭中逸出，冷却后钢材内会形成较多小气泡，钢材组织不够致密，化学成分不够均匀（称为偏析），或有较多的氧化铁夹杂。除用锰外另增加一定数量的硅作为脱氧剂，由于硅是较强的脱氧剂，脱氧充分，硅与氧化铁起作用时产生较多的热量，钢液冷却较慢，大部分气体可以析出，钢液在平静状态下凝固，故称为镇静钢。镇静钢的质量比沸腾钢好，但价格更高。如果用硅脱氧后再用更强的脱氧剂铝进行补充脱氧，则得到特殊镇静钢，其冲击韧性特别是低温冲击韧性都较高。

2.2.1 碳素结构钢

碳素结构钢有 Q195、Q215、Q235、Q255、Q275 五种牌号，其中 Q235 是《钢结构设计标准》GB 50017—2017 推荐使用的钢材，能同时兼顾强度、塑性、韧性、可焊性等要求。Q215 及以下牌号的钢材强度较低，而 Q275 钢由于含碳量较高导致塑性、韧性等降低而不适用于钢结构。

碳素结构钢质量等级分为 A、B、C、D 四级，依次以 A 级质量最差，D 级质量最好。A 级钢和 B 级钢各有 F（沸腾钢）和 Z（镇静钢）两种脱氧方法，C 级钢只有镇静钢，D 级钢只有特殊镇静钢，见表 2-1。A 级钢只保证抗拉强度、屈服强度和伸长率，必要时可附加试验的要求，碳、锰、硅的含量可不作为交货条件，但其含量应在质量证明书中注明。B、C、D 级钢均应保证抗拉强度、屈服强度、伸长率、冷弯性能和冲击韧性（试验温度分别为＋20℃、0℃、－20℃）等力学性能。Q235 钢的拉伸试验、冷弯试验、冲击试验指标见表 2-2～表 2-4。

钢牌号由代表屈服强度的汉语拼音字母（Q）、屈服强度数值、质量等级符号和脱氧方法符号等 4 个部分按顺序组成。如钢牌号 Q235-A・F 就表示屈服强度为 235N/mm^2、质量等级为 A 级的沸腾钢。

碳素结构钢 Q235 的化学成分 **表 2-1**

牌号	质量等级	脱氧方法	化学成分(%)，不大于				
			C	Si	Mn	P	S
Q235	A	F、Z	0.22	0.35	1.40	0.045	0.050
	B	F、Z	0.20			0.045	0.045
	C	Z	0.17			0.040	0.040
	D	TZ	0.17			0.035	0.035

注：经需方同意，Q235B 的含碳量可不大于 0.22%。

2.2.2 低合金高强度结构钢

低合金高强度结构钢有 Q345、Q390、Q420、Q460、Q500、Q550、Q620、Q690 八种，现行《钢结构设计标准》GB 50017—2017 推荐使用的是 Q345、Q390、Q420 和

Q460，其拉伸试验、化学成分、冲击试验、冷弯试验指标详见表 2-5～表 2-8。其中 Q345、Q390、Q420 质量等级可分为 A、B、C、D、E 五级，Q460 质量等级分为 C、D、E 三级。在力学性能方面，A 级只保证屈服强度、抗拉强度、伸长率，不要求保证冲击韧性，冷弯性能则根据需方要求保证。对 B、C、D、E 四级，须保证五项指标，即屈服强度、抗拉强度、伸长率、冷弯性能和冲击韧性（B、C、D、E 级冲击韧性试验温度分别为 ＋20℃、0℃、－20℃ 、－40℃）。

碳素结构钢 Q235 的拉伸试验　　表 2-2

牌号	钢材厚度或直径（mm）	拉伸试验		
		屈服强度 f_y 不小于(N/mm²)	抗拉强度 f_u 不小于(N/mm²)	伸长率 δ_5 不小于（%）
Q235	≤16	235	370～500	26
	＞16～40	225		26
	＞40～60	215		25
	＞60～100	215		24
	＞100～150	195		22
	＞150～200	185		21

注：厚度大于 100mm 的钢材，抗拉强度下限允许降低 20N/mm²。

碳素结构钢 Q235 的冷弯试验　　表 2-3

牌号	试样方向	冷弯试验 180°　$B=2a$	
		钢材厚度或直径≤60mm	钢材厚度或直径＞60～100mm
		弯心直径 d	
Q235	纵	a	$2a$
	横	$1.5a$	$2.5a$

注：1. B 为试样宽度，a 为试样厚度（或直径）；
　　2. 钢材厚度（或直径）大于 100mm 时，弯曲试验由双方协商确定。

碳素结构钢 Q235 的冲击试验　　表 2-4

牌号	质量等级	冲击试验(V 形缺口)	
		温度(℃)	冲击吸收功(纵向)不小于(J)
Q235	A	—	—
	B	＋20	27
	C	0	
	D	－20	

注：厚度小于 25mm 的 Q235B 级钢材，如供方能保证冲击吸收功值合格，经需方同意，可不做检验。

低合金高强度结构钢的钢牌号由代表屈服强度的汉语拼音字母（Q）、屈服强度数值、质量等级符号组成，如 Q345D 就表示屈服强度为 345N/mm²、质量等级为 D 级的低合金高强度结构钢。由于低合金钢一般都是镇静钢，因而其钢牌号后面省略脱氧方法的符号。

低合金高强度结构钢的拉伸试验 **表 2-5**

牌号	钢材厚度或直径(mm)	拉伸试验														
		屈服强度 f_y 不小于(N/mm^2)					抗拉强度 f_u 不小于(N/mm^2)					伸长率 δ_5 不小于(%)				
		质量等级					质量等级					质量等级				
		A	B	C	D	E	A	B	C	D	E	A	B	C	D	E
Q345	≤16	345					470～630					20		21		
	>16～40	335														
	>40～63	325										19		20		
	>63～80	315														
	>80～100	305														
	>100～150	285					450～600					18		19		
	>150～200	275										17		18		
	>200～250	265														
	>250～400	—			265		—			450～600		—				17
Q390	≤16	390					490～650					20				
	>16～40	370														
	>40～63	350										19				
	>63～80	330														
	>80～100	330														
	>100～150	310					470～620					18				
	>150～200	—					—					—				
	>200～250	—														
	>250～400	—														
Q420	≤16	420					520～680					19				
	>16～40	400														
	>40～63	380										18				
	>63～80	360														
	>80～100	360														
	>100～150	340					500～6500									
	>150～200	—					—					—				
	>200～250	—														
	>250～400	—														
Q460	≤16	—		460			—		550～720			—		17		
	>16～40	—		440												
	>40～63	—		420										16		
	>63～80	—		400												
	>80～100	—		400												
	>100～150	—		380					530～700							
	>150～200	—					—					—				
	>200～250	—														
	>250～400	—														

低合金高强度结构钢的化学成分　　表 2-6

<table>
<tr><th rowspan="3">牌号</th><th rowspan="3">质量等级</th><th colspan="15">化学成分(质量分数)(%)</th></tr>
<tr><th>C</th><th>Si</th><th>Mn</th><th>P</th><th>S</th><th>Nb</th><th>V</th><th>Ti</th><th>Cr</th><th>Ni</th><th>Cu</th><th>N</th><th>Mo</th><th>B</th><th>Als</th></tr>
<tr><th colspan="14">≤</th><th>≥</th></tr>
<tr><td rowspan="5">Q345</td><td>A</td><td rowspan="3">0.20</td><td rowspan="5">0.50</td><td rowspan="5">1.70</td><td rowspan="2">0.035</td><td rowspan="2">0.035</td><td rowspan="5">0.07</td><td rowspan="5">0.015</td><td rowspan="5">0.20</td><td rowspan="5">0.30</td><td rowspan="5">0.50</td><td rowspan="5">0.30</td><td rowspan="5">0.012</td><td rowspan="5">0.10</td><td rowspan="5">—</td><td rowspan="2">—</td></tr>
<tr><td>B</td></tr>
<tr><td>C</td><td rowspan="2">0.030</td><td>0.030</td><td rowspan="3">0.015</td></tr>
<tr><td>D</td><td rowspan="2">0.18</td><td>0.025</td></tr>
<tr><td>E</td><td>0.025</td><td>0.020</td></tr>
<tr><td rowspan="5">Q390</td><td>A</td><td rowspan="5">0.20</td><td rowspan="5">0.50</td><td rowspan="5">1.70</td><td rowspan="2">0.035</td><td rowspan="2">0.035</td><td rowspan="5">0.07</td><td rowspan="5">0.20</td><td rowspan="5">0.20</td><td rowspan="5">0.30</td><td rowspan="5">0.50</td><td rowspan="5">0.30</td><td rowspan="5">0.015</td><td rowspan="5">0.10</td><td rowspan="5">—</td><td rowspan="2">—</td></tr>
<tr><td>B</td></tr>
<tr><td>C</td><td>0.030</td><td>0.030</td><td rowspan="3">0.015</td></tr>
<tr><td>D</td><td rowspan="2">0.025</td><td>0.025</td></tr>
<tr><td>E</td><td>0.020</td></tr>
<tr><td rowspan="5">Q420</td><td>A</td><td rowspan="5">0.20</td><td rowspan="5">0.50</td><td rowspan="5">1.70</td><td rowspan="2">0.035</td><td rowspan="2">0.035</td><td rowspan="5">0.07</td><td rowspan="5">0.20</td><td rowspan="5">0.20</td><td rowspan="5">0.30</td><td rowspan="5">0.80</td><td rowspan="5">0.30</td><td rowspan="5">0.015</td><td rowspan="5">0.20</td><td rowspan="5">—</td><td rowspan="2">—</td></tr>
<tr><td>B</td></tr>
<tr><td>C</td><td rowspan="2">0.030</td><td>0.030</td><td rowspan="3">0.015</td></tr>
<tr><td>D</td><td>0.025</td></tr>
<tr><td>E</td><td>0.025</td><td>0.020</td></tr>
<tr><td rowspan="3">Q460</td><td>C</td><td rowspan="3">0.20</td><td rowspan="3">0.60</td><td rowspan="3">1.80</td><td rowspan="2">0.030</td><td>0.030</td><td rowspan="3">0.11</td><td rowspan="3">0.20</td><td rowspan="3">0.20</td><td rowspan="3">0.30</td><td rowspan="3">0.80</td><td rowspan="3">0.55</td><td rowspan="3">0.015</td><td rowspan="3">0.20</td><td rowspan="3">0.004</td><td rowspan="3">0.015</td></tr>
<tr><td>D</td><td>0.025</td></tr>
<tr><td>E</td><td>0.025</td><td>0.020</td></tr>
</table>

低合金高强度结构钢的冲击试验　　表 2-7

<table>
<tr><th rowspan="3">牌号</th><th rowspan="3">质量等级</th><th rowspan="3">温度(℃)</th><th colspan="3">冲击吸收功不小于(J)</th></tr>
<tr><th colspan="3">钢材厚度或直径(mm)</th></tr>
<tr><th>12～150</th><th>>150～250</th><th>>250～400</th></tr>
<tr><td rowspan="4">Q345</td><td>B</td><td>+20</td><td rowspan="4">34</td><td rowspan="4">27</td><td rowspan="2">—</td></tr>
<tr><td>C</td><td>0</td></tr>
<tr><td>D</td><td>−20</td><td rowspan="2">27</td></tr>
<tr><td>E</td><td>−40</td></tr>
<tr><td rowspan="4">Q390</td><td>B</td><td>+20</td><td rowspan="4">34</td><td rowspan="4">—</td><td rowspan="4">—</td></tr>
<tr><td>C</td><td>0</td></tr>
<tr><td>D</td><td>−20</td></tr>
<tr><td>E</td><td>−40</td></tr>
<tr><td rowspan="4">Q420</td><td>B</td><td>+20</td><td rowspan="4">34</td><td rowspan="4">—</td><td rowspan="4">—</td></tr>
<tr><td>C</td><td>0</td></tr>
<tr><td>D</td><td>−20</td></tr>
<tr><td>E</td><td>−40</td></tr>
<tr><td rowspan="3">Q460</td><td>C</td><td>0</td><td rowspan="3">34</td><td rowspan="3">—</td><td rowspan="3">—</td></tr>
<tr><td>D</td><td>−20</td></tr>
<tr><td>E</td><td>−40</td></tr>
</table>

注：冲击试验取纵向试样。

低合金高强度结构钢的冷弯试验 **表 2-8**

牌号	试样方向	冷弯试验 180°	
		钢材厚度(直径)≤16mm	钢材厚度(直径)>16~100mm
		弯心直径 d	
Q345 Q390 Q420 Q460	宽度不小于 600mm 的扁平材,拉伸试验取横向试样。宽度小于 600mm 的扁平材、型材及棒材取纵向试样	$2a$	$3a$

注：a 为试样厚度（或直径）。

需要说明的是，新修订的《低合金高强度结构钢》GB/T 1591—2018 自 2019 年 2 月 1 日起正式实施，为与欧盟标准的 S355 钢材牌号对应，在该标准中，取消了 Q345 钢而代之以 Q355 钢。本书后续内容主要依据现行《钢结构设计标准》GB 50017—2017 编写，为与该标准一致，仍然保留 Q345 钢。

2.2.3 厚度方向性能钢板

采用焊接连接的钢结构，当钢板厚度大于 15mm 且承受沿板厚度方向的拉力时，要求钢板在厚度方向具有良好的抗层状撕裂性能，称为厚度方向（Z 向）性能钢板，其质量应符合现行国家标准《厚度方向性能钢板》GB/T 5313—2010 的规定。厚度方向性能级别是对钢板抗层状撕裂能力的一种度量，采用厚度方向拉伸试验的断面收缩率来评定，分为 Z15、Z25、Z35 三个级别，分别表示三个试样断面收缩率平均值不小于 15%、25%、35%，且单个试样断面收缩率值不小于 10%、15%、25%。断面收缩率按下式计算：

$$Z=\frac{(S_0-S_u)}{S_0}\times 100\% \tag{2-2}$$

式中，S_0、S_u分别为试件原始横截面面积和断裂后的最小横截面面积。

厚度方向性能钢板的牌号，是在母级钢牌号后面加上厚度方向性能级别，如 Q345DZ15 就表示屈服强度为 345N/mm^2、质量等级为 D 级的低合金钢，厚度方向性能级别为 Z15。

2.2.4 专用结构钢

专用结构钢的钢号是在钢牌号后加上专业用途代号，如压力容器、桥梁、船舶、锅炉及建筑结构用钢板的专业用途代号分别为 R、q、C、g 和 GJ。

建筑结构用钢板是参照日本 SN 系列钢性能生产的一种焊接结构用优质钢板，其综合性能良好，除硫、磷等有害元素含量低外，还具有较低的厚度效应（钢材因厚度增大而强度折减）和较好的延性指标等特点。近年来 Q345GJ 中厚钢板已多用于大跨度或超高层钢结构中，取得较好的技术经济效果。因最早标准名称为“高层建筑结构用钢板”，故钢牌号后字母用 GJ 作为高层建筑的代号一直沿用至今。

桥梁用结构钢的钢牌号由代表屈服强度的汉语拼音字母（Q）、屈服强度数值、桥字的汉语拼音首字母（q）、质量等级符号组成，如 Q235qD 就表示屈服强度为 2350N/mm^2、质量等级为 D 级（冲击韧性试验温度为－20℃）的桥梁用结构钢。有耐候性能及厚度方向性能时，则在上述规定的牌号后分别加上耐候（NH）及厚度方向性能级别的代号，如Q235qDNHZ15。

2.2.5 耐候结构钢

在钢材冶炼时加入一定数量的合金元素，如P、Cu、Gr、Ni、Mo等，使其在金属基体表面形成保护层，以提高钢材的耐大气腐蚀性能。耐大气腐蚀钢也称耐候钢，代号NH。对处于外露环境，且对耐腐蚀有特殊要求或处于侵蚀性介质环境的承重结构，宜采用Q235NH、Q355NH和Q415NH牌号的耐候结构钢，其质量应符合现行国家标准《耐候结构钢》GB/T 4171—2008的规定。

2.3 影响钢材性能的主要因素

影响钢材性能的因素较多，最主要的因素是钢的化学成分、生产过程以及冷加工等。

2.3.1 化学成分的影响

铁（Fe）是钢材的基本元素，在碳素结构钢中约占99%，碳和其他元素仅占1%，但对钢材的力学性能却起到决定性的影响。其他元素主要包括硅（Si）、锰（Mn）、硫（S）、磷（P）、氮（N）、氧（O）等。低合金钢中还含有少量的合金元素，如铜（Cu）、钒（V）、钛（Ti）、铌（Nb）、铬（Gr）等。

钢材中碳含量增加，钢材的强度提高，而塑性、韧性和疲劳强度下降，同时钢的可焊性和抗腐蚀性会恶化。因此，在钢结构中采用的碳素结构钢，要求含碳量一般不应超过0.22%，对焊接结构，为了使其具有良好的可焊性，含碳量还应低于0.2%。

硫和磷是钢中的有害成分，它们会使钢材的塑性、韧性、焊接性能和疲劳强度降低。在高温时，硫使钢材变脆，称之热脆；低温时，磷使钢材变脆，称之冷脆。

氧和氮是钢中的有害杂质。氧的作用和硫类似，使钢材热脆；氮的作用和磷类似，使钢材冷脆。由于氧和氮容易在冶炼过程中逸出，一般不会超过极限含量，通常不要求做含量分析。

硅和锰是钢中的有益元素，它们是炼钢的脱氧剂，使钢材的强度提高，含量适宜时，对钢材塑性和韧性无显著的不良影响。

钒和钛是钢中的合金元素，能提高钢的强度和抗腐蚀性能，又不显著降低钢的塑性。

铜在碳素结构钢中属于杂质成分，它可以显著提高钢的抗腐蚀性能，也可以提高钢的强度，但对可焊性有不利影响。

2.3.2 生产过程的影响

我国的钢材大多是热轧型钢和热轧钢板。将炼钢炉中炼出的钢液注入盛钢桶中，由盛钢桶送入浇铸车间浇铸成钢锭，将钢锭冷却至常温放置。需要时将钢锭加热至塑性状态（1150～1300℃），通过轧钢机将其轧成钢坯，然后再用不同形状和孔径的轧机轧制成各种形状和尺寸的钢材（钢板、型钢等），称为热轧。

钢材冶炼过程中常见的冶金缺陷会影响钢材的性能，主要有偏析、非金属夹杂、裂纹、气孔和分层等。偏析是指钢材中化学成分不一致和不均匀，特别是硫、磷偏析严重会造成钢材的性能恶化；非金属夹杂是指钢中含有硫化物与氧化物等杂质，破坏了金属基体的连续性、均匀性，易引起应力集中，使机械性能下降，硫化物能导致钢材热脆，氧化物则严重降低钢材力学性能和工艺性能；气孔是浇铸钢锭时，由氧化铁与碳作用所生成的一氧化碳气体不能充分逸出而形成的；分层是指钢材的厚度方向不密合，形成多层的现象，它将大大降低钢材的冲击韧性、冷弯性能和抗疲劳强度等，尤其在承受垂直于板面的拉力时易产生层状撕裂。

钢材的轧制过程、轧制后是否进行热处理以及热处理的方式也将影响钢材性能。如钢材的力学性能与轧制方向有关，顺轧制方向的力学性能好于垂直于轧制方向的力学性能。如果热处理的方式是先淬火、后高温回火，淬火可提高钢的强度但降低了钢的韧性，再回火可恢复钢的韧性。

2.3.3 钢材冷加工的影响

冷拉、冷弯等冷加工使钢材产生很大的塑性变形，会导致钢材的屈服点提高，但钢材的塑性和韧性却大大降低，这种现象称为冷作硬化。轧制钢材放置一段时间后，在高温时熔化于铁中的少量碳和氮，会随着时间的增长逐渐从纯铁中析出，形成自由碳化物和氮化物，对纯铁体的塑性变形起遏制作用，从而使钢材的强度提高，塑性、韧性下降，这种现象称为时效硬化，俗称老化。时效硬化的过程一般很长，但如在材料塑性变形后将钢材加热到200～300℃，可使时效硬化发展特别迅速，这种方法称为人工时效。

一般钢结构中，对钢材的塑性和韧性要求较高，因此一般不利用硬化来提高钢材的强度。对于直接承受动荷载的结构，还要求采取措施消除冷加工硬化产生的不利影响，防止钢材性能变脆。例如经过剪切机剪断的钢板，为消除剪切边缘冷作硬化的影响，常用火焰烧烤使之“退火”，或者将剪切边缘部分钢材用刨、削的方法除去（刨边）。

2.3.4 温度的影响

钢材的性能会随温度的改变而有所变化，总的趋势是：温度升高，钢材强度降低；温度降低，钢材强度会略有增加，但同时其塑性和韧性也会降低。

当温度在200℃以内时，钢材性能没有太大变化。超过200℃后，钢材强度开始下降，一般在430～540℃之间强度急剧下降，到600℃时强度很低已不能承受荷载。但在250℃左右，钢材的强度反而会略有提高，同时塑性和韧性均下降，材料有转脆的倾向，钢材表面氧化膜呈现蓝色，称为蓝脆现象，应避免在蓝脆温度范围内进行热加工。

2.3.5 应力集中的影响

当钢结构的构件有孔洞、槽口、凹角及截面突然改变时，构件中的应力分布将不再保持均匀，而是在某些区域产生局部高峰应力的现象（图2-6），称为应力集中。研究表明，在应力高峰区域总是存在着同号的双向或三向应力，这是因为高峰拉应力引起的截面横向收缩受到附近低应力区的阻碍而引起垂直内力方向的拉应力 σ_y，在较厚的构件里还产生 σ_z，使材料处于复杂受力状态。由能量强度理论得知，这种同号的平面或立体应力场有使钢材变脆的趋势。但由于建筑钢材塑性较好，在一定程度上能使应力进行重分配，应力分布严重不均的现象趋于平缓。故受静荷载作用的构件在常温下工作时，在计算时可不考虑应力集中的影响。但在负温环境或动力荷载作用下工作的结构，应力集中的不利影响将十分突出，往往是引起脆性破坏的根源，故在设计时应采取措施避免或减小应力集中，并选用质量优良的钢材。

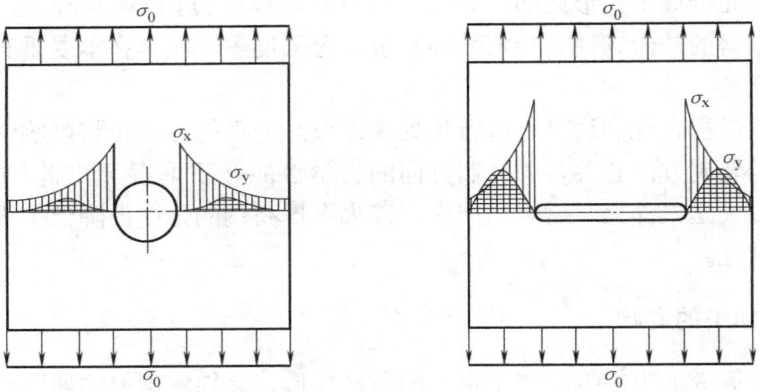

图 2-6　孔洞及槽孔处的应力集中

2.3.6　反复荷载作用的影响

钢材在反复荷载作用下，结构的抗力和性能都会发生重要变化，甚至发生疲劳破坏。根据试验，在直接、连续反复的动力荷载作用下，钢材的强度会降低，这种现象称为钢材的疲劳。疲劳破坏通常是突然发生的脆性断裂。实践证明，构件的应力水平不高或荷载反复次数不多的钢材一般不会发生疲劳破坏，设计时可不考虑疲劳的影响。但对于长期承受频繁的反复荷载作用的结构及其连接，在设计时必须考虑结构的疲劳问题。《钢结构设计标准》GB 50017—2017 规定，对直接承受动力荷载重复作用的钢结构构件及其连接，当应力变化循环次数 $n \geqslant 5 \times 10^4$ 次时，应进行疲劳计算。

了解各种因素对建筑钢材基本性能的影响，最终目的是了解钢材在什么条件下可能会发生脆性破坏，从而在设计、制造和使用的过程中可以采取措施予以防止。

2.4　钢材的选用

2.4.1　钢材选用应考虑的因素

选用钢材的基本原则是技术可靠、经济合理，一般需综合考虑下列因素：①结构或构件的重要性：对重型工业建筑、大跨度结构、高层或超高层建筑等重要的结构，应选用质量好的钢材，而对于一般的工业与民用建筑，可按工作性质分别选用普通质量的钢材；②荷载性质：直接承受动荷载的结构和强地震地区的结构，应选用综合性能好的钢材；③连接方法：焊接结构对材质的要求应严格一些，必须严格控制碳、硫的极限含量，而非焊接结构对含碳量可降低要求；④工作环境：处于有害介质作用下的钢材容易腐蚀，低温条件下工作钢材容易发生脆断，在选用钢材时应加以区别选择不同材质；⑤钢材厚度：薄钢材辊轧次数多，轧制的压缩比大，厚度大的钢材压缩比小，所以厚度大的钢材不但强度较小，而且塑性、冲击韧性和焊接性能也较差，因此，厚度大的焊接结构应选用材质较好的钢材。

2.4.2 钢材的选用

钢结构设计中钢材的选用首先要确定所用钢材的牌号和质量等级，其次是要提出应有的力学性能和化学成分保证。

如何确定钢材的钢牌号，应根据荷载大小等因素根据项目具体情况确定。低合金高强度结构钢的屈服强度较碳素结构钢 Q235 高，但其弹性模量与 Q235 相同，疲劳强度也是相同的。若一受弯构件，其截面由挠度条件或疲劳条件控制，选用低合金钢就不能显示其强度较高的优点。若其截面由强度条件控制，选用低合金钢就可以节省钢材。

钢材的质量等级越高，其价格也越高，因此应根据实际需要选用合适的质量等级。钢材质量等级的选用，应符合下列规定：

（1）A 级钢仅可用于结构工作温度高于 0℃的不需验算疲劳的结构，Q235A 钢不宜用于焊接结构。

焊接结构不应选用 Q235A 钢，原因是其含碳量不作为交货条件，不符合焊接结构应有含碳量合格保证的要求。

（2）需验算疲劳的焊接结构用钢材应符合下列规定：当工作温度高于 0℃时其质量等级不应低于 B 级；当工作温度不高于 0℃但高于－20℃时，Q235、Q345 钢不应低于 C 级，Q390、Q420 及 Q460 钢不应低于 D 级；当工作温度不高于－20℃时，Q235、Q345 钢不应低于 D 级，Q390、Q420、Q460 钢应选用 E 级。

钢结构构件及其连接由于一般都存在微观裂纹，在多次加载和卸载作用下，裂纹逐渐扩展，在应力还低于钢材抗拉强度，甚至低于钢材屈服强度的情况下突然断裂，称为疲劳破坏，这是危害性很大的一种脆性破坏。冲击韧性可以间接反映钢材抵抗由于各种原因而引起的脆断的能力，因此，规范规定需验算疲劳的结构必须具有各种温度下的冲击韧性合格保证。

（3）需验算疲劳的非焊接结构，其钢材质量等级要求可较上述焊接结构降低一级但不应低于 B 级。吊车起重量不小于 50t 的中级工作制吊车梁，其质量等级要求应与需要验算疲劳的构件相同。

（4）工作温度不高于－20℃的受拉构件及承重构件的受拉板件，应符合下列规定：所用钢材厚度或直径不宜大于 40mm，质量等级不宜低于 C 级；当钢材厚度或直径不小于 40mm，其质量等级不宜低于 D 级。

承重结构所用的钢材应具有屈服强度、抗拉强度、断后伸长率和硫、磷含量的合格保证，对焊接结构尚应具有碳当量的合格保证。焊接承重结构以及重要的非焊接承重结构采用的钢材还应具有冷弯试验的合格保证。对直接承受动力荷载或需验算疲劳的构件所用钢材尚应具有冲击韧性的合格保证。在 T 形、十字形和角形焊接的连接节点中，当其板件厚度不小于 40mm 且沿板厚方向有较高撕裂拉力作用时（包括较高约束拉应力作用时），该部位板件钢材宜具有厚度方向抗撕裂性能，即 Z 向性能的合格保证。

2.5　钢板及型钢

钢结构所用钢材常由钢厂以热轧钢板或热轧型钢供应，再由钢结构制造厂加工成各类构件。本节介绍钢板和常见型钢的种类和规格。

2.5.1　热轧钢板

钢结构中常用热轧钢板制作各种焊接截面的构件，如焊接工字形、H 形截面或焊接箱形截面等，或用作加劲肋、连接用的节点板等。热轧钢板分为厚钢板（厚度 4.5～60mm）、薄钢板（厚度 0.35～4mm）以及扁钢（厚度 4～60mm，宽度 12～200mm）。常见的钢板表示方法是“—宽度×厚度×长度”，如—400×8×1500，单位为“mm”，数字前面的一短画线表示钢板截面。

2.5.2　热轧型钢

常见的热轧型钢主要有工字钢、H 型钢、槽钢、角钢和圆钢管等，如图 2-7 所示。

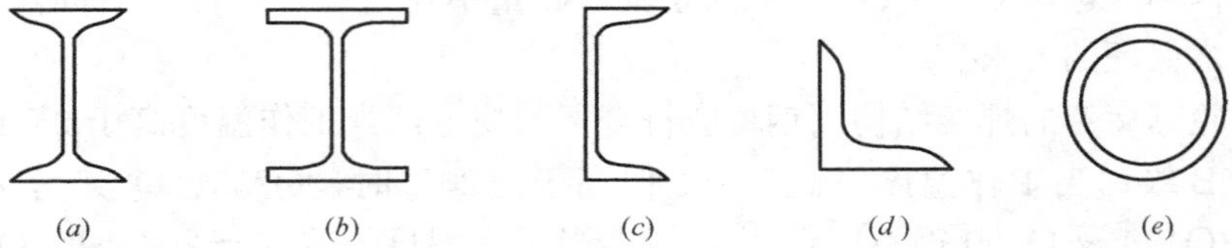

图 2-7　热轧型钢截面

(a) 工字钢；(b) H 型钢；(c) 槽钢；(d) 角钢；(e) 圆钢管

（1）工字钢

热轧工字钢的表示方法为“I 型号”，例如 I20a 表示截面高度为 200mm、腹板厚度分类为 a 类的热轧工字钢。焊接工字钢的表示方法为“I 截面高度×翼缘宽度×腹板厚度×翼缘厚度”，如 I400×250×8×12。

（2）H 型钢

热轧 H 型钢分为宽翼缘（HW）、中翼缘（HM）、窄翼缘（HN）三种，截面尺寸用“截面高度×翼缘宽度×腹板厚度×翼缘厚度”表示，例如 HW300×300×10×15 表示截面高度为 300mm、翼缘宽度为 300mm、腹板厚度为 10mm、翼缘厚度为 15mm 的宽翼缘热轧 H 型钢。热轧 H 型钢与热轧工字钢的主要区别是其翼缘内外表面是平行的，便于与其他构件相连，且 H 型钢的翼缘宽度和截面高度较接近，截面对两个形心主轴的刚度较接近，适宜作为柱截面。

焊接 H 型钢的表示方法与热轧 H 型钢类似，如 H400×350×8×12 表示截面高度为 400mm、翼缘宽度为 350mm、腹板厚度为 8mm、翼缘厚度为 12mm 的焊接 H 型钢。

（3）槽钢

热轧槽钢的表示方法为“[型号”，例如 [18a 表示截面高度为 180mm、腹板厚度分类为 a 类的热轧槽钢。

（4）角钢

角钢分为等边角钢和不等边角钢两种。等边角钢的表示方法为“∟肢宽×肢厚”，不等边角钢的表示方法为“∟长肢宽×短肢宽×肢厚”，例如∟75×50×6 表示长肢宽 75mm、短肢宽 50mm、肢厚 6mm 的不等边角钢。

（5）圆钢管

圆钢管分热轧的无缝钢管和由钢板焊接而成的电焊钢管，前者的价格高于后者。圆钢管的表示方法为“ϕ外径×壁厚”，如 ϕ95×5，单位为“mm”。

复习思考题

2-1　简述钢材的主要力学性能指标及其检测方法。

2-2　影响钢材性能的主要化学成分有哪些？碳、硫、磷对钢材性能有何影响？

2-3　钢结构用钢材的种类有哪些？

2-4　什么是低碳钢？什么是低合金钢？

2-5　简述碳素结构钢的钢牌号及其含义。

2-6　导致钢材脆性断裂的因素有哪些？设计时如何防止钢材发生脆性断裂？

2-7　应力集中对钢材的力学性能有何影响？设计时如何避免产生应力集中？

2-8　结构设计时合理选用钢材牌号应考虑哪些因素？

2-9　承重结构用钢材一般应具有哪些方面的合格保证？

第3章　轴心受力构件

3.1　概　　述

只承受通过构件截面形心轴的轴向力作用的构件称为轴心受力构件，包括轴心受拉构件和轴心受压构件两种。各种平面和空间桁架（包括塔架和网架）中的杆件以及各种支撑系统中的杆件常按轴心受力构件考虑，柱在某些情况下属于轴心受压构件。

轴心受力构件按其截面组成形式，可分为实腹式和格构式两种。

实腹式轴心受力构件主要有三类截面形式：(1) 热轧型钢截面，如圆钢、圆钢管、方钢管、角钢、T形钢、H型钢、工字钢和槽钢等，如图3-1（*a*）所示；(2) 由型钢或钢板连接而成的组合截面，如图3-1（*b*）所示；(3) 冷弯薄壁型钢截面，如冷弯薄壁方管、圆管、卷边或不带卷边的角钢、槽钢截面等，如图3-1（*c*）所示，其应按《冷弯薄壁型钢结构技术规范》GB 50018—2002进行设计，因限于篇幅，本章对此不作介绍。

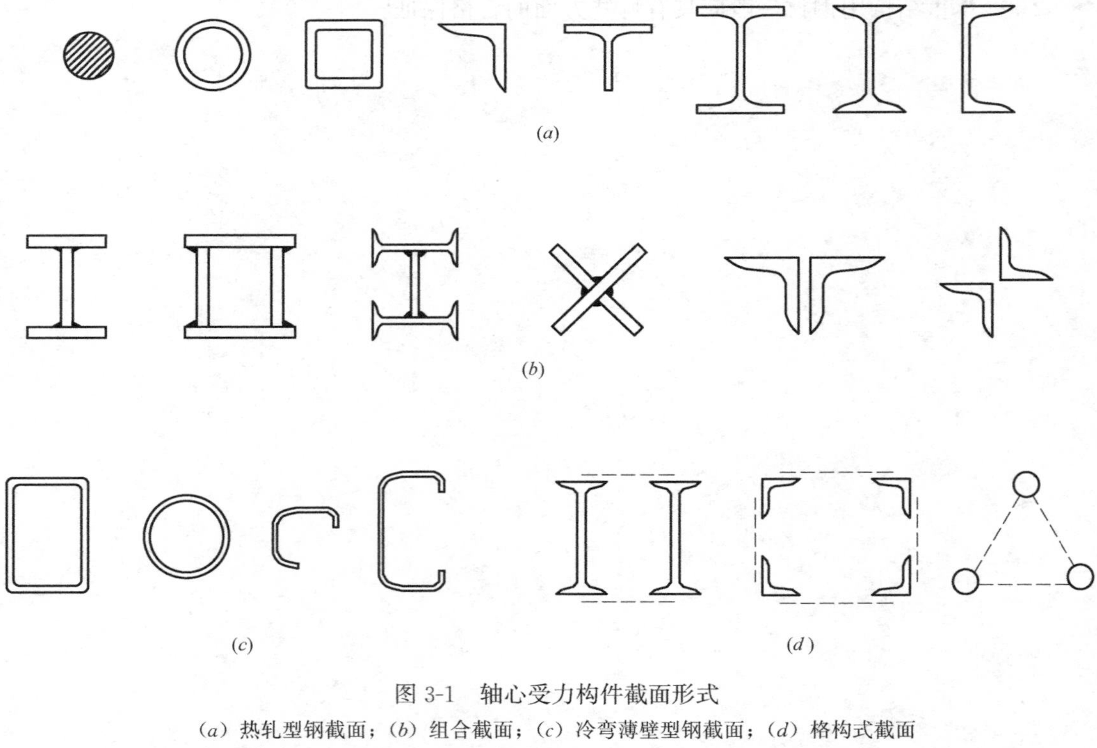

(*a*)　(*b*)　(*c*)　(*d*)

图3-1　轴心受力构件截面形式

（*a*）热轧型钢截面；（*b*）组合截面；（*c*）冷弯薄壁型钢截面；（*d*）格构式截面

格构式轴心受力构件一般是由两个或两个以上分肢用缀材相连而成，如图3-1（*d*）所示。分肢的截面常为热轧槽钢、工字钢、角钢、钢管等，缀材分为缀条和缀板两种，因缀材是不连续的，在图中以虚线表示。缀板通常采用钢板，缀条通常采用单角钢。

一般情况下，当构件受力较小时，常采用热轧型钢截面和冷弯薄壁型钢截面；当构件受力较大时，可选用由型钢或钢板组成的实腹式组合截面；当构件较长且受力较大时，可选用格构式截面。

进行轴心受力构件设计时，轴心受拉构件应满足强度、刚度的要求，轴心受压构件应满足强度、刚度、整体稳定性和局部稳定性的要求。

3.2 轴心受力构件强度计算

3.2.1 轴心受拉构件强度计算

如图 3-2 所示为一双角钢组成的 T 形截面轴心受拉构件，端部用螺栓与节点板相连。在有螺栓孔的净截面处（如图 3-2 中 1-1 截面），当其净截面上的应力值达到钢材的屈服点 f_y时，由于钢材具有强化阶段，构件仍能继续承受荷载作用，直至净截面上的拉应力达到钢材的极限抗拉强度 f_u时，构件在净截面处断裂。在无螺栓孔的毛截面处（如图 3-2 中 2-2 截面），同样，当拉应力达到钢材的极限抗拉强度 f_u时，构件才会断裂。但是当拉应力超过屈服点 f_y后，虽然构件仍能继续承受荷载作用，但整个构件将产生较大的伸长变形，达到不适于继续承载的正常使用极限状态。上述两种情况，一个使构件拉断，一个使构件产生过大的伸长变形，均属于达到构件的极限状态，因此《钢结构设计标准》GB 50017—2017 规定：轴心受拉构件，其截面强度计算应符合下列规定：

对毛截面：

$$\sigma=\frac{N}{A}\leqslant f \tag{3-1a}$$

对净截面：

$$\sigma=\frac{N}{A_n}\leqslant 0.7f_u \tag{3-1b}$$

式中 N——所计算截面处的轴向拉力设计值（N）；

f——钢材抗拉强度设计值（N/mm^2），由附表 1-1 确定；

A——构件的毛截面面积（mm^2）；

A_n——构件的净截面面积（mm^2），当构件多个截面有孔时，取最不利截面；

f_u——钢材的抗拉强度最小值（N/mm^2），由附表 1-1 确定。

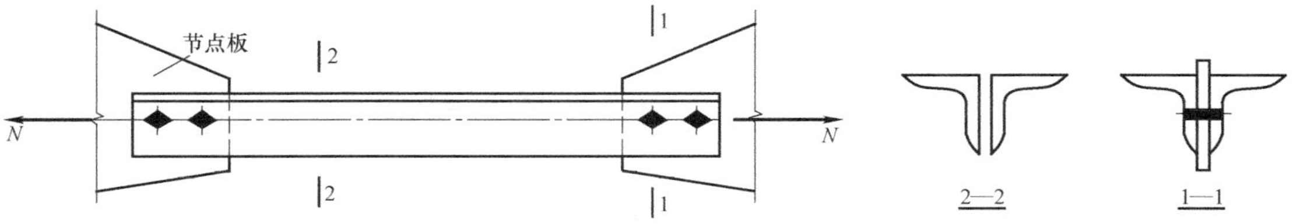

图 3-2 端部有螺栓孔的双角钢轴心受拉构件

3.2.2 轴心受压构件强度计算

轴心受压构件，截面强度按式（3-1a）计算。但对含有虚孔的构件，尚需在孔心所在截面按式（3-1b）验算净截面强度（即对于轴心受压构件孔洞有螺栓填充者，不必验算净截面强度)。

3.2.3 有效截面系数

轴心受拉构件和轴心受压构件，当其组成板件在节点或拼接处并非全部直接传力时，考虑由此造成的截面上正应力分布不均匀等影响，强度计算时对计算截面面积乘以有效截面系数 η，见表 3-1。

有效截面系数 η 　　　　**表 3-1**

项次	构件截面形式	连接形式	有效截面系数 η	图例
1	角钢	单边连接	0.85	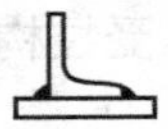
2	工字形或 H 形	翼缘连接	0.90	
3		腹板连接	0.70	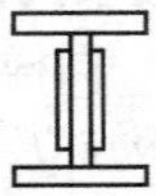

如表 3-1 中第 1 项，当单角钢与节点板单面连接时，由节点板传来的轴向力 N 实际上使角钢构件处于双向偏心受拉状态，N 作用点 a 点对角钢形心 O 点的偏心距分别为 e_x 和 e_y，如图 3-3 所示。试验表明其极限承载力约为轴心受力构件极限承载力的 85%，因此单面连接的角钢按轴心受力构件计算强度时，对计算截面面积乘以折减系数 0.85。

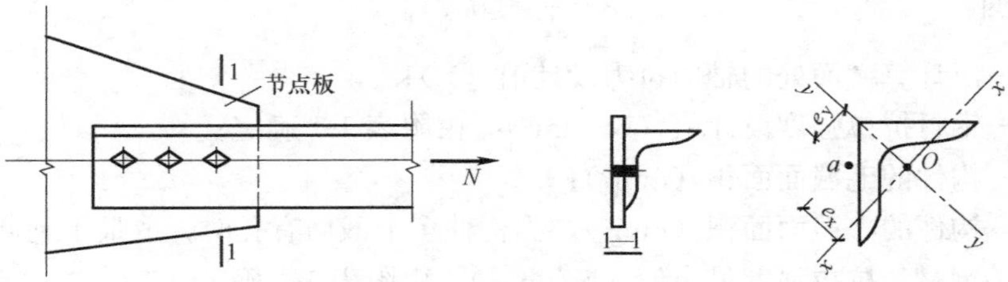

图 3-3　单面连接的单角钢轴心受拉构件

3.3　轴心受力构件刚度计算

轴心受力构件的刚度通常用长细比 λ 来衡量。长细比指的是构件计算长度 l_0 与其截面回转半径 i 的比值。长细比 λ 越小，表示构件刚度越大，反之刚度越小。

当构件过于细长，即长细比 λ 较大时，构件在制造、运输和安装的过程中容易产生变形；当构件处于非竖直位置时，其自重可使构件产生较大的挠曲；动力荷载作用下构件容易产生振动。因此构件应具有一定的刚度，来满足结构的正常使用要求。轴心受力构件的刚度是以限制其长细比来保证的，即：

$$\lambda_x=\frac{l_{0x}}{i_x}\leqslant[\lambda]\text{，}\lambda_y=\frac{l_{0y}}{i_y}\leqslant[\lambda] \tag{3-2}$$

式中　l_{0x}、l_{0y}——构件对截面主轴 x 轴和 y 轴的计算长度（mm）；

i_x、i_y——构件截面对主轴 x 轴和 y 轴的回转半径（mm），$i=\sqrt{I/A}$；

$[\lambda]$ ——构件的容许长细比。

《钢结构设计标准》GB 50017—2017 根据构件的重要性和荷载情况，分别规定了轴心受拉构件和轴心受压构件的容许长细比，见表 3-2 和表 3-3。

受压构件的容许长细比　　**表 3-2**

构件名称	容许长细比$[\lambda]$
轴心受压柱、桁架和天窗架中的压杆	150
柱的缀条、吊车梁或吊车桁架以下的柱间支撑	150
支撑	200
用以减小受压构件计算长度的杆件	200

注：1. 当杆件内力设计值不大于承载能力的 50%时，容许长细比值可取 200；
2. 计算单角钢受压构件的长细比时，应采用角钢的最小回转半径，但计算在交叉点相互连接的交叉杆件平面外的长细比时，可采用与角钢肢边平行轴的回转半径；
3. 跨度大于或等于 60m 的桁架，其受压弦杆、端压杆和直接承受动力荷载的受压腹杆的容许长细比值不宜大于 120；
4. 验算容许长细比时，可不考虑扭转效应。

受拉构件的容许长细比　　**表 3-3**

构件名称	承受静力荷载或间接动力荷载的结构			直接承受动力荷载的结构
	一般建筑结构	对腹杆提供平面外支点的弦杆	有重级工作制起重机的厂房	
桁架的构件	350	250	250	250
吊车梁或吊车桁架以下的柱间支撑	300	—	200	—
除张紧的圆钢外的其他拉杆、支撑、系杆等	400	—	350	—

注：1. 除对腹杆提供面外支点的弦杆外，承受静力荷载的结构受拉构件，可仅计算竖向平面内的长细比；
2. 在直接或间接承受动力荷载的结构中，单角钢受拉构件长细比的计算方法与表 3-2 注 2 相同；
3. 中、重级工作制吊车桁架下弦杆的长细比不宜超过 200；
4. 在设有夹钳或刚性料耙等硬钩起重机的厂房中，支撑的长细比不宜超过 300；
5. 受拉构件在永久荷载与风荷载组合作用下受压时，其长细比不宜超过 250；
6. 跨度大于或等于 60m 的桁架，其受拉弦杆和腹杆的长细比不宜超过 300（承受静力荷载或间接承受动力荷载）或 250（直接承受动力荷载）；
7. 柱间支撑按拉杆设计时，竖向荷载作用下柱子的轴力应按无支撑时考虑。

【例 3-1】 附图 7-1 中梯形钢屋架下弦杆采用不等边角钢 2L125×80×7 组成的 T 形截面（短肢相并），如图 3-4 所示，Q235 钢，荷载作用下最大轴向拉力设计值 $N=400\text{kN}$。下弦杆平面内计算长度 $l_{0x}=4500\text{mm}$，平面外计算长度 $l_{0y}=7500\text{mm}$，与节点板采用焊缝连接，试验算该下弦杆截面是否满足要求。

【解】 由附表 2-5 得：

$A=14.1\times2=28.2\text{cm}^2$，$i_x=2.3\text{cm}$，$i_y=6.04\text{cm}$。

1）强度验算

查附表 1-1 得 $f=215\text{N/mm}^2$，由式（3-1a）得：

$$\frac{N}{A}=\frac{400\times10^3}{2820}=141.84\text{N/mm}^2<f=215\text{N/mm}^2$$

强度满足要求。

2）刚度验算

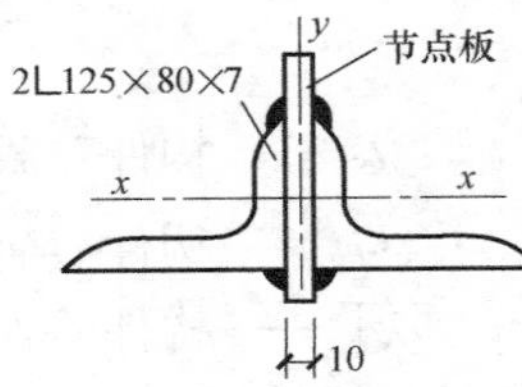

图 3-4 例 3-1 图

查表 3-3 得：对腹杆提供平面外支点的弦杆 $[\lambda]=250$，由式（3-2）得：

$$\lambda_x=\frac{l_{0x}}{i_x}=\frac{4500}{23}=195.65$$

$$\lambda_y=\frac{l_{0y}}{i_y}=\frac{7500}{60.4}=124.17$$

$$\lambda_{max}=\lambda_x=195.65<[\lambda]=250$$

刚度满足要求。该下弦杆截面采用 2∟125×80×7 满足要求。

3.4 轴心受压构件的整体稳定性计算

3.4.1 轴心受压构件整体失稳破坏

构件在荷载作用下处于平衡位置，微小的外界干扰力使其偏离平衡位置，若干扰力撤去后构件仍能恢复到初始平衡位置，这样的平衡是稳定的；若外界扰动撤去后不能恢复到初始平衡位置，且偏离初始平衡位置愈来愈远，这样的平衡是不稳定的；若干扰力撤去后，不能恢复到原来的平衡位置，但仍能保持在新的平衡位置，则称构件处于临界状态，也称随遇平衡状态。构件在荷载作用下能保持稳定的能力就称为整体稳定。

轴心受压构件受轴向力 N 作用，当其截面上的平均应力低于或远低于钢材的屈服强度时，构件产生了较大的弯曲变形、扭转变形、弯扭变形而丧失承载能力，这种现象就称为轴心受压构件的整体失稳破坏，或称屈曲。

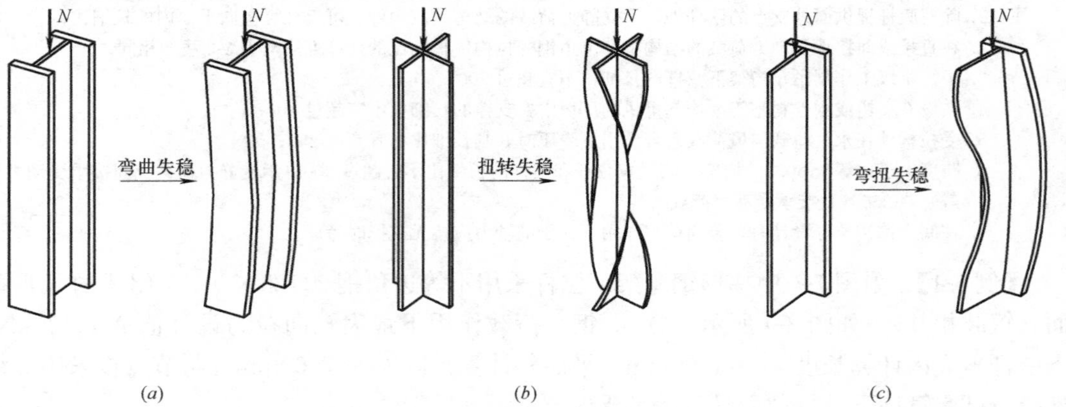

图 3-5 轴心受压构件整体失稳

整体失稳破坏是轴心受压构件的主要破坏形式，可分为弯曲失稳、弯扭失稳和扭转失稳。一般情况下，双轴对称截面的轴心受压构件在失稳时只出现弯曲变形，称为弯曲失稳，如图 3-5（*a*）所示，当截面的扭转刚度较小时（如十字形截面），还可能发生只有扭转变形的扭转失稳，如图 3-5（*b*）所示。单轴对称截面的轴心受压构件，在绕非对称轴失稳时为弯曲失稳，而绕对称轴失稳时，由于轴心压力所通过的截面形心与截面扭转中心不重合，在发生弯曲变形的同时往往还伴随扭转变形，称为弯扭失稳，如图 3-5（*c*）所示。截面无对称轴的轴心受压构件，其失稳破坏均为弯扭失稳。

3.4.2　轴心受压构件整体稳定性计算

构件由稳定平衡过渡到不稳定平衡的分界标志是临界状态，临界状态下的轴心压力称为临界力 N_{cr}，N_{cr}除以构件毛截面面积 A 所得到的应力称为临界应力σ_{cr}，σ_{cr}常低于钢材的屈服强度，即构件在达到强度极限状态前就会丧失稳定。

如果轴心受压构件截面所受轴力 $N\leqslant N_{cr}$，就能避免其发生整体失稳破坏，但关键是如何确定临界力 N_{cr}。影响轴心受压构件整体稳定临界力 N_{cr}的因素很多，如构件的截面形状和尺寸、材料的力学性能、构件的失稳方向、杆端的约束条件等。另外，在实际工程中，轴心受压构件不可避免存在初弯曲和初偏心等几何缺陷，以及加工制作产生的残余应力和材质不均匀等材料缺陷，这些缺陷将使轴心受压构件的整体稳定承载能力降低。我国《钢结构设计标准》GB 50017—2017 通过整体稳定系数 φ 来综合考虑这些因素的影响。实腹式轴心受压构件的整体稳定性按下式计算：

$$\frac{N}{\varphi A f}\leqslant 1.0 \tag{3-3}$$

式中　φ——轴心受压构件的稳定系数（取截面两主轴稳定系数中的较小者），根据构件的长细比（或换算长细比）、钢材屈服强度和表 3-4、表 3-5 的截面分类，按附录 5 采用。

确定轴心受压构件整体稳定系数 φ 时的构件长细比λ，按下列规定确定：

（1）截面为双轴对称的构件

长细比按下式计算：

$$\lambda_x=l_{0x}/i_x \tag{3-4}$$

$$\lambda_y=l_{0y}/i_y \tag{3-5}$$

式中　l_{0x}、l_{0y}——分别为构件对截面主轴 x 轴和 y 轴的计算长度（mm）；

i_x、i_y——分别为构件截面对主轴 x 轴和 y 轴的回转半径（mm）。

对如图 3-6 所示的双轴对称十字形截面，当其板件宽厚比 $b/t\geqslant 15\sqrt{235/f_y}$时，可能会发生扭转失稳而降低承载力，考虑扭转屈曲的换算长细比按下式计算：

$$\lambda_z=\sqrt{\frac{I_0}{I_t/25.7+I_\omega/l_\omega^2}} \tag{3-6}$$

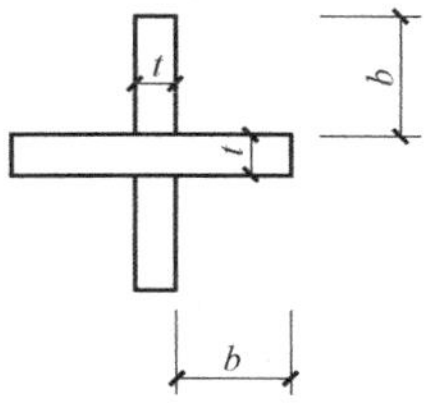

图 3-6　双轴对称十字形截面

式中　λ_z——扭转屈曲换算长细比；

I_0、I_t、I_ω——分别为构件毛截面对剪心（图 3-7）的极惯性矩（mm^4）、自由扭转常数（mm^4）和扇性惯性矩

（mm⁶），对十字形截面可近似取 $I_\omega=0$；

l_ω——扭转屈曲的计算长度（mm），两端铰支且端部截面可自由翘曲者，取几何长度 l；两端嵌固且端部截面的翘曲完全受到约束者，取 $0.5l$。

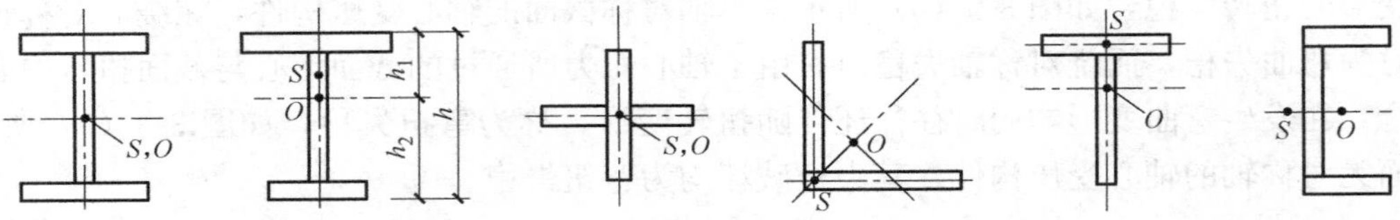

图 3-7　常见截面的剪心和形心的位置（O—形心，S—剪切中心）

（2）截面为单轴对称的构件

由于截面形心与剪心不重合，绕对称轴失稳时，在弯曲的同时总伴随着扭转，即形成弯扭失稳。

轴心受压构件的截面分类（板厚 $t<40$mm）　　　**表 3-4**

截面形式		对 x 轴	对 y 轴
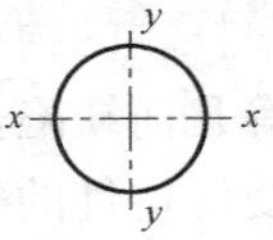 轧制		a类	a类
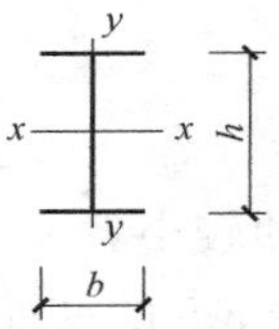 轧制	$b/h\leqslant0.8$	a类	b类
	$b/h>0.8$	a*类	b*类
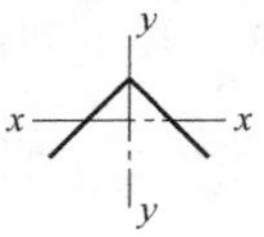 轧制等边角钢		a*类	a*类
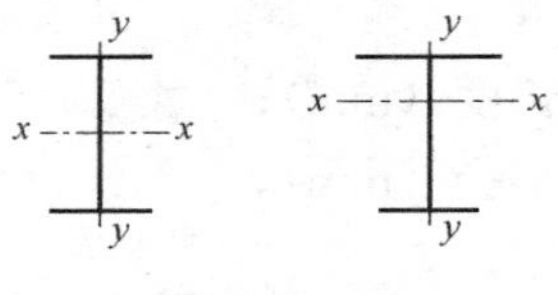 焊接，翼缘为焰切边	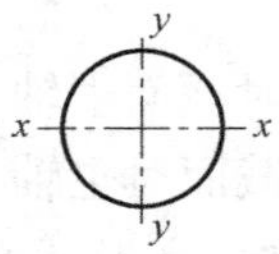 焊接	b类	b类
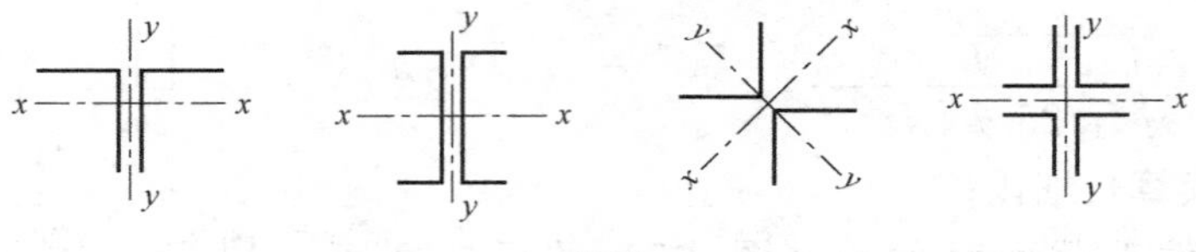 轧制			

续表

截面形式		对 x 轴	对 y 轴
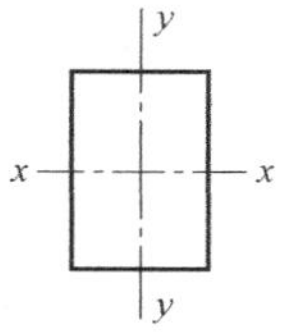 轧制，焊接（板件宽厚比＞20）	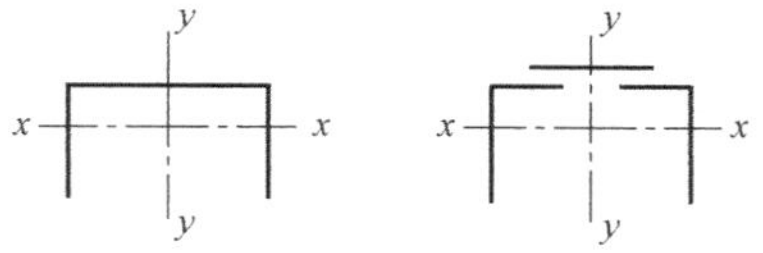 轧制或焊接	b类	b类
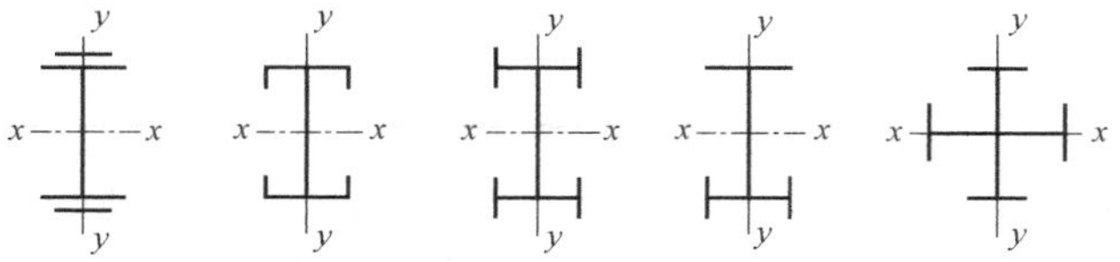 焊接	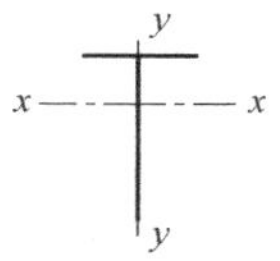 轧制截面或翼缘为焰切边的焊接截面		
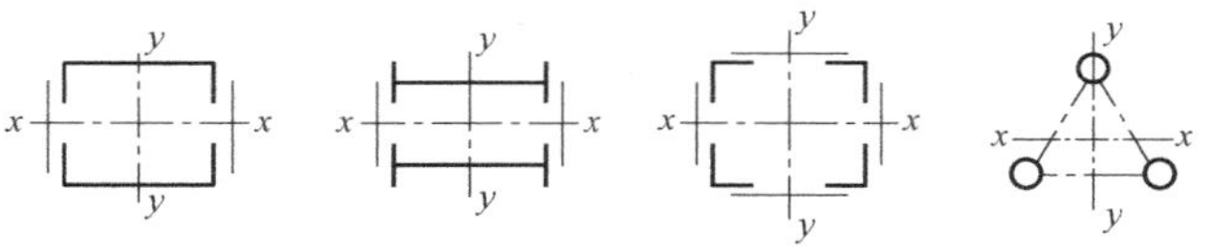	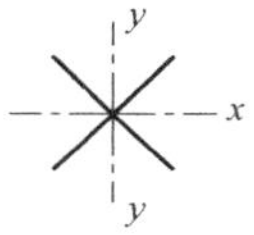 焊接，板件边缘焰切		
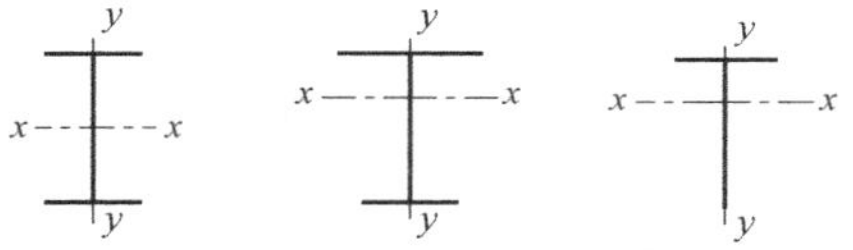 焊接，翼缘为轧制或剪切边		b类	c类
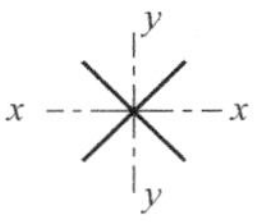 焊接，板件边缘轧制或剪切	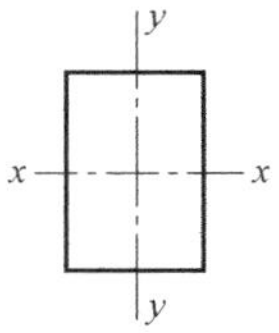 轧制，焊接（板件宽厚比≤20）	c类	c类

注：1. a* 类含义为 Q235 钢取 b 类，Q345、Q390、Q420 和 Q460 钢取 a 类；b* 类含义为 Q235 钢取 c 类，Q345、Q390、Q420 和 Q460 钢取 b 类；

2. 无对称轴且剪心和形心不重合的截面，其截面分类可按有对称轴的类似截面确定，如不等边角钢采用等边角钢的类别，当无类似截面时，可取 c 类。

轴心受压构件的截面分类（板厚 $t \geq 40$mm）　　表 3-5

截面形式		对 x 轴	对 y 轴
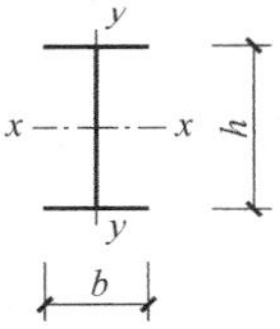 轧制工字形或 H 形截面	$t<80$mm	b类	c类
	$t \geq 80$mm	c类	d类

续表

截面形式		对 x 轴	对 y 轴
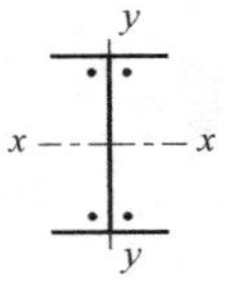 焊接工字形截面	翼缘为焰切边	b类	b类
	翼缘为轧制或剪切边	c类	d类
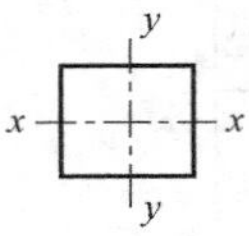 焊接箱形截面	板件宽厚比>20	b类	b类
	板件宽厚比≤20	c类	c类

在相同情况下，弯扭失稳比弯曲失稳的临界力低。因此，《钢结构设计标准》GB 50017—2017 规定：对绕非对称轴 x 轴的长细比，仍由式（3-4）确定；绕对称轴 y 轴的长细比，应以考虑扭转效应的换算长细比 λ_{yz} 代替 λ_y，λ_{yz} 按式（3-7）计算。

$$\lambda_{yz}=\frac{1}{\sqrt{2}}\left[(\lambda_y^2+\lambda_z^2)+\sqrt{(\lambda_y^2+\lambda_z^2)^2-4\left(1-\frac{y_s^2}{i_0^2}\right)\lambda_y^2\lambda_z^2}\right]^{\frac{1}{2}} \tag{3-7}$$

式中　y_s——截面形心至剪心的距离（mm）；

i_0——截面对剪心的极回转半径（mm），单轴对称截面 $i_0=\sqrt{y_s^2+i_x^2+i_y^2}$；

λ_z——扭转屈曲换算长细比，按式（3-6）计算。

（3）截面无对称轴且剪心和形心不重合的构件

该类型构件应采用下列换算长细比：

$$\lambda_{xyz}=\pi\sqrt{\frac{EA}{N_{xyz}}} \tag{3-8}$$

式中　N_{xyz}——弹性完善杆的弯扭屈曲临界力（N），由下式确定：

$$(N_x-N_{xyz})(N_y-N_{xyz})(N_z-N_{xyz})-N_{xyz}^2(N_x-N_{xyz})\left(\frac{y_s}{i_0}\right)^2-N_{xyz}^2(N_y-N_{xyz})\left(\frac{x_s}{i_0}\right)^2=0 \tag{3-9a}$$

$$i_0=\sqrt{y_s^2+x_s^2+i_x^2+i_y^2} \tag{3-9b}$$

$$N_x=\frac{\pi^2 EA}{\lambda_x^2} \tag{3-9c}$$

$$N_y=\frac{\pi^2 EA}{\lambda_y^2} \tag{3-9d}$$

$$N_z=\frac{1}{i_0^2}\left(\frac{\pi^2 EI_\omega}{l_\omega^2}+GI_t\right) \tag{3-9e}$$

式中　x_s、y_s——分别为截面形心到剪心沿 x 轴方向和 y 轴方向的距离（mm）；

i_0——截面对剪心的极回转半径（mm）；

N_x、N_y、N_z——分别为绕 x 轴和 y 轴的弯曲屈曲临界力和扭转屈曲临界力（N）；

E、G——分别为钢材弹性模量和剪变模量（N/mm^2）。

在桁架中常用到单角钢和双角钢组合截面，为了进一步简化计算，《钢结构设计标准》

GB 50017—2017 给出了这些截面换算长细比的简化计算公式。

（4）双角钢组合 T 形截面构件

双角钢组合的 T 形截面构件绕对称轴 y 轴的换算长细比 λ_{yz} 可用下列简化公式确定：

① 等边双角钢（图 3-8a）

当 $\lambda_y \geqslant \lambda_z$ 时 $$\lambda_{yz}=\lambda_y\left[1+0.16\left(\frac{\lambda_z}{\lambda_y}\right)^2\right] \tag{3-10a}$$

当 $\lambda_y < \lambda_z$ 时 $$\lambda_{yz}=\lambda_z\left[1+0.16\left(\frac{\lambda_y}{\lambda_z}\right)^2\right] \tag{3-10b}$$

$$\lambda_z=3.9\frac{b}{t} \tag{3-11}$$

式中 t—角钢肢厚（mm）。

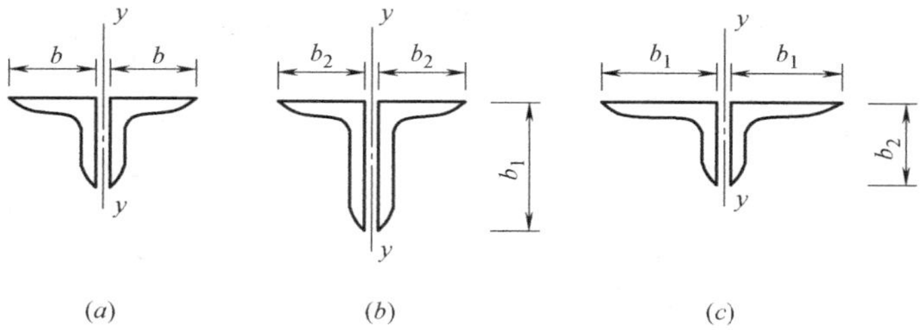

图 3-8 双角钢组合 T 形截面

b—等边角钢肢宽；b_1—不等边角钢长肢宽；b_2—不等边角钢短肢宽

② 长肢相并的不等边双角钢（图 3-8b）

当 $\lambda_y \geqslant \lambda_z$ 时 $$\lambda_{yz}=\lambda_y\left[1+0.25\left(\frac{\lambda_z}{\lambda_y}\right)^2\right] \tag{3-12a}$$

当 $\lambda_y < \lambda_z$ 时 $$\lambda_{yz}=\lambda_z\left[1+0.25\left(\frac{\lambda_y}{\lambda_z}\right)^2\right] \tag{3-12b}$$

$$\lambda_z=5.1\frac{b_2}{t} \tag{3-13}$$

③ 短肢相并的不等边双角钢（图 3-8c）

当 $\lambda_y \geqslant \lambda_z$ 时 $$\lambda_{yz}=\lambda_y\left[1+0.06\left(\frac{\lambda_z}{\lambda_y}\right)^2\right] \tag{3-14a}$$

当 $\lambda_y < \lambda_z$ 时 $$\lambda_{yz}=\lambda_z\left[1+0.06\left(\frac{\lambda_y}{\lambda_z}\right)^2\right] \tag{3-14b}$$

$$\lambda_z=3.7\frac{b_1}{t} \tag{3-15}$$

（5）不等边单角钢构件

如图 3-9 所示不等边单角钢构件的换算长细比可用下列简化公式确定：

当 $\lambda_v \geqslant \lambda_z$ 时 $$\lambda_{xyz}=\lambda_v\left[1+0.25\left(\frac{\lambda_z}{\lambda_v}\right)^2\right] \tag{3-16a}$$

当 $\lambda_v < \lambda_z$ 时 $$\lambda_{xyz}=\lambda_z\left[1+0.25\left(\frac{\lambda_v}{\lambda_z}\right)^2\right] \tag{3-16b}$$

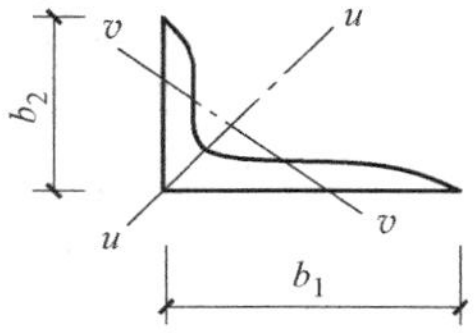

图 3-9 不等边角钢（v 轴为角钢的弱轴，b_1 为角钢长肢宽）

$$\lambda_z = 4.21 \frac{b_1}{t} \tag{3-17}$$

对于等边单角钢轴心受压构件，当绕两主轴弯曲的计算长度相等时，可不计算弯扭屈曲。

3.5　实腹式轴心受压构件局部稳定性计算

3.5.1　轴心受压构件局部失稳破坏

为了提高轴心受压构件的稳定承载力，一般组成轴心受压构件的板件宽厚比都较大，这样可能导致压力作用下，在构件丧失整体稳定或强度破坏之前，板件偏离原来的平面位置发生波状鼓曲，如图 3-10 所示，这种现象称为构件丧失局部稳定。

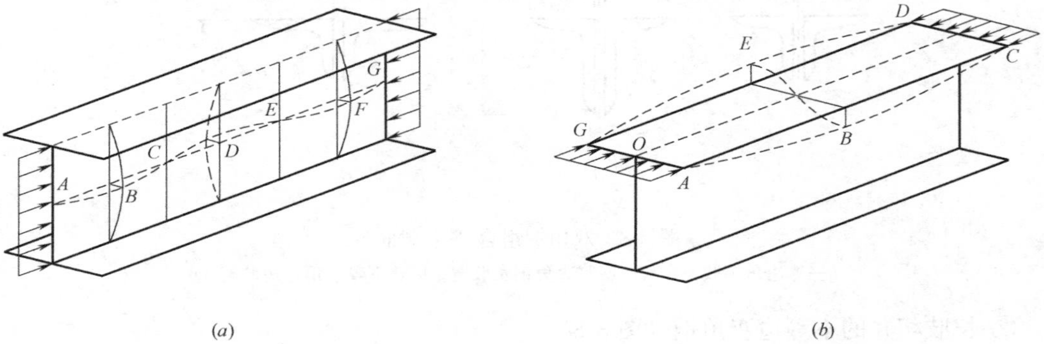

图 3-10　轴心受压构件的局部失稳

(*a*) 腹板局部失稳；(*b*) 翼缘局部失稳

构件丧失局部稳定后仍会有很大的承载能力，这就是屈曲后强度。板的屈曲后强度来源于板内横向的薄膜张力，如图 3-11 所示。板面内横向的薄膜张力对板的进一步弯曲起约束作用，使受压板能够继续承受增大的压力。但由于部分板件屈曲退出工作，使构件的有效截面减少，会导致构件的整体稳定承载力降低或加速构件整体失稳。

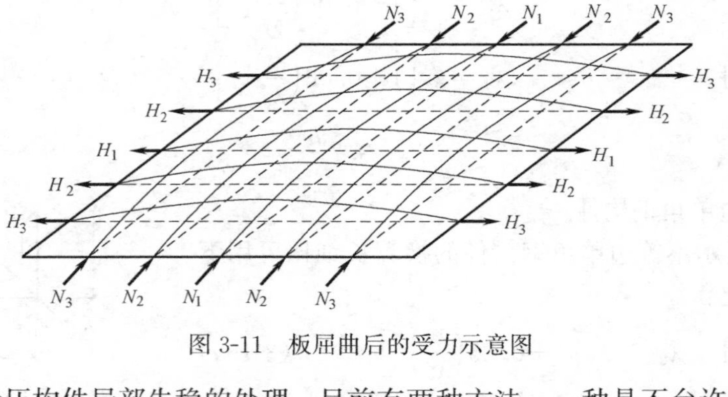

图 3-11　板屈曲后的受力示意图

对于轴心受压构件局部失稳的处理，目前有两种方法：一种是不允许出现局部失稳，对于此类构件，主要是限制板件的宽（高）厚比不得超过限值，具体计算方法详见 3.5.2

节；另一种是允许出现局部失稳，考虑利用板件屈曲后的强度，具体计算方法详见3.5.3节。

3.5.2 不允许局部失稳的实腹式轴压构件板件宽（高）厚比计算

对于不允许出现局部失稳的实腹式轴心受压构件，其板件宽（高）厚比应符合下列规定。

（1）H形截面或工字形截面（图3-12a）

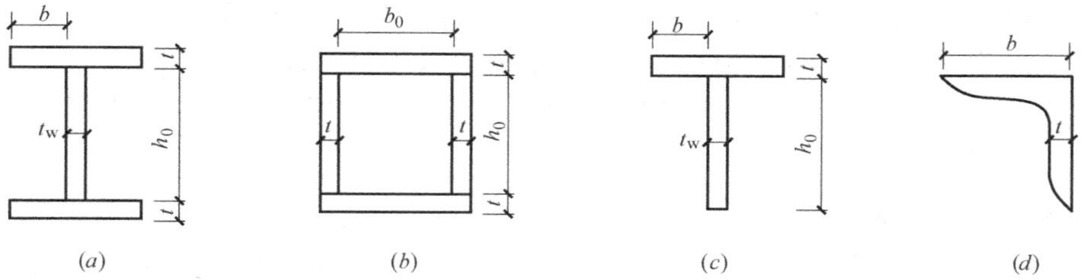

图3-12 H形（或工字形）、箱形、T形、等边角钢截面

① 腹板高厚比限值为：

$$h_0/t_w \leqslant (25+0.5\lambda)\sqrt{235/f_y} \tag{3-18}$$

② 翼缘宽厚比限值为：

$$b/t \leqslant (10+0.1\lambda)\sqrt{235/f_y} \tag{3-19}$$

式中 λ——构件的较大长细比，当$\lambda<30$时，取为30；当$\lambda>100$时，取为100；

h_0、t_w——分别为腹板计算高度和厚度（mm）。腹板计算高度h_0：对焊接构件h_0取腹板净高度；对轧制构件h_0取腹板与上下翼缘相接处两内弧起点间的距离；

b、t——分别为翼缘板自由外伸宽度和厚度（mm）。翼缘板自由外伸宽度b：对焊接构件b取腹板厚度边缘至翼缘板边缘的距离；对轧制构件b取腹板与翼缘相接处内圆弧起点至翼缘板（肢）边缘的距离。

（2）箱形截面壁板（图3-12b）

$$b_0/t \text{ 或 } h_0/t \leqslant 40\sqrt{235/f_y} \tag{3-20}$$

式中 b_0——箱形截面壁板的净宽度（mm），当箱形截面设有纵向加劲肋时，b_0为壁板与加劲肋之间的净宽度。

（3）T形截面（图3-12c）

① 翼缘宽厚比限值按式（3-19）确定。

② 腹板高厚比限值为：

热轧剖分T型钢 $$h_0/t_w \leqslant (15+0.2\lambda)\sqrt{235/f_y} \tag{3-21}$$

焊接T型钢 $$h_0/t_w \leqslant (13+0.17\lambda)\sqrt{235/f_y} \tag{3-22}$$

对焊接构件h_0取腹板净高度；对轧制构件h_0取腹板平直段长度。

（4）等边角钢截面（图3-12d）

等边角钢轴压构件的肢件宽厚比限值为：

当$\lambda \leqslant 80\sqrt{235/f_y}$时 $$\omega/t \leqslant 15\sqrt{235/f_y} \tag{3-23a}$$

当$\lambda>80\sqrt{235/f_y}$时　　　$\omega/t\leqslant5\sqrt{235/f_y}+0.125\lambda$　　　(3-23b)

式中　ω、t——分别为角钢的平板宽度和厚度（mm），简要计算时ω可取为$b-2t$，b为角钢肢宽；

λ——按角钢绕非对称主轴回转半径计算的长细比。

不等边角钢没有对称轴，失稳时总是呈弯扭屈曲，整体稳定性计算包含了肢件宽厚比影响，不需再验算其局部稳定性。

（5）圆管截面

圆管截面轴心受压构件外径与壁厚之比应满足$D/t\leqslant100\times(235/f_y)$。

对于以上的各种截面，当构件整体稳定承载力未用足，即当$N<\varphi fA$时，板件的宽（高）厚比限值可适当放宽，均可将按上述公式计算的板件宽（高）厚比限值乘以放大系数$\alpha=\sqrt{\varphi fA/N}$。

当截面板件宽（高）厚比不满足上述限值要求时，一般应调整板件厚度或宽（高）度使其满足要求。对H形、工字形和箱形截面轴心受压构件的腹板，也可采用设置纵向加劲肋的方法减小腹板计算高度。加劲肋宜在腹板两侧成对配置，其一侧外伸宽度不应小于$10t_w$，厚度不应小于$0.75t_w$。

为节省材料，也可任由板件屈曲，利用板件屈曲后强度的设计准则，按3.5.3节方法验算构件利用屈曲后强度的承载力是否满足要求。

【例3-2】 附图7-2所示钢平台结构，若主次梁与柱均为铰接，柱脚铰接，平台结构在纵横两个方向都设置柱间交叉支撑。若平台中柱在荷载作用下承受最大轴心压力设计值$N=570$kN（已包括柱自重），柱截面为HW200×200×8×12，如图3-13所示，柱计算长度$l_{0x}=l_{0y}=4.5$m，Q235钢，不允许发生局部失稳，试验算柱承载力是否满足要求。

【解】 由附表2-2得：$A=64.28\text{cm}^2$，$i_x=8.61$cm，$i_y=4.99$cm，$r=16$mm。

1）强度验算

轴心受压构件截面无削弱，强度可不验算。

2）刚度验算

由表3-2得$[\lambda]=150$，由式（3-2）得：

$$\lambda_x=\frac{l_{0x}}{i_x}=\frac{4500}{86.1}=52.26$$

$$\lambda_y=\frac{l_{0y}}{i_y}=\frac{4500}{49.9}=90.18$$

$$\lambda_{max}=\lambda_y=90.18<[\lambda]=150$$

刚度满足要求。

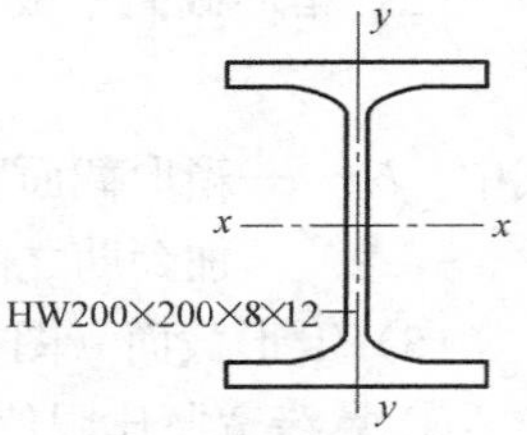

图3-13　例3-2图

3）整体稳定性验算

由附表1-1得$f=215\text{N/mm}^2$。$b/h=1>0.8$，由表3-4得柱截面对x轴属b类截面，对y轴属c类截面。由$\lambda_x=52.26$查附表5-2得$\varphi_x=0.846$，由$\lambda_y=90.18$查附表5-3得$\varphi_y=0.516$，取φ_x和φ_y中的较小值进行整体稳定性验算，由式（3-3）得：

$$\frac{N}{\varphi Af}=\frac{570\times10^3}{0.516\times6428\times215}=0.799<1.0$$

整体稳定性满足要求。

4）局部稳定性验算

由式（3-18）验算腹板高厚比：

$$h_0/t_w=(200-2\times12-2\times16)/8=18$$

$$h_0/t_w=18\leqslant(25+0.5\lambda)\sqrt{235/f_y}=25+0.5\times90.18=70.09$$

由式（3-19）验算翼缘宽厚比：

$$b/t=\frac{(200-8)/2-16}{12}=6.67$$

$$b/t=6.67\leqslant(10+0.1\lambda)\sqrt{235/f_y}=10+0.1\times90.18=19.02$$

局部稳定性满足要求。该平台中柱截面 HW200×200×8×12 满足要求。

3.5.3 允许局部失稳利用板件屈曲后强度的承载力计算

若板件宽（高）厚比超过 3.5.2 节规定的限值，且可考虑屈曲后强度时，轴心受压构件的强度和整体稳定承载力可按下式计算：

强度计算：
$$\frac{N}{A_{ne}}\leqslant f \tag{3-24a}$$

整体稳定性计算：
$$\frac{N}{\varphi A_e f}\leqslant1.0 \tag{3-24b}$$

$$A_{ne}=\sum\rho_i A_{ni} \tag{3-24c}$$

$$A_e=\sum\rho_i A_i \tag{3-24d}$$

式中 A_{ne}、A_e——分别为构件有效净截面面积和有效毛截面面积（mm^2）；

φ——轴心受压构件的稳定系数，可按毛截面计算；

ρ_i——构件各板件有效截面系数。

构件各板件有效截面系数，应根据构件截面形式按下列各式确定。

（1）箱形截面的壁板、H 形或工字形截面的腹板

当 $b/t\leqslant42\sqrt{235/f_y}$ 时
$$\rho=1.0 \tag{3-25a}$$

当 $b/t>42\sqrt{235/f_y}$ 时
$$\rho=\frac{1}{\lambda_{n,p}}\left(1-\frac{0.19}{\lambda_{n,p}}\right) \tag{3-25b}$$

$$\lambda_{n,p}=\frac{b/t}{56.2}\sqrt{f_y/235} \tag{3-25c}$$

式中 b、t——分别为壁板或腹板的净宽度和厚度（mm）。

应注意的是，当 $\lambda>52\sqrt{235/f_y}$ 时，ρ 值应满足：

$$\rho\geqslant(29\sqrt{235/f_y}+0.25\lambda)t/b \tag{3-26}$$

（2）单角钢截面

当 $\omega/t>15\sqrt{235/f_y}$ 时
$$\rho=\frac{1}{\lambda_{n,p}}\left(1-\frac{0.1}{\lambda_{n,p}}\right) \tag{3-27a}$$

$$\lambda_{n,p}=\frac{\omega/t}{16.8}\sqrt{f_y/235} \tag{3-27b}$$

应注意的是，当 $\lambda>80\sqrt{235/f_y}$ 时，ρ 值应满足：

$$\rho \geqslant (5\sqrt{235/f_y}+0.13\lambda)t/\omega \tag{3-28}$$

3.6 实腹式轴心受压构件截面设计

实腹式轴心受压构件截面设计的基本思路是：根据轴向力 N 和构件计算长度选择合适的截面形式；初步确定截面尺寸；对初选截面进行验算。具体步骤如下：

（1）初选截面形式

在选择截面形式时，主要考虑：①形状、构造力求简单，制作省工和便于运输；②尽量采用双轴对称截面，避免弯扭失稳；③便于与其他构件连接；④尽可能使两个主轴方向刚度接近，即 $\lambda_x \approx \lambda_y$，以充分发挥截面的承载能力；⑤在满足板件宽（高）厚比限值的条件下，使截面面积的分布尽量展开并远离形心轴，以增加截面惯性矩和回转半径，从而提高构件的刚度和整体稳定承载力。

（2）初步确定截面尺寸

① 假定构件长细比，根据整体稳定性承载力计算公式反算所需截面面积 A。

一般假定长细比 $\lambda=60\sim100$。压力愈大，则构件宜更“矮胖”，所以当压力大而计算长度小时 λ 宜取较小值，反之取较大值。然后根据假定的长细比 λ 和构件截面分类确定轴心受压构件稳定系数 φ，并由整体稳定承载力计算公式反算出所需的截面面积 A：

$$A \geqslant N/(\varphi f) \tag{3-29}$$

② 根据假定长细比，由刚度条件反算出所需截面回转半径 i_x、i_y。

$$i_x \geqslant l_{0x}/\lambda \tag{3-30}$$

$$i_y \geqslant l_{0y}/\lambda \tag{3-31}$$

③ 初步确定构件截面规格型号和尺寸

对轧制型钢截面：根据计算的 A、i_x、i_y 由型钢表初选一个合适的规格型号。

对焊接组合截面：一般是根据回转半径确定截面的高度 h 和宽度 b，综合考虑计算所需的截面面积 A、稳定性要求、构造、钢材规格等，确定截面尺寸。

$$h \approx i_x/a_1 \tag{3-32}$$

$$b \approx i_y/a_2 \tag{3-33}$$

式中 a_1、a_2——系数，表示 h、b 与回转半径 i_x、i_y 之间的近似数值关系，常用截面可由附录 3 查得。

（3）对初选截面进行验算

对轴心受压构件，需验算强度、刚度、整体稳定性和局部稳定性。若验算不满足要求，则重新调整截面，直至满足要求。

【例 3-3】 若附图 7-1 中梯形钢屋架上弦杆采用两个不等边角钢组成的 T 形截面（短肢相并），如图 3-14 所示，Q235 钢材，荷载作用下上弦杆承受的最大轴向压力设计值 $N=450\text{kN}$，杆件平面内计算长度 $l_{0x}=1508\text{mm}$、平面外计算长度 $l_{0y}=7540\text{mm}$，试对该上弦杆进行截面设计。

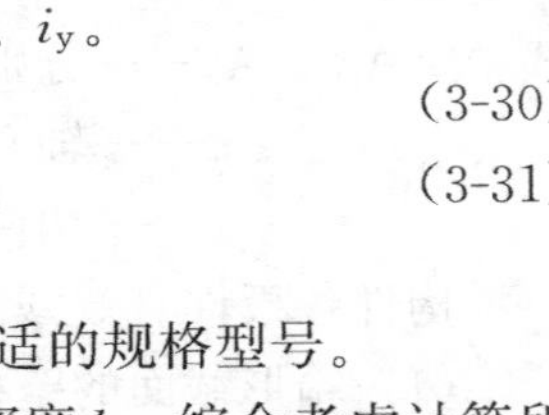

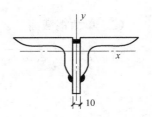

图 3-14 例 3-3 图

【解】 1）假定长细比，初选截面

假定 $\lambda=80$，根据表 3-4 得构件对 x 轴和 y 轴均属 b 类截

面，查附表 5-2 得 $\varphi=0.687$。查附表 1-1 得 $f=215\text{N/mm}^2$。由式（3-29）计算所需截面积为：

$$A \geqslant \frac{N}{\varphi f}=\frac{450\times10^3}{0.687\times215}=3046.61\text{mm}^2$$

由式（3-30）、式（3-31）计算所需回转半径为：

$$i_x \geqslant \frac{l_{0x}}{\lambda}=\frac{1508}{80}=18.85\text{mm}$$

$$i_y \geqslant \frac{l_{0y}}{\lambda}=\frac{7540}{80}=94.25\text{mm}$$

参考上述截面参数初选截面，查附表 2-5，选用 2∟160×100×10，则 $A=25.3\times2=50.6\text{cm}^2$，$i_x=2.85\text{cm}$，$i_y=7.70\text{cm}$。

2）对初选截面进行验算

① 强度验算

根据式（3-1a）进行强度验算：

$$\frac{N}{A}=\frac{450\times10^3}{5060}=88.93\text{N/mm}^2<f=215\text{N/mm}^2$$

强度满足要求。

② 刚度验算

由表 3-2 得 $[\lambda]=150$，根据式（3-2）进行刚度验算：

$$\lambda_x=\frac{l_{0x}}{i_x}=\frac{1508}{28.5}=52.91$$

$$\lambda_y=\frac{l_{0y}}{i_y}=\frac{7540}{77.0}=97.92$$

$$\lambda_{max}=\lambda_y=97.92<[\lambda]=150$$

刚度满足要求。

③ 整体稳定性验算

对单轴对称截面进行整体稳定性验算时，对称轴 y 轴的长细比 λ_y 应用换算长细比 λ_{yz} 代替。

对短肢相并的不等边双角钢构件，由式（3-15）得：

$$\lambda_z=3.7\frac{b_1}{t}=3.7\times\frac{160}{10}=59.2$$

$\lambda_z=59.2<\lambda_y=97.92$，按式（3-14$a$）计算换算长细比 λ_{yz}：

$$\lambda_{yz}=\lambda_y\left[1+0.06\left(\frac{\lambda_z}{\lambda_y}\right)^2\right]=97.92\times\left[1+0.06\times\left(\frac{59.2}{97.92}\right)^2\right]=100.07$$

双角钢组成的 T 形截面对 x 轴和 y 轴均属 b 类截面，故取 λ_x 和 λ_{yz} 中的较大值 $\lambda_{yz}=100.07$，查附表 5-2 得 $\varphi=0.555$，由式（3-3）得：

$$\frac{N}{\varphi Af}=\frac{450\times10^3}{0.555\times5060\times215}=0.745<1.0$$

整体稳定性满足要求。

不等边角钢不需验算其局部稳定性，则该上弦杆截面采用 2∟160×100×10 满足要求。

【例 3-4】 如附图 7-2 所示钢平台，中柱在荷载作用下承受最大轴心压力设计值 $N=$

700kN，若中柱采用焊接 H 形截面，翼缘为焰切边，不允许局部失稳，柱计算长度 $l_{0x}=4.5\text{m}$，$l_{0y}=2.25\text{m}$，试设计该中柱截面。

【解】 1）假定长细比，初选截面

假定 $\lambda=80$，根据表 3-4 得构件对 x 轴和 y 轴均属 b 类截面，查附表 5-2 得 $\varphi=0.687$。查附表 1-1 得 $f=215\text{N/mm}^2$。则由式（3-29）得所需截面积为：

$$A\geqslant\frac{N}{\varphi f}=\frac{700\times10^3}{0.687\times215}=4739\text{mm}^2$$

由式（3-30）、式（3-31）得所需回转半径为：

$$i_x\geqslant\frac{l_{0x}}{\lambda}=\frac{4500}{80}=56.25\text{mm}$$

$$i_y\geqslant\frac{l_{0y}}{\lambda}=\frac{2250}{80}=28.13\text{mm}$$

由附录 3 得：$i_x=0.43h$，$i_y=0.24b$，则：

$$h\approx i_x/0.43=56.25/0.43=130.81\text{mm}$$

$$b\approx i_y/0.24=28.13/0.24=117.21\text{mm}$$

初选截面 H250×200×6×10，如图 3-15 所示。

$$A=200\times10\times2+230\times6=5380\text{mm}^2$$

$$I_x=\frac{200\times250^3}{12}-\frac{194\times230^3}{12}=6.37\times10^7\text{mm}^4$$

$$I_y=\frac{10\times200^3}{12}\times2+\frac{230\times6^3}{12}=1.33\times10^7\text{mm}^4$$

$$i_x=\sqrt{\frac{I_x}{A}}=\sqrt{\frac{6.37\times10^7}{5380}}=108.81\text{mm}$$

$$i_y=\sqrt{\frac{I_y}{A}}=\sqrt{\frac{1.33\times10^7}{5380}}=49.72\text{mm}$$

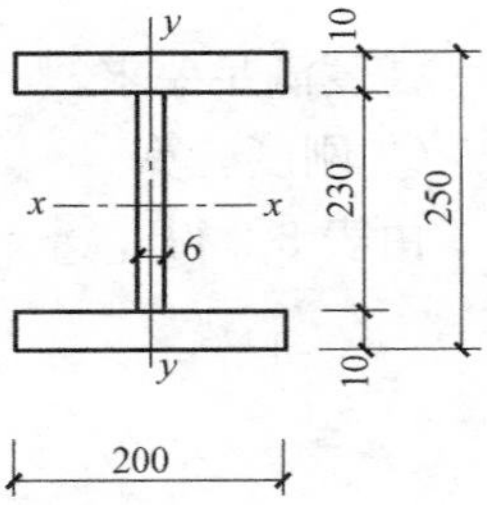

图 3-15　例 3-4 图

2）对初选截面进行验算

① 强度验算

轴心受压构件截面无削弱，强度可不验算。

② 刚度验算

由表 3-2 得 $[\lambda]=150$，根据式（3-2）进行刚度验算：

$$\lambda_x=\frac{l_{0x}}{i_x}=\frac{4500}{108.81}=41.36$$

$$\lambda_y=\frac{l_{0y}}{i_y}=\frac{4500}{49.72}=90.51$$

$$\lambda_{max}=\lambda_y=90.51<[\lambda]=150$$

刚度满足要求。

③ 整体稳定性验算

对 x 轴和 y 轴均属 b 类截面，故由 $\lambda_{max}=\lambda_y=90.51$，查附表 5-2 得 $\varphi=0.617$，由式（3-3）得：

$$\frac{N}{\varphi Af}=\frac{700\times10^3}{0.617\times5380\times215}=0.98<1.0$$

整体稳定性满足要求。

④ 局部稳定性验算

由式（3-18）验算腹板高厚比：

$$h_0/t_w=230/6=38.33<(25+0.5\lambda)\sqrt{235/f_y}=25+0.5\times90.51=70.26$$

由式（3-19）验算翼缘宽厚比：

$$b/t=\frac{(200-6)/2}{10}=9.7<(10+0.1\lambda)\sqrt{235/f_y}=10+0.1\times90.51=19.05$$

局部稳定性满足要求。

即该平台中柱采用截面 H250×200×6×10 满足要求。

3.7 格构式轴心受压构件截面设计

当构件所承受的轴向压力不大但其计算长度较大时，常采用格构式的轴心受压构件，通过调整分肢间的距离，有利于实现对两个主轴的等稳定性。当格构式柱截面宽度较大时，因缀条柱的刚度较缀板柱大，宜采用缀条柱。斜缀条与构件轴线间的夹角应在 40°～70°范围内。

在格构式轴心受压构件横截面上，与分肢腹板垂直的轴称为实轴，如图 3-16（*a*）、（*b*）、（*c*）中的 *y*—*y* 轴。与缀材平面垂直的轴称为虚轴，如图 3-16（*a*）、（*b*）、（*c*）中的 *x*—*x* 轴。图 3-16（*d*）、（*e*）中的 *x*—*x* 轴、*y*—*y* 轴均为虚轴。

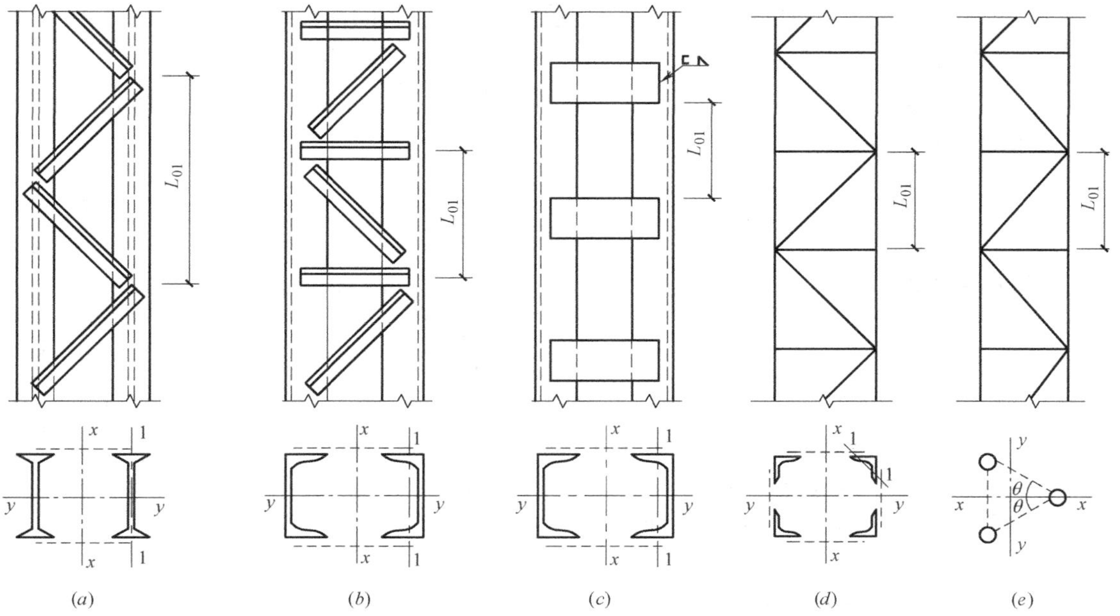

图 3-16　格构式构件

3.7.1 格构式轴心受压构件绕虚轴的换算长细比

轴心受压构件在轴心压力 N 作用下发生整体弯曲后，沿构件各截面将产生弯矩和剪力。对实腹式轴心受压构件，剪力引起的附加变形很小，对临界力的影响只占3‰左右，因此，在确定其整体稳定的临界力时，仅考虑弯矩作用所产生的变形，而忽略剪力所产生的变形。对于格构式轴心受压构件，当绕虚轴失稳时，因各分肢之间是每隔一定距离用缀条或缀板联系起来，构件的剪切变形较大，剪力造成的附加影响不能忽略，通常采用换算长细比来考虑缀材剪切变形对其绕虚轴稳定承载力的影响。

（1）双肢格构式构件（图3-16a、b、c）

若构件截面 y 轴为实轴，x 轴为虚轴，则对 x 轴的换算长细比为：

当缀件为缀板时

$$\lambda_{0x}=\sqrt{\lambda_x^2+\lambda_1^2} \tag{3-34a}$$

当缀件为缀条时

$$\lambda_{0x}=\sqrt{\lambda_x^2+27\frac{A}{A_{1x}}} \tag{3-34b}$$

式中 λ_{0x}——构件对 x 轴的换算长细比；

λ_x——构件对 x 轴的长细比；

A_{1x}——构件截面中垂直于 x 轴的各斜缀条毛截面面积之和（mm^2）；

λ_1——分肢对其最小刚度轴（图3-16中1-1轴）的长细比，$\lambda_1=l_{01}/i_1$。l_{01}为分肢的计算长度：当缀板与分肢焊接时，为相邻两缀板间的净距离；当缀板与分肢采用螺栓连接时，为相邻两缀板边缘螺栓间的距离；当缀件为缀条时，为缀条节点间的距离。i_1为分肢截面对1-1轴的回转半径。

（2）四肢格构式构件（图3-16d）

在四肢格构式构件中，x 轴、y 轴均为虚轴，则对 x 轴、y 轴的换算长细比为：

当缀件为缀板时

$$\lambda_{0x}=\sqrt{\lambda_x^2+\lambda_1^2} \tag{3-35a}$$

$$\lambda_{0y}=\sqrt{\lambda_y^2+\lambda_1^2} \tag{3-35b}$$

当缀件为缀条时

$$\lambda_{0x}=\sqrt{\lambda_x^2+40\frac{A}{A_{1x}}} \tag{3-36a}$$

$$\lambda_{0y}=\sqrt{\lambda_y^2+40\frac{A}{A_{1y}}} \tag{3-36b}$$

式中 λ_{0x}、λ_{0y}——构件对 x 轴、y 轴的换算长细比；

λ_x、λ_y——构件对 x 轴、y 轴的长细比；

A——构件分肢的截面面积（mm^2）；

A_{1x}、A_{1y}——构件截面中垂直于 x 轴、y 轴的各斜缀条毛截面面积之和（mm^2）。

（3）缀件为缀条的三肢格构式构件（图3-16e）

在三肢格构式构件中，x 轴、y 轴均为虚轴，则对 x 轴、y 轴的换算长细比为：

$$\lambda_{0x}=\sqrt{\lambda_x^2+\frac{42A}{A_1(1.5-\cos^2\theta)}} \tag{3-37a}$$

$$\lambda_{0y}=\sqrt{\lambda_y^2+\frac{42A}{A_1\cos^2\theta}} \tag{3-37b}$$

式中　A_1——构件截面中各斜缀条毛截面面积之和（mm^2）；

θ——构件截面内缀条所在平面与 x 轴的夹角。

3.7.2　格构式轴心受压构件的设计

格构式轴心受压构件的截面，同样应满足强度、刚度、整体稳定性和局部稳定性的要求，同时还需对缀材进行设计。

格构式轴心受压构件的强度和刚度计算，同实腹式轴心受压构件。

（1）整体稳定性计算

① 绕实轴的整体稳定性计算

当双肢格构式构件绕实轴 y 轴丧失整体稳定性时，相当于两个并列的实腹构件，其整体稳定承载力的计算方法与实腹式轴心受压构件相同，用式（3-3）计算，稳定系数 φ 根据构件对实轴的长细比 $\lambda_y=l_{0y}/i_y$ 查附录 5 确定。

② 绕虚轴的整体稳定性计算

由前所述，当格构式轴心受压构件绕虚轴丧失整体稳定时，构件的剪切变形较大，使得稳定承载力显著降低，因此，规范对绕虚轴的整体稳定性计算，采用加大长细比（即换算长细比）的方法来考虑剪切变形的影响。即绕虚轴的整体稳定性仍用式（3-3）计算，但式中的稳定系数 φ 应根据构件对虚轴的换算长细比查附录 5 确定。

（2）局部稳定性计算

格构式轴心受压构件的局部稳定性计算包括三个方面：

① 各分肢截面板件的局部稳定性计算

各分肢截面板件的局部稳定性按 3.5.2 节进行计算。

② 各分肢自身的稳定性计算

格构式轴心受压构件的各分肢在两个相邻缀材节点间是一个单独的实腹式轴压构件，为了保证各分肢不先于构件整体失去承载力，《钢结构设计标准》GB 50017—2017 规定：

对缀条式构件：其分肢的长细比 λ_1 不应大于构件两方向长细比（对虚轴取换算长细比）较大值 λ_{max} 的 0.7 倍。

对缀板式构件：其分肢的长细比 λ_1 不应大于 $40\sqrt{235/f_y}$，并不应大于 λ_{max} 的 0.5 倍，当 $\lambda_{max}<50$ 时，取 $\lambda_{max}=50$。

③ 缀材的稳定性计算

详见下文。

（3）缀材的设计

① 格构式轴心受压构件的剪力 V

格构式轴压构件绕虚轴失稳发生弯曲时产生的横向剪力 V（图 3-17），由承受该剪力的缀材面分担，可认为该剪力值沿构件全长不变，大小可按下式计算：

$$V=\frac{Af}{85}\sqrt{\frac{f_y}{235}} \tag{3-38}$$

② 缀条的设计

缀条布置一般采用单系缀条体系，如图3-18（a）、（b）所示分别为不带横缀条和带横缀条的单系缀条体系，横缀条理论上不承担剪力，只是用来减小柱分肢在缀条平面内的计算长度。也可采用交叉缀条体系，如图3-18（c）、（d）所示，同样，横缀条可以设或不设。需指出的是，如图3-18（d）所示带横缀条的交叉斜缀条体系，当构件受压发生压缩变形时，斜缀条两端节点因有横缀条联系而不能发生水平位移，将导致斜缀条受压、横缀条受拉。因此，在选用图3-18（d）所示形式的缀条布置时，斜缀条的截面宜较计算所需略微增大，以考虑由于柱身压缩而产生的斜缀条额外受力带来的不利影响。

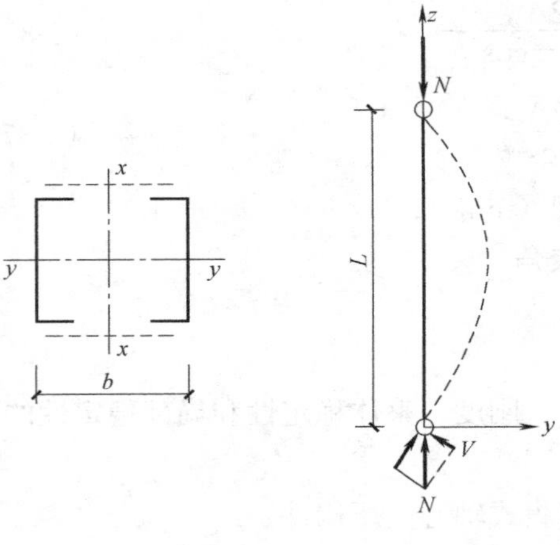

图3-17　格构式轴心受压构件的剪力

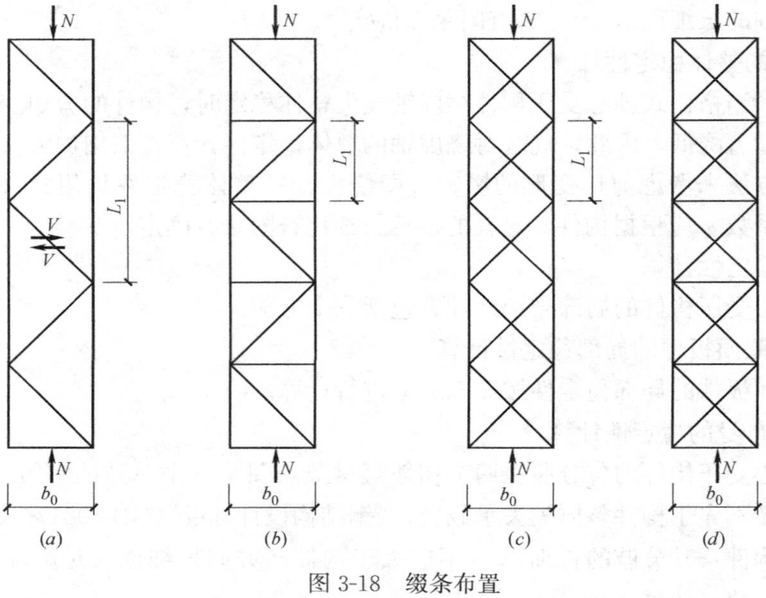

图3-18　缀条布置

格构式受压构件每个缀条面可视为一平行弦桁架，各分肢为弦杆，缀条为腹杆，计算简图如图3-19所示。在横向剪力作用下，一根斜缀条承受的轴向力N_1为：

$$N_1=\frac{V_1}{n\cos\alpha} \tag{3-39}$$

式中　V_1——分配到一个缀材面上的剪力（N），对于双肢格构式构件，$V_1=V/2$；

n——承受剪力V_1的斜缀条数（单系缀条：$n=1$；交叉缀条：$n=2$）；

α——斜缀条的倾角，如图3-19所示。

由于构件失稳时的弯曲变形方向可能向左或向右，横向剪力V的方向也随之改变，斜缀条可能受压或受拉。设计时按不利情况考虑，即斜缀条按轴心受压构件设计，其截面

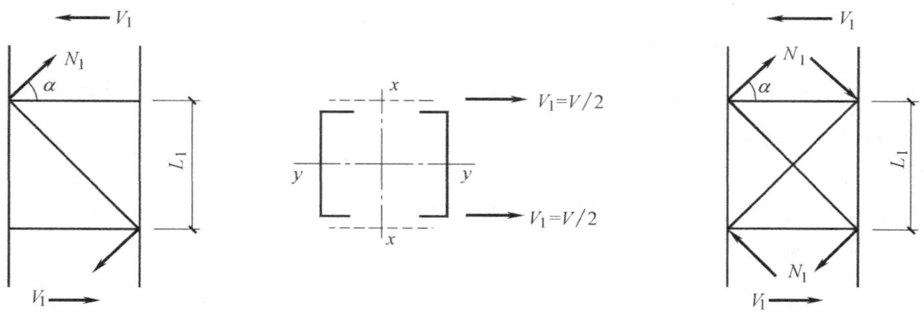

图 3-19　缀条的计算简图

应满足强度、刚度、整体稳定性和局部稳定性的要求。斜缀条常采用单角钢，通过焊缝单面连接于柱各分肢的翼缘上，如图 3-20 所示。对于两分肢间距较小的构件，缀条也可采用扁钢。

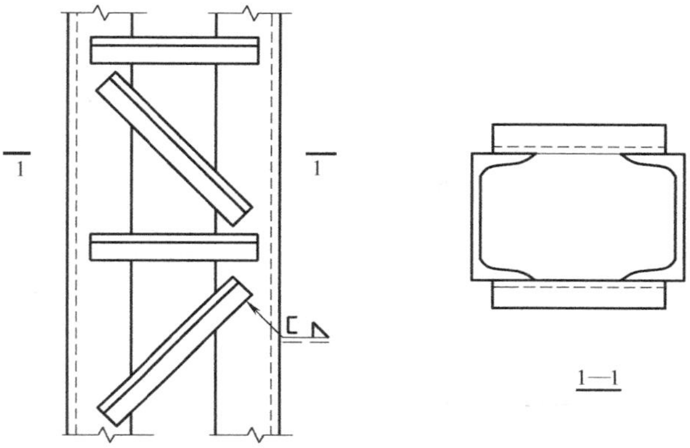

图 3-20　缀条与柱身的连接

交叉缀条体系的横缀条按承受压力 $N=V_1$ 的轴心受压构件计算。为了减小分肢的计算长度，单系缀条也可加横缀条，横缀条截面一般可小于斜缀条，但为备料方便可取与斜缀条截面相同，也可按容许长细比条件确定。

当缀条采用单角钢时，考虑到受力偏心的不利影响，在计算其整体稳定性时，引入折减系数 η，即：

$$\frac{N}{\eta\varphi A f}\leqslant 1.0 \tag{3-40}$$

式中　η——折减系数，当计算值大于 1.0 时取为 1.0。等边角钢：$\eta=0.6+0.0015\lambda$；短边相连的不等边角钢：$\eta=0.5+0.0025\lambda$；长边相连的不等边角钢：$\eta=0.7$。长细比 λ，对中间无联系的单角钢压杆，应按角钢的最小回转半径计算，当 $\lambda<20$ 时，取 $\lambda=20$。

③ 缀板的设计

计算缀板的内力时，可假定缀板格构式构件为一多层单跨刚架，缀板为横梁，分肢为柱，各层分肢中点和缀板中点为反弯点，如图 3-21（a）所示。取如图 3-21（b）所示脱离体，可得缀板内力为：

剪力：
$$V_j=\frac{V_1 l_1}{b_1} \tag{3-41a}$$

板端弯矩：
$$M=\frac{V_1 l_1}{2} \tag{3-41b}$$

式中　l_1——相邻两缀板中心线间的距离（mm）；

b_1——格构式柱两分肢轴线间的距离（mm）。

得到缀板内力后，按受弯构件进行缀板截面设计。缀板与分肢间的搭接长度一般取20～30mm，采用角焊缝相连，需验算在剪力 V_j 和弯矩 M 共同作用下的连接焊缝强度。

缀板应有一定的刚度，《钢结构设计标准》GB 50017—2017 规定：同一截面处缀板线刚度之和不得小于柱较大分肢线刚度的 6 倍。一般取缀板宽度 $b_b \geqslant 2b_1/3$（图 3-21c），厚度 $t \geqslant b_1/40$，且不小于 6mm。端缀板宜适当加宽，可取 $b_b = b_1$。

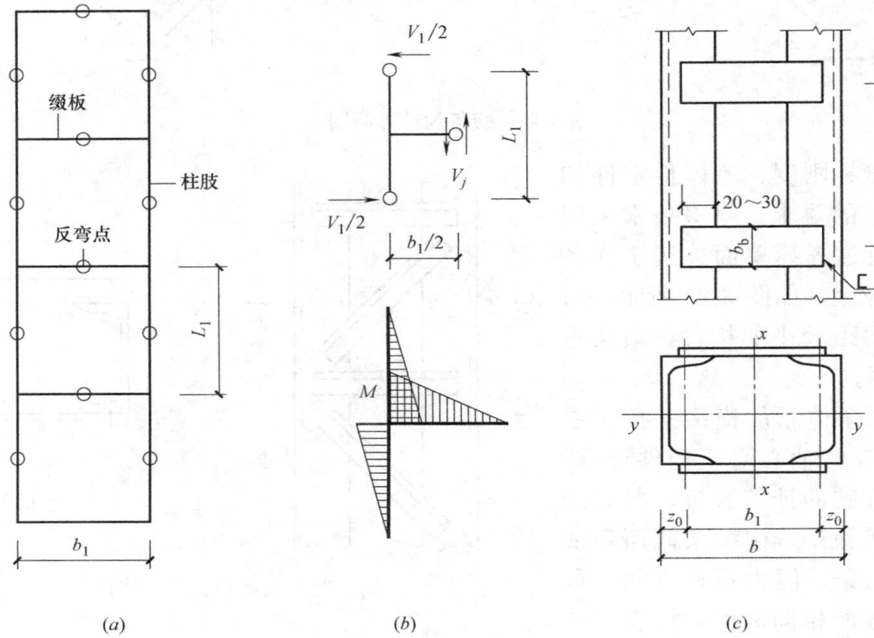

图 3-21　缀板的计算简图

（4）格构式构件的横隔设置

为了避免格构式构件在运输和安装过程中截面变形，增加构件的抗扭刚度，应在受较大水平力处和每个运输单元两端各设置一道横隔。横隔的间距不宜大于构件截面长边尺寸的 9 倍，且不宜大于 8m。横隔一般不需计算，可采用钢板或交叉角钢，如图 3-22 所示。

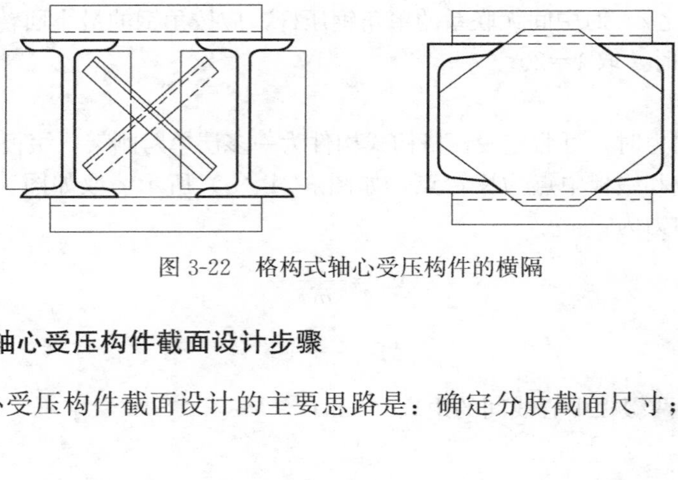

图 3-22　格构式轴心受压构件的横隔

3.7.3　格构式轴心受压构件截面设计步骤

格构式轴心受压构件截面设计的主要思路是：确定分肢截面尺寸；确定分肢轴线间

距；对初选截面进行强度、刚度、整体稳定性和局部稳定性的验算；缀材截面设计；缀材与分肢的连接设计。

下面以图 3-23 所示两个相同实腹式热轧型钢分肢组成的双肢格构式轴心受压构件为例，简述分肢截面尺寸及间距的确定方法。

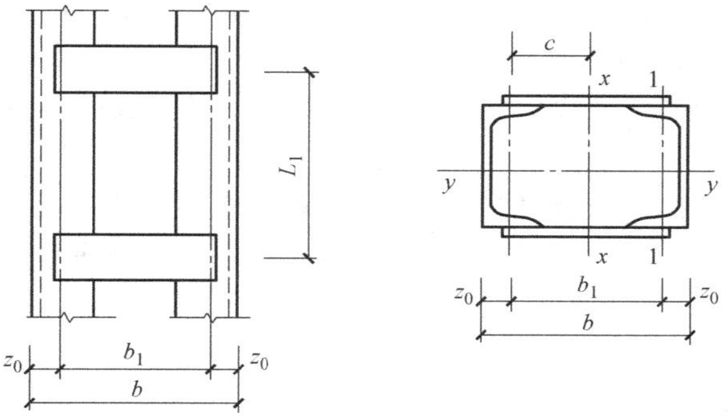

图 3-23　双肢格构式轴压构件截面

（1）确定分肢截面尺寸

按对实轴（y-y）的整体稳定性条件确定分肢截面尺寸，方法同实腹式轴心受压构件。

① 计算一个分肢所需截面面积 A_1

假定绕实轴的长细比 $\lambda_y=60\sim100$，当压力大而计算长度小时取较小值，反之取较大值。根据假定长细比 λ_y和构件对 y 轴的截面分类确定稳定系数 φ_y，由整体稳定承载力计算公式反算一个分肢所需的截面面积 A_1：

$$A_1 \geqslant \frac{N}{2\varphi_y f} \tag{3-42}$$

② 由刚度条件反算一个分肢所需截面回转半径 i_y。

$$i_y \geqslant l_{0y}/\lambda_y \tag{3-43}$$

根据计算的 A_1、i_y初选分肢的型号规格。

（2）确定分肢轴线间的距离 b_1

① 确定构件对虚轴的长细比 λ_x

根据等稳定性原则，尽量使构件在两个主轴方向的长细比相等，即 $\lambda_y=\lambda_{0x}$。

对于采用缀条的双肢格构式构件，由式（3-34b）得：

$$\lambda_{0x}=\sqrt{\lambda_x^2+27\frac{A}{A_{1x}}}=\lambda_y \quad \rightarrow \quad \lambda_x=\sqrt{\lambda_y^2-27\frac{A}{A_{1x}}} \tag{3-44}$$

对于采用缀板的双肢格构式构件，由式（3-34a）得：

$$\lambda_{0x}=\sqrt{\lambda_x^2+\lambda_1^2}=\lambda_y \quad \rightarrow \quad \lambda_x=\sqrt{\lambda_y^2-\lambda_1^2} \tag{3-45}$$

缀条式构件应预先确定斜缀条的截面面积 A_{1x}。缀板式构件应先根据分肢稳定性需满足的条件确定分肢的计算长度 l_{01}，则分肢长细比 λ_1为已知。

② 由刚度条件反算所需截面回转半径 i_x

$$i_x \geqslant l_{0x}/\lambda_x \tag{3-46}$$

③ 计算两分肢轴线间距离 b_1

$$i_x=\sqrt{\frac{I_x}{A}}=\sqrt{\frac{(I_1+A_1c^2)2}{2A_1}}=\sqrt{\frac{I_1+A_1c^2}{A_1}}=\sqrt{i_1^2+c^2} \quad \rightarrow \quad c=\sqrt{i_x^2-i_1^2} \tag{3-47}$$

式中 i_1——单个分肢对其形心轴 1-1 轴的回转半径，$i_1=\sqrt{I_1/A_1}$（对于型钢截面，可查型钢表），其中 I_1 为单个分肢对 1-1 轴的惯性矩，A_1 为单个分肢截面面积。

则两分肢轴线间的距离 $b_1=2c$。

对初选截面进行强度、刚度、整体稳定性以及局部稳定性的验算，若不满足，则调整截面规格尺寸、分肢间距离等，直至满足要求。

【例 3-5】 若附图 7-2 平台结构的中柱采用双肢格构式柱，两分肢为热轧槽钢，采用缀板相连，Q235 钢材，柱计算长度 $l_{0x}=6\text{m}$，$l_{0y}=6\text{m}$，荷载作用下最大轴向压力设计值 $N=700\text{kN}$，试设计该中柱截面。

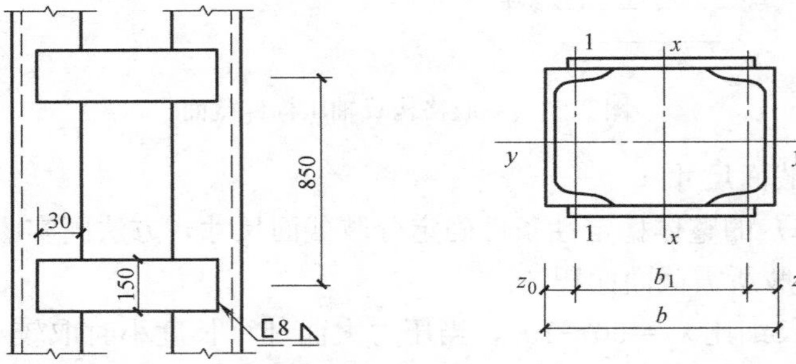

图 3-24 例 3-5 图

【解】 1）初选分肢截面

按对实轴（y-y 轴）的整体稳定性承载力计算公式反算分肢所需截面尺寸。假设 $\lambda_y=100$，查表 3-4 得构件对 y 轴属 b 类截面，查附表 5-2 得 $\varphi_y=0.555$，由式（3-42）计算一个分肢所需截面面积为：

$$A_1\geqslant\frac{N}{2\varphi_y f}=\frac{700\times10^3}{2\times0.555\times215}=2933.17\text{mm}^2=29.33\text{cm}^2$$

由式（3-43）计算一个分肢所需回转半径 i_y：

$$i_y\geqslant\frac{l_{0y}}{\lambda_y}=\frac{6000}{100}=60\text{mm}=6\text{cm}$$

查附表 2-3，初选热轧槽钢 2⊏22b，$A=2\times36.24=72.48\text{cm}^2$，$i_y=8.42\text{cm}$，$Z_0=2.03\text{cm}$，$i_1=2.21\text{cm}$，$I_1=176.5\text{cm}^4$。

2）确定分肢轴线间的距离 b_1（图 3-24）

柱初选截面 2［22b 对实轴 y 轴的长细比 λ_y 为：

$$\lambda_y=\frac{l_{0y}}{i_y}=\frac{6000}{84.2}=71.26$$

缀板与分肢焊接，假设缀板间净距为 700mm，则柱单个分肢的计算长度 $l_{01}=700\text{mm}$，分肢对最小刚度轴（1-1 轴）的长细比为：

$$\lambda_1=\frac{l_{01}}{i_1}=\frac{700}{22.1}=31.67$$

由式（3-45）得：

$$\lambda_x=\sqrt{\lambda_y^2-\lambda_1^2}=\sqrt{71.26^2-31.67^2}=63.84$$

由式（3-46）得所需截面回转半径 i_x：

$$i_x\geqslant\frac{l_{0x}}{\lambda_x}=\frac{6000}{63.84}=93.98\text{mm}$$

由式（3-47）得：

$$c=\sqrt{i_x^2-i_1^2}=\sqrt{93.98^2-22.1^2}=91.34\text{mm}$$

则两分肢轴线间的距离 $b_1=2c=2\times91.34=182.68\text{mm}$。

取 $b=200\text{mm}$，则 $b_1=200-2\times20.3=159.4\text{mm}$。

3）初步确定缀板的尺寸

缀板宽度：$b_b\geqslant\frac{2b_1}{3}=\frac{2\times159.4}{3}=106.27\text{mm}$

缀板厚度：$t_b\geqslant\frac{b_1}{40}=\frac{159.4}{40}=3.9\text{mm}$

取 $b_b=150\text{mm}$，取 $t_b=10\text{mm}$，则缀板惯性矩为：

$$I_b=\frac{10\times150^3}{12}=2812500\text{mm}^4$$

缀板长度：

$$l_b=200-2\times79+2\times30=102\text{mm}$$

缀板线刚度：

$$K_b=2\times\frac{2812500}{102}=55147.06\text{mm}^3$$

柱分肢线刚度：

$$K_1=\frac{176.5\times10^4}{700+150}=2076.47\text{mm}^3$$

$$\frac{K_b}{K_1}=\frac{55147.06}{2076.47}=26.56>6$$

缀板刚度满足要求。

4）对构件初选截面进行验算

因构件截面无削弱，故强度可不验算。

① 刚度验算

截面绕虚轴（x-x 轴）的回转半径：$i_x=\sqrt{22.1^2+(159.4/2)^2}=82.72\text{mm}$

则截面对 x 轴的长细比为：

$$\lambda_x=\frac{l_{0x}}{i_x}=\frac{6000}{82.72}=72.53$$

由表 3-2 得 $[\lambda]=150$，截面对 y 轴的长细比 $\lambda_y=71.26$，取大者进行刚度验算，则：

$$\lambda_{max}=\lambda_x=72.53<[\lambda]=150$$

刚度满足要求。

② 整体稳定性验算

由式（3-34a）得构件对虚轴的换算长细比 λ_{0x} 为：

$$\lambda_{0x}=\sqrt{\lambda_x^2+\lambda_1^2}=\sqrt{72.53^2+31.67^2}=79.14$$

查表 3-4 得构件对 x 轴和 y 轴均属 b 类截面，由 λ_y 和 λ_{0x} 中的较大值查附表 5-2 得 $\varphi=0.693$，由式（3-3）得：

$$\frac{N}{\varphi Af}=\frac{700\times10^3}{0.693\times7248\times215}=0.632<1.0$$

构件整体稳定性满足要求。

③ 局部稳定性的验算

验算分肢的稳定性：$\lambda_1=31.67<40\sqrt{235/f_y}=40$

且 $\lambda_1=31.67<0.5\lambda_{max}=0.5\times79.14=39.57$，分肢稳定性满足要求。

5）缀板承载力验算

由式（3-38）得构件所受剪力为：

$$V=\frac{Af}{85}\sqrt{\frac{f_y}{235}}=\frac{7248\times215}{85}=18.33\times10^3\text{N}=18.33\text{kN}$$

由式（3-41a）得缀板所受剪力为：

$$V_j=\frac{V_1l_1}{b_1}=\frac{0.5\times18.33\times0.85}{0.1594}=48.88\text{kN}$$

由式（3-41b）得缀板所受弯矩为：

$$M=\frac{V_1l_1}{2}=\frac{0.5\times18.33\times0.85}{2}=3.90\text{kN}\cdot\text{m}$$

缀板属于受弯构件，其承载力的验算方法详第 4 章相关内容，缀板与分肢间的角焊缝连接计算详见第 6 章相关内容，此处略。

复习思考题

3-1　为何要对轴心受力构件的长细比提出限值要求？

3-2　对轴心受拉构件和轴心受压构件进行截面验算时，应分别验算哪些方面的内容？

3-3　对单轴对称截面轴心压杆进行整体稳定性验算时，对长细比的取值有何特殊规定？原因是什么？

3-4　什么是轴心受压构件的局部稳定性？对于不允许局部失稳的构件，通常采用什么方法来保证轴压构件各组成板件的局部稳定性？

3-5　提高钢材强度是提高轴心压杆稳定承载力最有效的措施吗？为什么？

3-6　当轴心受压构件强度、刚度、整体稳定性、局部稳定性验算不满足要求时，应分别采取什么措施？

3-7　计算格构式轴心受压构件关于虚轴的整体稳定性时，为什么采用换算长细比来确定其整体稳定系数？

3-8　在格构式轴心受压构件中，如何保证分肢的稳定性？

3-9　某普通角钢桁架下弦杆，采用两个等边角钢 2∟110×7 组成的 T 形截面，如图 3-25所示。下弦杆在荷载作用下所承受的最大轴心拉力设计值 $N=600$kN，杆件在桁架平面内的计算长度 $l_{0x}=6$m，桁架平面外的计算长度 $l_{0y}=12$m，节点板厚 12mm，Q235

钢，试验算下弦杆截面是否满足要求。

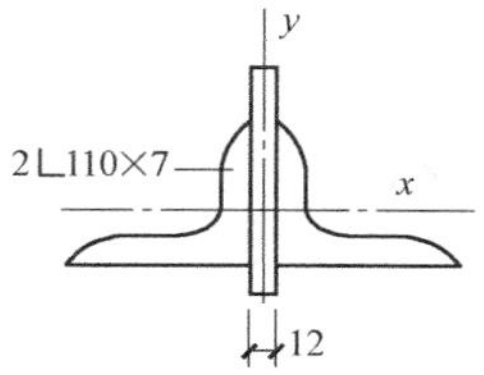

图 3-25　复习思考题 3-9 图

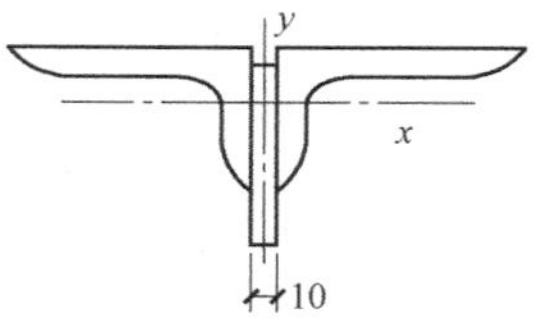

图 3-26　复习思考题 3-10 图

3-10　某普通角钢桁架上弦杆，采用两个不等边角钢组成的 T 形截面（短肢相并），如图 3-26 所示，荷载作用下上弦杆承受最大轴心压力设计值 $N=500\text{kN}$，杆件在桁架平面内的计算长度 $l_{0x}=1.5\text{m}$，桁架平面外的计算长度 $l_{0y}=6\text{m}$，节点板厚 10mm，Q235 钢，试对该上弦杆进行截面设计。

3-11　某工作平台柱，轴心受压，采用热轧 H 型钢 HW350×350×12×19，柱计算长度 $l_{0x}=l_{0y}=3\text{m}$，钢材 Q235，试计算其所能承受的最大轴压力。

3-12　某工作平台柱，轴心受压，采用焊接 H 型钢 H340×320×8×10，柱承受最大轴心压力设计值 $N=1200\text{kN}$（已包括柱自重），计算长度 $l_{0x}=l_{0y}=6\text{m}$，翼缘板为火焰切割边，钢材 Q235B，不考虑屈曲后强度，试验算其截面是否满足要求。

3-13　某轴心受压柱，采用双肢格构式截面，如图 3-27 所示，柱计算长度 $l_{0x}=l_{0y}=6\text{m}$，承受最大轴心压力设计值 $N=1500\text{kN}$（静力荷载，已包括柱自重）。柱分肢为热轧槽钢［28b，缀条为∟45×4，钢材 Q235，试验算此柱是否安全。

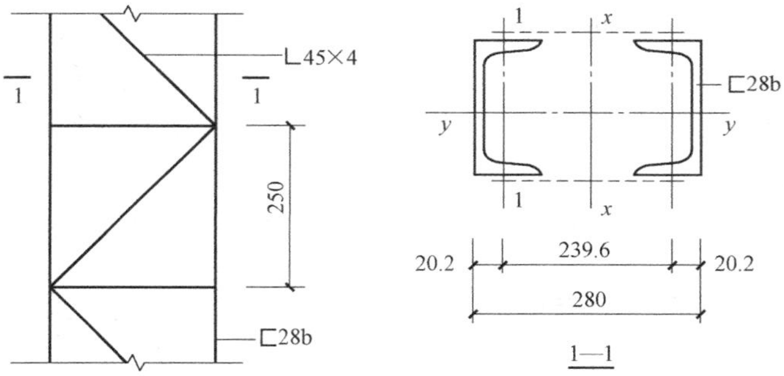

图 3-27　复习思考题 3-13 图

3-14　某工作平台轴心受压柱，承受最大轴心压力设计值 $N=2500\text{kN}$（静力荷载，已包括柱自重）。柱计算长度 $l_{0x}=l_{0y}=7\text{m}$，采用由两个热轧普通工字钢组成的双肢格构式缀板柱截面，钢材 Q235，缀板与柱分肢采用角焊缝连接，试对柱和缀板进行设计。

3-15　已知条件同上题，但改用缀条柱，试对该柱及缀条进行设计。

第 4 章　受弯构件

4.1　概　　述

荷载作用下内力以弯矩或弯矩和剪力为主的构件称为受弯构件，包括实腹式和格构式两大类。实腹式的受弯构件通常称为梁，常用于工作平台梁、吊车梁、楼（屋）盖梁、墙梁、檩条，以及桥梁、水工闸门中的梁等。本章主要以钢梁为对象，讲述受弯构件的受力性能和设计方法。

4.1.1　钢梁的类型和截面形式

钢梁按其弯曲变形情况不同，可分为单向受弯梁和双向受弯梁；按其支承条件不同，可分为简支梁、连续梁、悬臂梁等；按截面尺寸是否沿构件轴线变化，可分为等截面梁和变截面梁；按制作方法可分为型钢梁和组合梁。

型钢梁有热轧型钢（图 4-1*a*、*b*、*c* 所示）和冷弯薄壁型钢（图 4-1*d*、*e* 所示）两类，其构造简单，制造省工，在跨度和荷载不大时应优先考虑采用。

当荷载或跨度较大时，由于轧制条件的限制，已有的型钢规格不能满足要求，或考虑最大限度节省钢材时，可采用组合梁（图 4-1*f*～*i* 所示）。当梁翼缘厚度需要很厚时，可采用两层翼缘板的截面。当荷载较大且梁的截面高度受到限制或梁的抗扭性能要求较高时，可采用箱形截面。组合梁通常采用焊接，当荷载较大或作用动力荷载时，如果厚钢板的质量不能满足焊接结构的要求或动力荷载要求时，可采用高强度螺栓摩擦型连接。

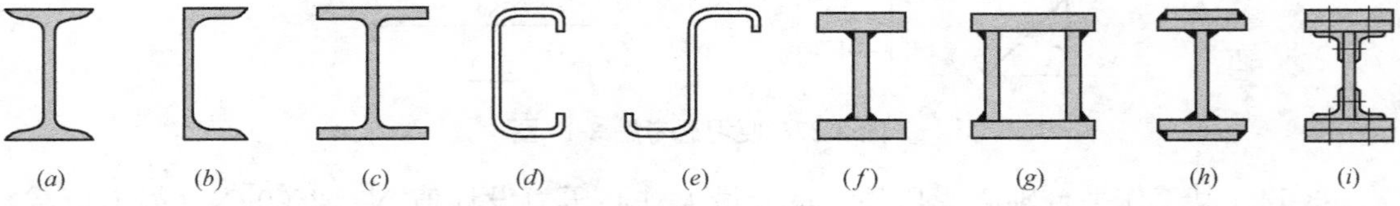

图 4-1　梁的截面类型

在多高层建筑中，为便于安装管线，腹板开孔梁的应用也越来越多。如图 4-2（*b*）所示蜂窝梁是将型钢梁腹板按锯齿形割开，然后把上、下两个半工字形左右错动并焊接，在不增加截面面积的情况下使梁的高度增大，可以获得更大的截面惯性矩。

4.1.2　受弯构件破坏形式和计算内容

受弯构件在使用过程中可能会发生的破坏主要有：因强度不足而产生裂纹、断裂；产生较大的挠曲变形影响正常使用；发生整体失稳破坏或局部失稳破坏。为了防止这些破坏的发生，需对梁分别进行强度、刚度、整体稳定性、局部稳定性的验算。

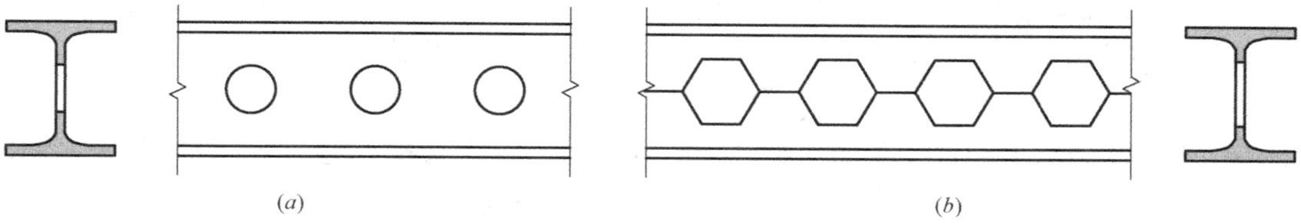

图 4-2 腹板开孔梁

4.1.3 截面的强轴与弱轴

如图 4-3 所示受弯构件截面两个正交的形心主轴 x 轴和 y 轴，其中绕 x 轴的惯性矩、回转半径、截面模量等较大，称 x 轴为强轴，则 y 轴为弱轴。

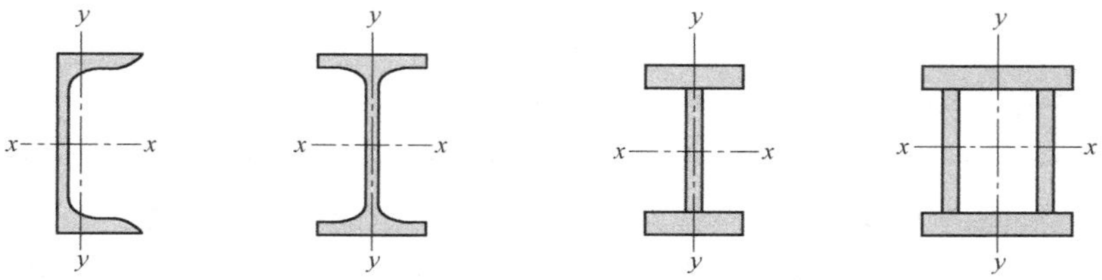

图 4-3 截面的强轴与弱轴

4.2 受弯构件强度计算

受弯构件的强度验算主要包括受弯强度、受剪强度、局部承压强度和折算应力的验算。

4.2.1 受弯强度

(1) 构件受弯时截面强度的设计准则

① 边缘屈服准则：即截面上边缘纤维的应力达到钢材屈服强度 f_y时，如图 4-4 (a) 所示，就认为受弯构件的截面达到强度极限，此时截面上的弯矩称为弹性极限弯矩 M_e。

$$M_e = W_n f_y \tag{4-1}$$

式中 W_n——梁的净截面模量 (mm^3)。

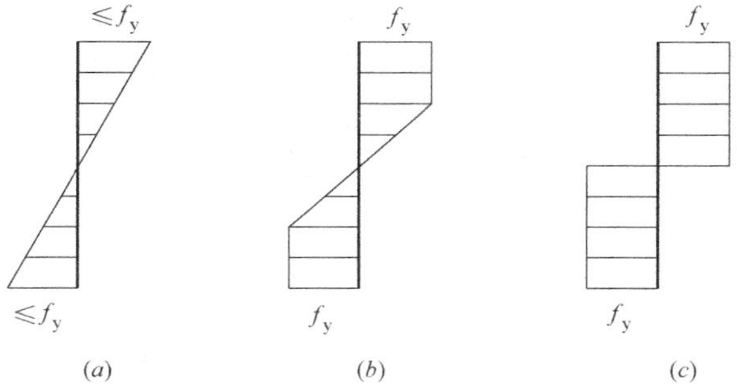

图 4-4 不同设计准则极限状态时梁截面应力分布

② 全截面塑性准则：即以截面上所有点的应力都达到钢材屈服强度 f_y 作为强度破坏的界限，如图 4-4（c）所示，此时截面上的弯矩称为塑性极限弯矩 M_p。

$$M_p = W_{pn} f_y = (S_{1n} + S_{2n}) f_y \tag{4-2}$$

式中 W_{pn}——梁的塑性净截面模量（mm^3），$W_{pn} = S_{1n} + S_{2n}$，S_{1n}、S_{2n} 分别为中和轴以上净截面、中和轴以下净截面对中和轴的面积矩。

通常把塑性极限弯矩与弹性极限弯矩的比值称为截面塑性发展系数 γ_P，即 $\gamma_P = M_P / M_e = W_{pn}/W_n$，$\gamma_P$ 与构件材料的性质等无关，只取决于截面的几何形状，因此也称截面形状系数，见表 4-1。

不同截面的塑性发展系数 **表 4-1**

截面形式	绕强轴的截面塑性发展系数 γ_{px}	绕弱轴的截面塑性发展系数 γ_{py}
工字形截面	1.1～1.2	1.50
箱形截面	1.1～1.2	1.1～1.2
圆管截面	1.27	1.27
矩形截面	1.50	1.50

当梁某一截面进入塑性后，该截面在保持极限弯矩的条件下形成一个可动铰，即所谓的塑性铰，引起梁的挠度过大，影响正常使用。因此，工程设计时采用有限塑性发展的强度准则。

③ 有限塑性发展的强度准则：即将截面塑性区限制在某一范围，一旦塑性区达到规定的范围就视为强度破坏，如图 4-4（b）所示，此时的极限弯矩为：$M = \gamma M_e$，γ 为有限截面塑性发展系数，$1 < \gamma_x < \gamma_{px}$，$1 < \gamma_y < \gamma_{py}$。

（2）受弯强度验算

当考虑有限塑性发展时，在主平面内受弯的实腹式构件，其受弯强度按下列公式计算：

单向受弯：
$$\frac{M_x}{\gamma_x W_{nx}} \leqslant f \tag{4-3}$$

双向受弯：
$$\frac{M_x}{\gamma_x W_{nx}} + \frac{M_y}{\gamma_y W_{ny}} \leqslant f \tag{4-4}$$

式中 M_x、M_y——同一截面处绕 x 轴（强轴）和 y 轴（弱轴）作用的弯矩设计值（N·mm）；

W_{nx}、W_{ny}——构件对 x 轴和 y 轴的净截面模量（mm^3），当截面板件宽厚比等级为 S1 级、S2 级、S3 级或 S4 级时，应取全截面模量，当板件宽厚比等级为 S5 级时，应取有效截面模量，有效截面按《钢结构设计标准》GB 50017—2017 规定确定；

γ_x、γ_y——对主轴 x、y 轴的截面塑性发展系数；

f——钢材的抗弯强度设计值（N/mm^2）。

截面塑性发展系数 γ_x、γ_y 按下列规定取值：

① 对工字形和箱形截面：当截面板件宽厚比等级为 S4 或 S5 级时，取 $\gamma_x = \gamma_y = 1.0$。当截面板件宽厚比等级为 S1 级、S2 级、S3 级时，截面塑性发展系数取值为：工字形截面，$\gamma_x = 1.05$，$\gamma_y = 1.2$；箱形截面，$\gamma_x = \gamma_y = 1.05$。

② 其他截面：按表 4-2 取值。

③ 对需要计算疲劳的梁，宜取 $\gamma_x=\gamma_y=1.0$。

受弯强度不满足时，可增大梁截面尺寸，其中以增加梁高最有效。

截面塑性发展系数 γ_x、γ_y 值 **表 4-2**

项次	截面形式	γ_x	γ_y
1	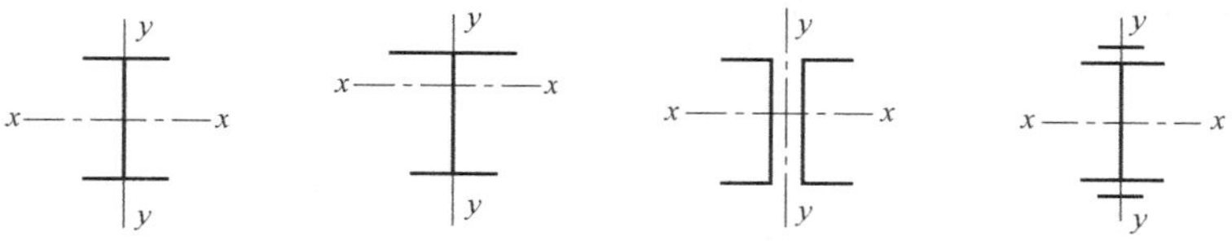	1.05	1.2
2	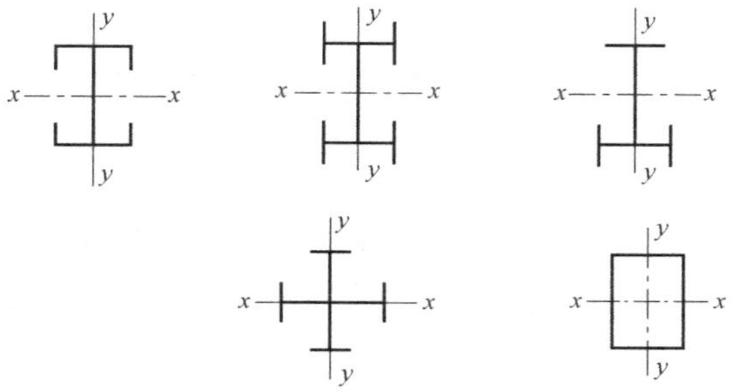	1.05	1.05
3	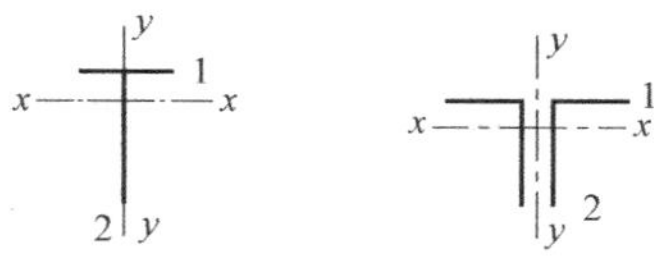	$\gamma_{x1}=1.05$ $\gamma_{x2}=1.2$	1.2
4	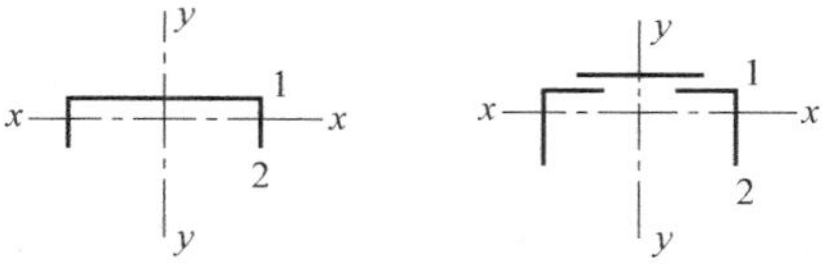		1.05
5	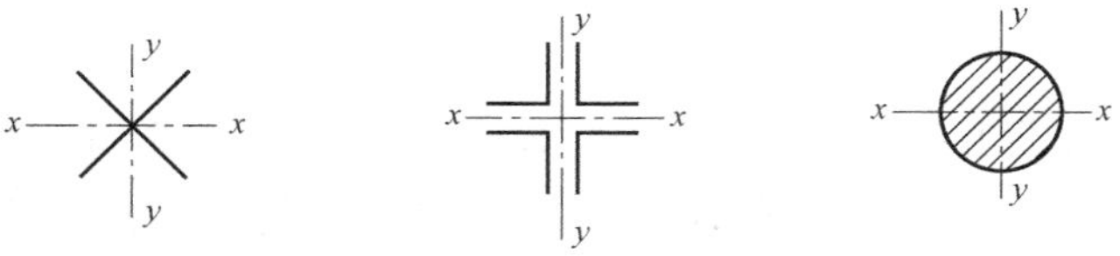	1.2	1.2
6	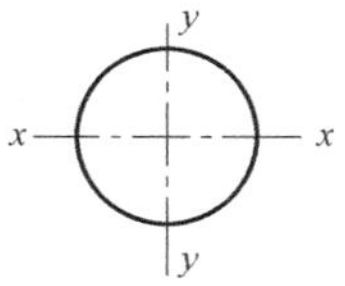	1.15	1.15

续表

项次	截面形式	γ_x	γ_y
7	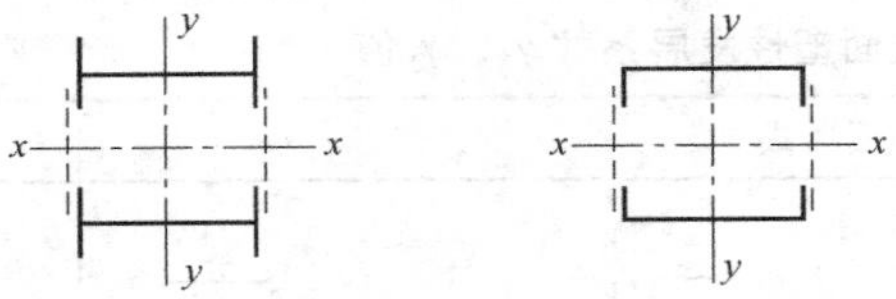	1.0	1.05
8	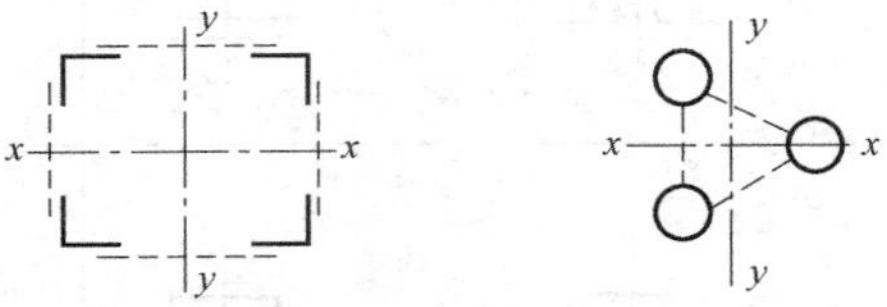		1.0

4.2.2 受剪强度

在主平面内受弯的实腹式构件，以截面上最大剪应力达到钢材的抗剪强度设计值作为承载力极限状态。剪力作用下，实腹式截面梁最大剪应力发生在腹板中和轴处。受剪强度按以下公式计算：

$$\tau=\frac{VS}{It_w}\leqslant f_v \tag{4-5}$$

式中 V——计算截面沿腹板平面作用的剪力设计值（N）；

S——计算剪应力处以上（或以下）毛截面对中和轴的面积矩（mm^3）；

I——构件的毛截面惯性矩（mm^4）；

t_w——构件腹板厚度（mm）；

f_v——钢材的抗剪强度设计值（N/mm^2）。

当梁的受剪强度不足时，最有效的措施是增大腹板的面积，即增大腹板高度 h_w 和厚度 t_w，最常用的是增大腹板厚度 t_w。

型钢梁因腹板较厚，其受剪强度一般都能满足要求，当计算截面无削弱时一般可不验算。

4.2.3 局部承压强度

当梁翼缘受有沿腹板平面作用并指向腹板的集中荷载，且该荷载作用处又未设置支承加劲肋时，腹板和翼缘交界处可能出现较大的局部压应力，为了避免该处腹板产生局部屈服，应按下式验算腹板计算高度边缘的局部承压强度：

$$\sigma_c=\frac{\psi F}{t_w l_z}\leqslant f \tag{4-6}$$

式中 F——集中荷载设计值（N），对动力荷载应考虑动力系数；

ψ——集中荷载增大系数，对重级工作制吊车梁，$\psi=1.35$；对其他梁，$\psi=1.0$；当计算梁支座处腹板计算高度下边缘的局部压应力时，$\psi=1.0$；

l_z——集中荷载在腹板计算高度边缘的假定分布长度（mm），可用下列简化式计算：

$$l_z = a + 5h_y + 2h_R \tag{4-7}$$

式中　a——集中荷载沿梁跨度方向的支承长度（mm），对钢轨上的轮压可取50mm；

h_y——自梁翼缘表面至腹板计算高度边缘的距离（mm）；

h_R——轨道的高度（mm），无轨道时 $h_R=0$。

图4-5中 a_1 为梁端到支座板外边缘的距离（mm），按实际取值，但不得大于 $2.5h_y$，即当 $a_1>2.5h_y$ 时，取 $a_1=2.5h_y$。

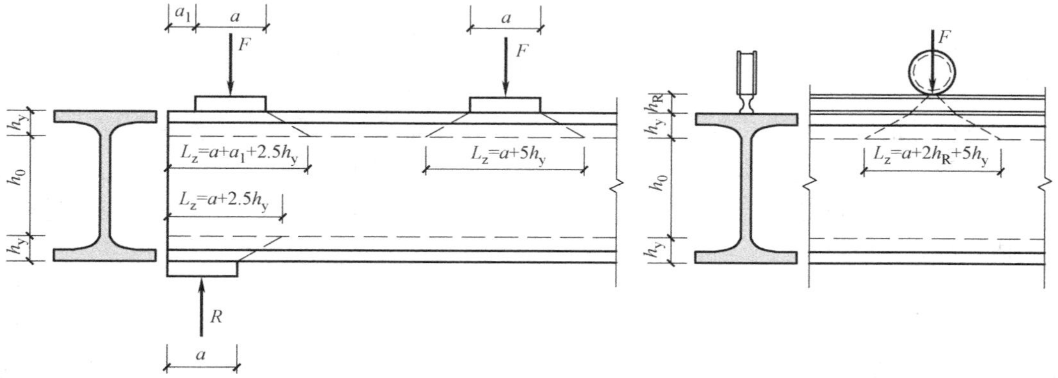

图4-5　局部压应力

如图4-6所示腹板计算高度 h_0：①对于轧制型钢梁，为腹板与上、下翼缘相接处两内弧起点间的距离；②对焊接组合梁，为腹板高度；③对铆接或高强度螺栓连接的组合梁，为上、下翼缘与腹板连接的铆钉或高强度螺栓线间最近距离。

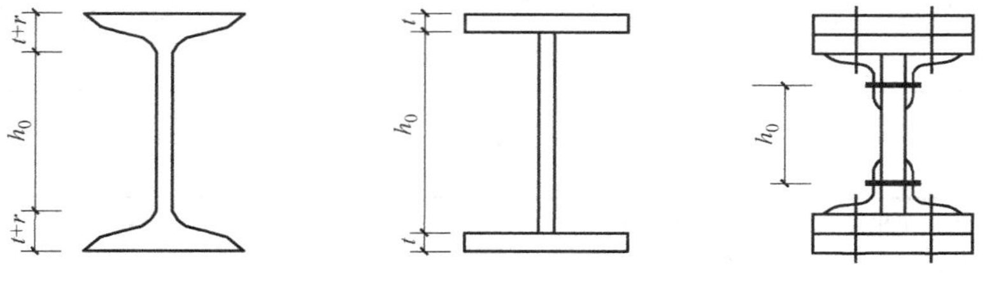

图4-6　腹板计算高度 h_0

当局部承压强度不能满足要求时，一般考虑在集中荷载作用处设置支承加劲肋。对移动的集中荷载，则应加大腹板厚度。

4.2.4　折算应力

在梁的腹板计算高度边缘处，若同时承受较大的弯曲应力 σ、剪应力 τ 和局部压应力 σ_c，或同时承受较大的弯曲应力 σ、剪应力 τ 时，应按下式验算其折算应力：

$$\sqrt{\sigma^2+\sigma_c^2-\sigma\sigma_c+3\tau^2} \leqslant \beta_1 f \tag{4-8}$$

式中　σ、σ_c、τ——腹板计算高度边缘同一点上同时产生的弯曲正应力、局部压应力和剪应力（N/mm^2），σ、σ_c 以拉应力为正值，压应力为负值；

β_1——强度增大系数：当 σ、σ_c 异号时，取 $\beta_1=1.2$，当 σ、σ_c 同号或 $\sigma_c=0$ 时，取 $\beta_1=1.1$。

τ 按式（4-5）计算，σ_c 按式（4-6）计算，σ 按以下公式计算：

$$\sigma=\frac{M}{I_n}y_1 \tag{4-9}$$

式中　I_n——梁净截面惯性矩（mm^4）；

y_1——所计算点至梁中和轴的距离（mm）。

在实际工程中，考虑几种应力均以较大值在同一处出现的概率较小，故将钢材强度设计值乘以β_1予以提高。当σ、σ_c异号时，其塑性变形能力比σ、σ_c同号时大，因此β_1取值更大些。

4.3　受弯构件刚度计算

受弯构件的刚度不足，会产生较大的挠度，一方面让人心理上产生不安全感，另一方面可能会导致与其相连的其他构件损坏，影响正常使用。因此，为了不影响结构或构件的正常使用和观感，《钢结构设计标准》GB 50017—2017 规定受弯构件的挠度不应超过规定的限值，即：

$$\nu_T \leqslant [\nu_T] \tag{4-10}$$

$$\nu_Q \leqslant [\nu_Q] \tag{4-11}$$

式中　$[\nu_T]$、$[\nu_Q]$——分别为永久和可变荷载标准值、可变荷载标准值产生的挠度容许值（mm），按表 4-3 确定；

ν_T、ν_Q——分别为永久和可变荷载标准值、可变荷载标准值产生的最大挠度（mm），用力学方法进行计算，或查《建筑结构静力计算手册》（第二版），常见受弯构件挠度计算公式见表 4-4。

梁的刚度不满足要求时，可调整梁的截面尺寸，其中以增加梁截面高度最有效。

受弯构件的挠度容许值　　**表 4-3**

项次	构件类别	挠度容许值	
		$[\nu_T]$	$[\nu_Q]$
1	吊车梁和吊车桁架(按自重和起重量最大的一台吊车计算挠度)		
	(1)手动起重机和单梁起重机(含悬挂起重机)	$l/500$	—
	(2)轻级工作制桥式起重机	$l/750$	—
	(3)中级工作制桥式起重机	$l/900$	—
	(4)重级工作制桥式起重机	$l/1000$	—
2	手动或电动葫芦的轨道梁	$l/400$	—
3	有重轨(重量等于或大于 38kg/m)轨道的工作平台梁	$l/600$	—
	有轻轨(重量等于或小于 24kg/m)轨道的工作平台梁	$l/400$	—
4	楼(屋)盖梁或桁架、工作平台梁(第 3 项除外)和平台板		
	(1)主梁或桁架(包括设有悬挂起重设备的梁和桁架)	$l/400$	$l/500$
	(2)仅支承压型金属板屋面和冷弯型钢檩条	$l/180$	—
	(3)除支承压型金属板屋面和冷弯型钢檩条外,尚有吊顶	$l/240$	—
	(4)抹灰顶棚的次梁	$l/250$	$l/350$
	(5)除(1)～(4)款外的其他梁(包括楼梯梁)	$l/250$	$l/300$
	(6)屋盖檩条		
	支承压型金属板屋面者	$l/150$	—
	支承其他屋面材料者	$l/200$	—
	有吊顶	$l/240$	—
	(7)平台板	$l/150$	—

续表

项次	构件类别	挠度容许值	
		[ν_T]	[ν_Q]
5	墙架构件(风荷载不考虑阵风系数) (1)支柱(水平方向) (2)抗风桁架(作为连续支柱的支承时,水平位移) (3)砌体墙的横梁(水平方向) (4)支承压型金属板的横梁(水平方向) (5)支承其他墙面材料的横梁(水平方向) (6)带有玻璃窗的横梁(竖直和水平方向)	 — — — — — $l/200$	 $l/400$ $l/1000$ $l/300$ $l/100$ $l/200$ $l/200$

注:1. l 为受弯构件的跨度(对悬臂梁和伸臂梁为悬臂长度的 2 倍);
2. [ν_T] 为永久和可变荷载标准值产生的挠度(如有起拱应减去拱度)容许值;[ν_Q] 为可变荷载标准值产生的挠度容许值;
3. 当吊车梁或吊车桁架跨度大于 12m 时,其挠度容许值 [ν_T] 应乘以 0.9 的系数;
4. 当墙面采用延性材料或与结构采用柔性连接时,墙架构件的支柱水平位移容许值可采用 $l/300$,抗风桁架(作为连续支柱的支承时)水平位移容许值可采用 $l/800$。

常见受弯构件挠度值计算公式 **表 4-4**

项次	受弯构件计算简图	最大挠度
1	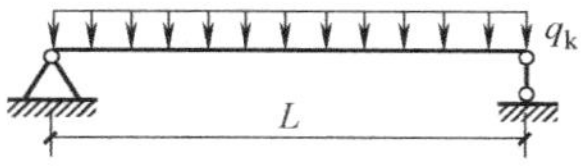	$\nu_{max}=5q_k l^4/(384EI)$
2	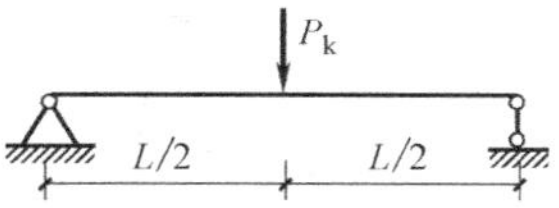	$\nu_{max}=P_k l^3/(48EI)$
3	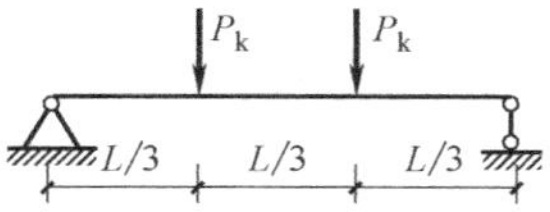	$\nu_{max}=P_k l^3/(28EI)$
4	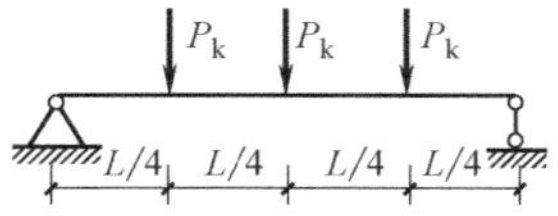	$\nu_{max}=P_k l^3/(20EI)$
5	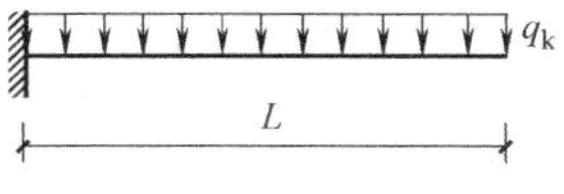	$\nu_{max}=q_k l^4/(8EI)$
6	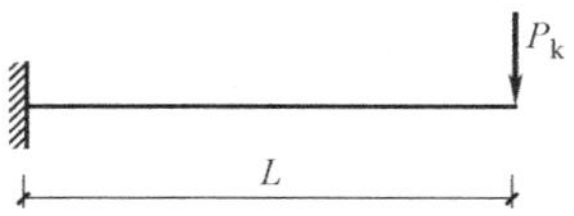	$\nu_{max}=P_k l^3/(3EI)$

4.4 受弯构件整体稳定性计算

4.4.1 受弯构件的整体失稳

受弯构件在荷载作用下,当荷载较小时,仅发生弯矩作用平面内的弯曲变形,当荷载

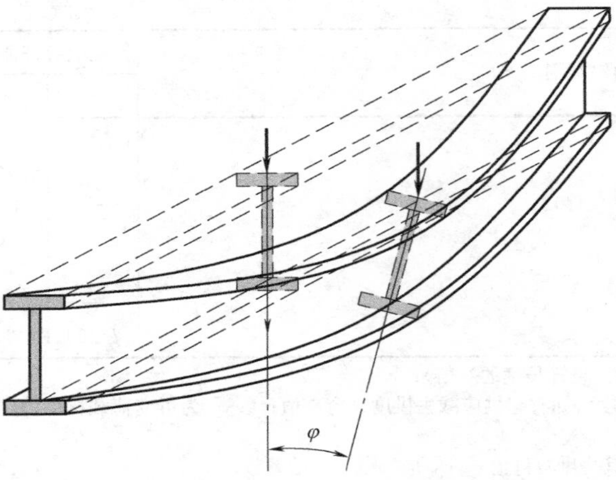

图 4-7　梁的整体失稳

增大到某一数值，强度足够，但构件可能突然产生弯矩作用平面外的侧向弯曲变形和扭转变形（图 4-7），并很快丧失继续承载的能力，这种现象称为受弯构件的整体失稳，或称发生侧扭屈曲。受弯构件维持其稳定平衡状态所能承受的最大弯矩，称为临界弯矩。

4.4.2　受弯构件的临界弯矩

整体失稳发生时的临界弯矩值，可以从建立平衡微分方程入手进行求解。本节以一两端简支的双轴对称工字形截面纯弯曲梁为例，简述梁临界弯矩的确定方法和思路。这里所指的"简支"符合夹支条件，即梁端截面可自由翘曲，能绕 x 轴和 y 轴的转动，但不能绕 z 轴转动，也不能侧向移动。

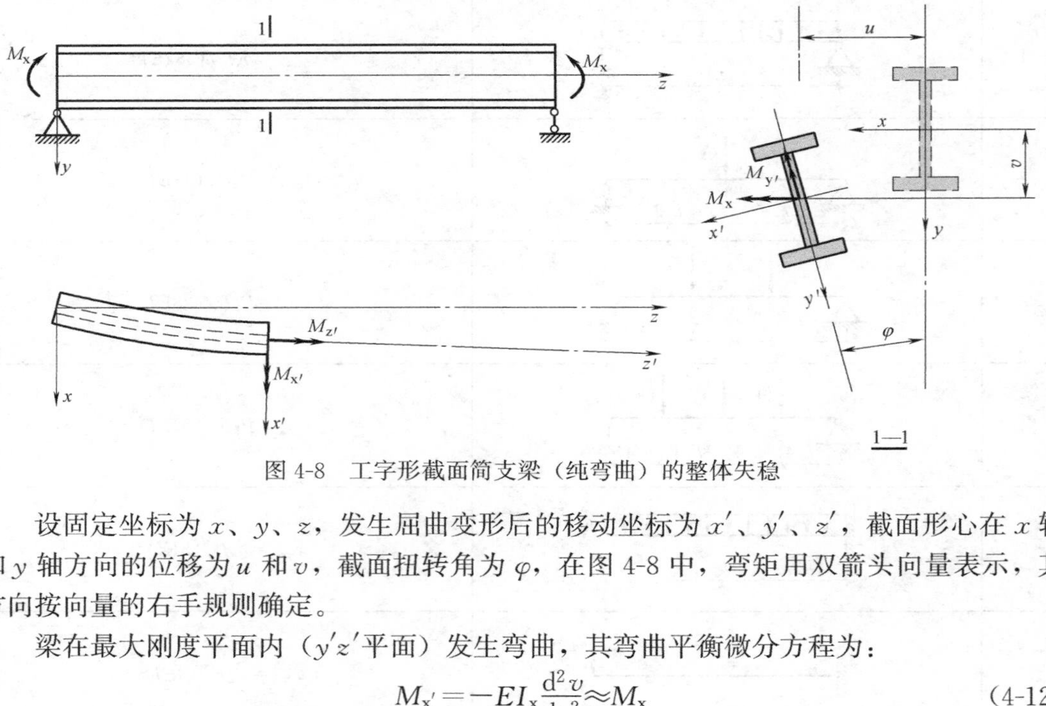

图 4-8　工字形截面简支梁（纯弯曲）的整体失稳

设固定坐标为 x、y、z，发生屈曲变形后的移动坐标为 x'、y'、z'，截面形心在 x 轴和 y 轴方向的位移为 u 和 v，截面扭转角为 φ，在图 4-8 中，弯矩用双箭头向量表示，其方向按向量的右手规则确定。

梁在最大刚度平面内（$y'z'$平面）发生弯曲，其弯曲平衡微分方程为：

$$M_{x'}=-EI_x\frac{d^2v}{dz^2}\approx M_x \tag{4-12}$$

梁在 $x'z'$平面内发生侧向弯曲，其弯曲平衡微分方程为：

$$M_{y'}=-EI_y\frac{d^2u}{dz^2}\approx M_x\varphi \tag{4-13}$$

梁端部夹支，中部任意截面扭转时，纵向纤维发生了弯曲，属于约束扭转，扭转微分方程为：

$$M_{z'}=-EI_\omega\frac{d^3\varphi}{dz^3}+GI_t\frac{d\varphi}{dz}\approx M_x\frac{du}{dz} \tag{4-14}$$

可得到 φ 的弯扭屈曲微分方程：

$$EI_{\omega}\frac{d^4\varphi}{dz^4}-GI_t\frac{d^2\varphi}{dz^2}-\frac{M_x{}^2}{EI_y}\varphi=0 \tag{4-15}$$

假设两端简支梁的扭转角为正弦曲线分布，即：

$$\varphi=C\sin\frac{\pi z}{l} \tag{4-16}$$

将 φ 的二阶导数和四阶导数代入式（4-15）中，得：

$$\left[EI_{\omega}\left(\frac{\pi}{l}\right)^4+GI_t\left(\frac{\pi}{l}\right)^2-\frac{M_x{}^2}{EI_y}\right]C\sin\frac{\pi z}{l}=0 \tag{4-17}$$

若使上式对任何 z 值都成立，且 $C\neq0$，则必须是：

$$EI_{\omega}\left(\frac{\pi}{l}\right)^4+GI_t\left(\frac{\pi}{l}\right)^2-\frac{M_x{}^2}{EI_y}=0 \tag{4-18}$$

解上述微分方程，得双轴对称工字形截面简支梁纯弯曲时的临界弯矩为：

$$M_{cr}=\frac{\pi}{l}\sqrt{EI_yGI_t}\sqrt{1+\frac{\pi^2EI_{\omega}}{l^2GI_t}} \tag{4-19}$$

式中　EI_y、GI_t、EI_{ω}——分别为侧向抗弯刚度、抗扭刚度和翘曲刚度。

由式（4-19）可见，梁整体稳定的临界弯矩与梁的侧向抗弯刚度、自由扭转刚度、翘曲刚度及梁的跨度有关。不同截面类型、不同支承情况、不同荷载类型的梁，其临界弯矩值是不同的。截面的侧向抗弯刚度 EI_y、抗扭刚度 GI_t、翘曲刚度 EI_{ω}越大，临界弯矩越大；构件的跨度（侧向支承点间的距离）越大，临界弯矩越小；支承对位移的约束程度越大，临界弯矩越大。

4.4.3　受弯构件的整体稳定性计算

为了保证梁不发生整体失稳，梁中所承受的最大弯矩不应超过其临界弯矩值。

（1）《钢结构设计标准》GB 50017—2017 中对受弯构件整体稳定性计算规定

在最大刚度平面内受弯的构件，其整体稳定性应按下式计算：

$$\frac{M_x}{\varphi_bW_xf}\leqslant1.0 \tag{4-20}$$

在两个主平面受弯的 H 型钢截面或工字形截面构件，整体稳定性按下式计算：

$$\frac{M_x}{\varphi_bW_xf}+\frac{M_y}{\gamma_yW_yf}\leqslant1.0 \tag{4-21}$$

式中　M_x、M_y——分别为绕 x 轴（强轴）、y 轴（弱轴）作用的最大弯矩设计值（N·mm）；

W_x、W_y——按受压最大纤维确定的对 x 轴（强轴）、y 轴（弱轴）的毛截面模量（mm^3），当截面板件宽厚比等级为 S1 级、S2 级、S3 级或 S4 级时，应取全截面模量，当板件宽厚比等级为 S5 级时，应取有效截面模量，有效截面按《钢结构设计标准》GB 50017—2017 规定确定；

φ_b——整体稳定系数。

（2）梁的整体稳定系数 φ_b的计算

① 等截面焊接工字形和轧制 H 型钢简支梁

整体稳定系数 φ_b 应按下列公式计算：

$$\varphi_b=\beta_b\frac{4320}{\lambda_y^2}\cdot\frac{Ah}{W_x}\left[\sqrt{1+\left(\frac{\lambda_y t_1}{4.4h}\right)^2}+\eta_b\right]\frac{235}{f_y} \tag{4-22a}$$

$$\lambda_y=\frac{l_1}{i_y} \tag{4-22b}$$

式中 β_b——梁整体稳定的等效弯矩系数，按表 4-5 采用；

l_1——梁受压翼缘侧向支承点之间的距离（mm）；

i_y——梁毛截面对 y 轴的回转半径（mm）；

A——梁的毛截面面积（mm^2）；

h、t_1——分别为梁截面全高和受压翼缘厚度（mm），对等截面铆接（或高强度螺栓连接）简支梁，t_1 包括翼缘角钢厚度在内；

η_b——截面不对称影响系数：双轴对称截面取 $\eta_b=0$；加强受压翼缘的工字形截面取 $\eta_b=0.8(2\alpha_b-1)$；加强受拉翼缘的工字形截面取 $\eta_b=2\alpha_b-1$。其中 $\alpha_b=\dfrac{I_1}{I_1+I_2}$，$I_1$ 和 I_2 分别为受压翼缘和受拉翼缘对 y 轴的惯性矩。

上述整体稳定系数是按弹性稳定理论求得的，研究表明，当按式（4-22a）算得的 φ_b 值大于 0.6 时，梁已进入非弹性工作阶段，整体稳定临界应力有明显的降低，须对 φ_b 进行修正，应用下式计算的 φ_b' 代替 φ_b：

$$\varphi_b'=1.07-\frac{0.282}{\varphi_b}\leqslant 1.0 \tag{4-23}$$

等截面焊接工字形和 H 型钢简支梁的系数 β_b 表 4-5

项次	侧向支承	荷载		$\xi\leqslant2.0$	$\xi>2.0$	适用范围
1	跨中无侧向支承	均布荷载作用在	上翼缘	$0.69+0.13\xi$	0.95	双轴对称焊接工字形截面；加强受压翼缘的单轴对称焊接工字形截面；轧制 H 型钢截面
2			下翼缘	$1.73-0.20\xi$	1.33	
3		集中荷载作用在	上翼缘	$0.73+0.18\xi$	1.09	
4			下翼缘	$2.23-0.28\xi$	1.67	
5	跨度中点有一个侧向支承点	均布荷载作用在	上翼缘	1.15		双轴对称焊接工字形截面；加强受压翼缘的单轴对称焊接工字形截面；加强受拉翼缘的单轴对称焊接工字形截面；轧制 H 型钢截面
6			下翼缘	1.40		
7		集中荷载作用在截面高度任意位置		1.75		
8	跨中有不少于两个等距离侧向支承点	任意荷载作用在	上翼缘	1.20		
9			下翼缘	1.40		
10	梁端有弯矩，但跨中无荷载作用	$1.75-1.05\left(\frac{M_2}{M_1}\right)+0.3\left(\frac{M_2}{M_1}\right)^2\leqslant2.3$				

注：1. ξ 为参数，$\xi=\frac{l_1t_1}{b_1h}$，其中 b_1 为受压翼缘的宽度；

2. M_1 和 M_2 为梁的端弯矩，使梁产生同向曲率时 M_1 和 M_2 取同号，产生反向曲率时取异号，$|M_1|\geqslant|M_2|$；

3. 表中项次 3、4 和 7 的集中荷载是指一个或少数几个集中荷载位于跨中央附近的情况，对其他情况的集中荷载，应按表中项次 1、2、5、6 内的数值采用；

4. 表中项次 8、9 的 β_b，当集中荷载作用在侧向支承点处时，取 $\beta_b=1.20$；

5. 荷载作用在上翼缘是指荷载作用点在翼缘表面，方向指向截面形心；荷载作用在下翼缘是指荷载作用点在翼缘表面，方向背离截面形心；

6. 对 $\alpha_b>0.8$ 的加强受压翼缘工字形截面，下列情况的 β_b 值应乘以相应的系数：项次 1：当 $\xi\leqslant1.0$ 时，乘 0.95；项次 3：当 $\xi\leqslant0.5$ 时，乘 0.90；当 $0.5<\xi\leqslant1.0$ 时，乘 0.95。

② 轧制普通工字形简支梁

轧制普通工字钢简支梁的整体稳定系数 φ_b 按表 4-6 采用，当所得 φ_b 值大于 0.6 时，按式（4-23）计算所得 φ_b' 代替 φ_b 进行计算。

轧制普通工字钢简支梁的 φ_b **表 4-6**

项次	荷载情况			工字钢型号	自由长度 l_1(m)								
					2	3	4	5	6	7	8	9	10
1	跨中无侧向支承点的梁	集中荷载作用于	上翼缘	10～20	2.00	1.30	0.99	0.80	0.68	0.58	0.53	0.48	0.43
				22～32	2.40	1.48	1.09	0.86	0.72	0.62	0.54	0.49	0.45
				36～63	2.80	1.60	1.07	0.83	0.68	0.56	0.50	0.45	0.40
2			下翼缘	10～20	3.10	1.95	1.34	1.01	0.82	0.69	0.63	0.57	0.52
				22～40	5.50	2.80	1.84	1.37	1.07	0.86	0.73	0.64	0.56
				45～63	7.30	3.60	2.30	1.62	1.20	0.96	0.80	0.69	0.60
3		均布荷载作用于	上翼缘	10～20	1.70	1.12	0.84	0.68	0.57	0.50	0.45	0.41	0.37
				22～40	2.10	1.30	0.93	0.73	0.60	0.51	0.45	0.40	0.36
				45～63	2.60	1.45	0.97	0.73	0.59	0.50	0.44	0.38	0.35
4			下翼缘	10～20	2.50	1.55	1.08	0.83	0.68	0.56	0.52	0.47	0.42
				22～40	4.00	2.20	1.45	1.10	0.85	0.70	0.60	0.52	0.46
				45～63	5.60	2.80	1.80	1.25	0.95	0.78	0.65	0.55	0.49
5	跨中有侧向支承点的梁（荷载作用点在截面高度上任意位置）			10～20	2.20	1.39	1.01	0.79	0.66	0.57	0.52	0.47	0.42
				22～40	3.00	1.80	1.24	0.96	0.76	0.65	0.56	0.49	0.43
				45～63	4.00	2.20	1.38	1.01	0.80	0.66	0.56	0.49	0.43

注：1. 同表 4-5 中的注 3、注 5；

2. 表中的 φ_b 适用于 Q235 钢，对于其他钢号，表中数值应乘以 $235/f_y$。

③ 轧制槽钢简支梁

轧制槽钢简支梁的整体稳定系数 φ_b，不论荷载的形式和荷载作用点在截面高度上的位置，均可按下式计算：

$$\varphi_b = \frac{570bt}{l_1 h} \cdot \frac{235}{f_y} \tag{4-24}$$

式中 h、b、t——分别为槽钢截面的高度、翼缘宽度和平均厚度。

当按式（4-24）计算得的 φ_b 值大于 0.6 时，用按式（4-23）计算所得的 φ_b' 代替 φ_b 进行计算。

④ 双轴对称工字形等截面悬臂梁

双轴对称工字形等截悬臂梁的整体稳定系数，可按式（4-22a）计算，但计算式中的长细比 λ_y 时，l_1 为悬臂梁的悬伸长度，且式中的系数 β_b 应由表 4-7 查得。

同样，当求得的 φ_b 值大于 0.6 时，用按式（4-23）计算得的 φ_b' 代替 φ_b 进行计算。

当梁的整体稳定承载力不足时，可采用加大梁的截面尺寸或增加侧向支承的方法解决，前一种方法中以增大受压翼缘的宽度最有效。

（3）均匀弯曲的受弯构件整体稳定系数 φ_b 的近似计算

对于均匀弯曲的受弯构件，当 $\lambda_y \leqslant 120\sqrt{235/f_y}$ 时，其整体稳定系数 φ_b 可按下列近

似公式计算：

双轴对称工字形等截面悬臂梁的系数 β_b　　　　**表 4-7**

项次	荷载形式		$0.60\leqslant\xi\leqslant1.24$	$1.24<\xi\leqslant1.96$	$1.96<\xi\leqslant3.10$
1	自由端一个集中荷载作用在	上翼缘	$0.21+0.67\xi$	$0.72+0.26\xi$	$1.17+0.03\xi$
		下翼缘	$2.94-0.65\xi$	$2.64-0.40\xi$	$2.15-0.15\xi$
2	均布荷载作用在上翼缘		$0.62+0.82\xi$	$1.25+0.31\xi$	$1.66+0.10\xi$

注：1. 本表是按支承端为固定的情况确定的，当用于由邻跨延伸出来的伸臂梁时，应在构造上采取措施加强支承处的抗扭能力；

2. 表中的 ξ 见表 4-5 注 1。

2）工字形（H 形）截面

双轴对称：
$$\varphi_b=1.07-\frac{\lambda_y^2}{44000}\cdot\frac{f_y}{235} \tag{4-25}$$

单轴对称：
$$\varphi_b=1.07-\frac{W_{1x}}{(2\alpha_b+0.1)Ah}\cdot\frac{\lambda_y^2}{14000}\cdot\frac{f_y}{235} \tag{4-26}$$

式中　W_{1x}——截面最大受压纤维的毛截面模量（mm^3）。

2）T 形截面（弯矩作用在对称轴平面，绕 x 轴）

① 弯矩使翼缘受压时：

双角钢组成的 T 形截面：
$$\varphi_b=1-0.0017\lambda_y\sqrt{\frac{f_y}{235}} \tag{4-27}$$

轧制剖分 T 形钢和焊接组合 T 形截面：
$$\varphi_b=1-0.0022\lambda_y\sqrt{\frac{f_y}{235}} \tag{4-28}$$

② 弯矩使翼缘受拉且腹板高厚比不大于 $18\sqrt{235/f_y}$ 时：
$$\varphi_b=1-0.0005\lambda_y\sqrt{\frac{f_y}{235}} \tag{4-29}$$

按式（4-25）～式（4-29）计算得的 φ_b 值大于 0.6 时，不需换算成 φ_b'。但当按式（4-25）～式（4-29）计算得的 φ_b 值大于 1.0 时，取 $\varphi_b=1.0$。

4.4.4　不需验算整体稳定性的情况

当符合下列情况之一时，可不计算梁的整体稳定性：

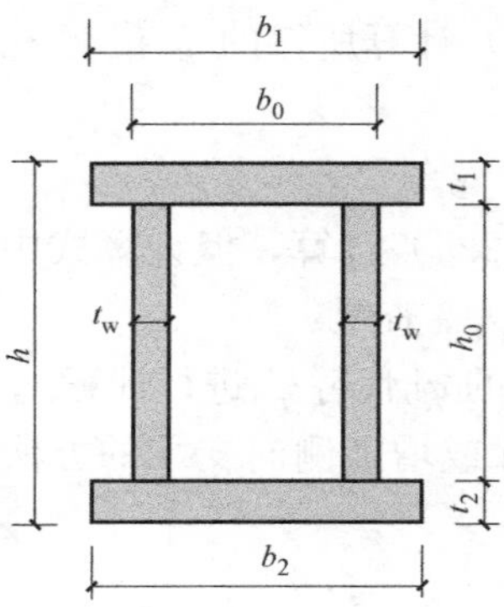

图 4-9　箱形截面

（1）有铺板（如钢筋混凝土板、钢板等）密铺在梁的受压翼缘并与其牢固相连、能阻止梁受压翼缘的侧向位移时。

（2）对箱形截面简支梁（图 4-9），当其截面尺寸满足 $h/b_0\leqslant6$，$l_1/b_0\leqslant95$（$235/f_y$）时，可不验算其整体稳定性。对跨中无侧向支承点的梁，l_1 为梁跨度；对跨中有侧向支承点的梁，l_1 为梁受压翼缘侧向支承点间的距离（梁的支座处视为有侧向支承）。

由此可见，为提高梁的整体稳定，当梁上有密铺的刚性铺板时（如楼盖梁的楼面板或公路桥、人行天桥的面板等），应使之与梁的受压翼缘牢固连接。若无刚性铺板或铺板与梁受压翼缘连接不可靠时，可设置平面支撑，达到减小梁受压翼缘自由长度 l_1 的目的。

4.5 受弯构件局部稳定性计算

在进行受弯构件截面设计时，为了节省材料，提高构件的抗弯承载能力和刚度，常选择增大构件的截面高度，而为了提高梁的整体稳定性，会增大梁翼缘宽度。腹板高厚比、翼缘宽厚比变大的同时会带来一个问题：在构件发生强度破坏或丧失整体稳定之前，受压翼缘或腹板中的压应力或剪应力达到某一数值（临界应力）时，突然偏离原来的平面位置，出现波形屈曲，这种现象称为丧失局部稳定，如图 4-10所示。

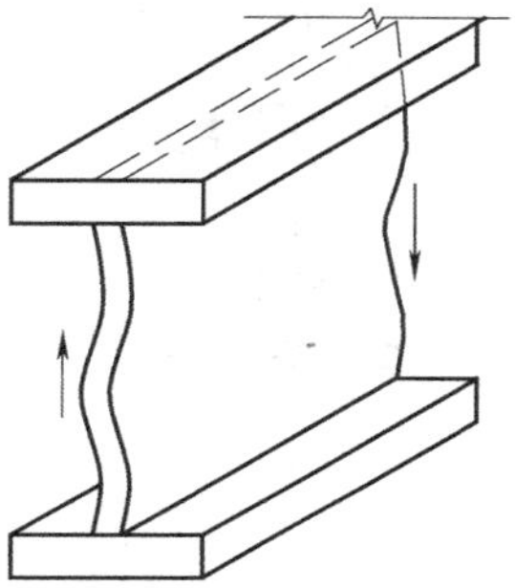
图 4-10 腹板局部失稳现象

局部失稳不会使整个构件立即丧失承载力，但会改变梁的受力状况、降低梁的整体稳定性和刚度。梁的受压翼缘，当翼缘宽厚比不超过受弯构件 S4 级截面的要求，就可防止受压翼缘发生局部失稳。

腹板的局部稳定性，对于热轧型钢构件，腹板的高厚比一般都能满足局部稳定要求，不需要计算；对于焊接截面梁腹板的局部稳定性问题的处理方法，目前主要有两种：

（1）对直接承受动力荷载的吊车梁及类似构件或其他不考虑屈曲后强度的焊接截面梁，以腹板的屈曲作为承载能力的极限状态，不允许腹板发生局部失稳，根据计算需要在腹板设置加劲肋，把腹板分成若干区格，然后验算腹板各区格的稳定性，保证不发生局部失稳。具体方法详见 4.5.1 节。

承受反复荷载时，局部失稳后的变形更容易导致疲劳破坏，并且构件的承载性能也将逐步恶化，在此类受荷条件下一般不考虑利用屈曲后强度。又或当结构进行塑性设计时，局部失稳将使构件塑性不能充分发展，此时也不考虑利用屈曲后强度。

（2）对承受静力荷载和间接承受动力荷载的焊接截面梁，可容许腹板局部失稳，考虑腹板的屈曲后强度。考虑屈曲后强度的设计方法有两种基本形式：一是考虑屈曲的部分退出工作，采用有效截面按前述方法进行强度、整体稳定性的验算；二是按腹板屈曲后降低的承载力进行验算，具体方法详见 4.5.2 节。

4.5.1 焊接截面梁腹板不考虑屈曲后强度的计算

（1）腹板加劲肋的设置

对不考虑腹板屈曲后强度的焊接截面梁，为了保证腹板不发生局部失稳，可增加腹板的厚度，也可设置腹板加劲肋，后一项措施比较经济。

腹板加劲肋主要有四种：支承加劲肋、横向加劲肋、纵向加劲肋和短加劲肋，如图 4-11 所示。在梁承受固定集中荷载（包括梁的支座反力）作用处，常需设置横向加劲肋将集中荷载传递至梁的腹板，此横向加劲肋称为支承加劲肋。仅为加强腹板局部稳定性而设置的横向加劲肋、纵向加劲肋和短加劲肋也称腹板中间加劲肋。

梁的加劲肋和翼缘使腹板成为若干四边支承的矩形板区格，这些区格一般受弯曲正应

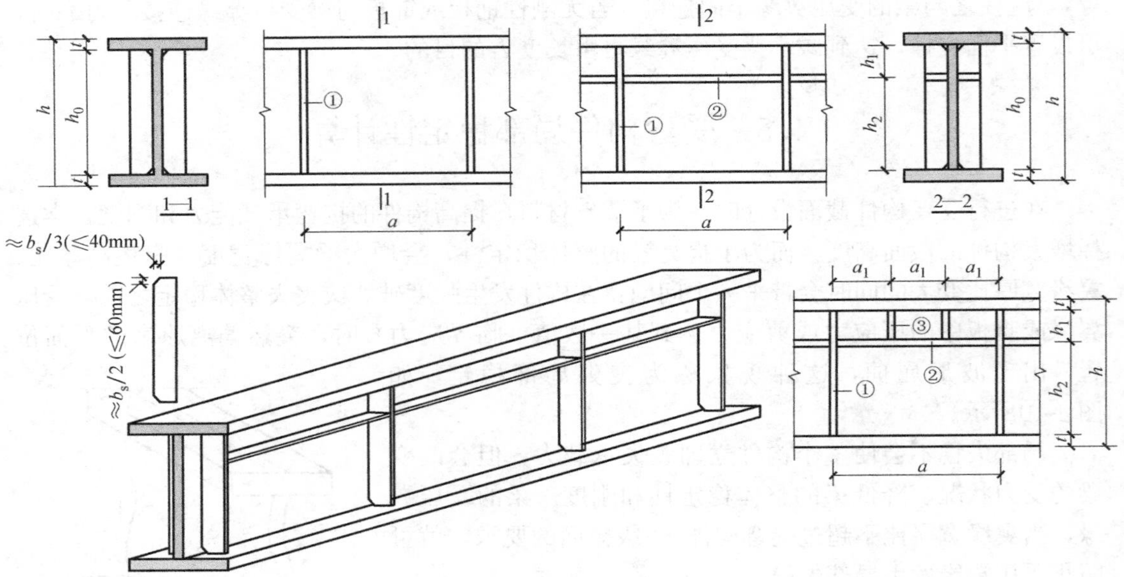

图 4-11　梁腹板加劲肋

①—横向加劲肋；②—纵向加劲肋；③—短加劲肋

力、剪应力以及局部压应力的共同作用。在弯曲正应力单独作用下，腹板的失稳形式如图 4-12（a）所示，凸凹波形的中心靠近其压应力合力的作用线。在剪应力单独作用下，腹板在 45°方向产生主应力，主拉应力和主压应力在数值上都等于剪应力。在主压应力作用下，腹板失稳形式如图 4-12（b）所示，产生约 45°方向倾斜的凸凹波形。在局部压应力单独作用下，腹板的失稳形式如图 4-12（c）所示，产生一个靠近横向压应力作用边缘的鼓曲面。

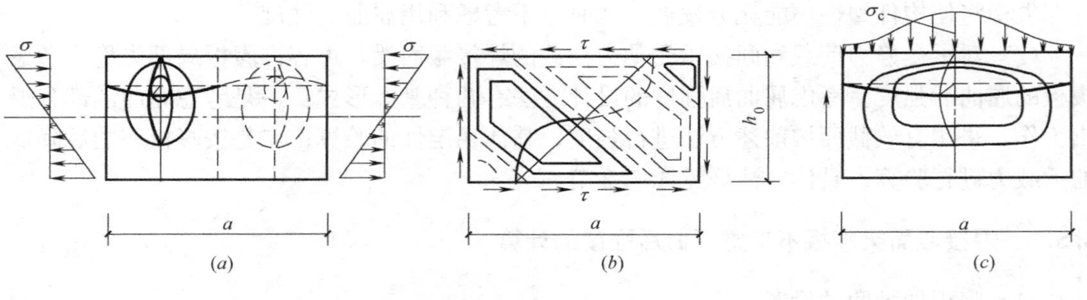

图 4-12　梁腹板的失稳形式

横向加劲肋主要防止由剪应力和局部压应力可能引起的腹板失稳，纵向加劲肋主要防止弯曲压应力可能引起的腹板失稳，短加劲肋主要防止由局部压应力可能引起的腹板失稳。

不考虑腹板屈曲后强度的焊接截面梁，按下列规定配置加劲肋：

1）当 $h_0/t_w \leqslant 80\sqrt{235/f_y}$ 时，对有局部压应力的梁，宜按构造要求配置横向加劲肋；当局部压应力较小时，可不配置加劲肋。

2）直接承受动力荷载的吊车梁及类似构件，应按下列规定配置加劲肋：

① 当$h_0/t_w>80\sqrt{235/f_y}$时，应配置横向加劲肋；

② 当受压翼缘扭转受到约束（如连有刚性铺板、制动板或焊有钢轨）时且$h_0/t_w>170\sqrt{235/f_y}$，或受压翼缘扭转未受到约束且$h_0/t_w>150\sqrt{235/f_y}$，或按计算需要时，应在弯曲应力较大区格的受压区增加配置纵向加劲肋。局部压应力很大的梁，必要时尚宜在受压区配置短加劲肋。

3）不考虑腹板屈曲后强度，当$h_0/t_w>80\sqrt{235/f_y}$时，宜配置横向加劲肋。

为了避免较薄的腹板在焊接过程中产生较大的焊接翘曲变形，任何情况下h_0/t_w均不宜超过250。

此处，h_0为腹板的计算高度（对单轴对称截面梁，当确定是否要配置纵向加劲肋时，h_0应取腹板受压区高度h_c的2倍），t_w为腹板的厚度。

4）梁的支座处和上翼缘受有较大固定集中荷载处，宜设置支承加劲肋。

（2）腹板中间加劲肋的构造和截面尺寸

腹板中间加劲肋宜在腹板两侧成对配置（使梁的整体受力不致产生人为的侧向偏心），对有些构件不得不在一侧配置时，也可单侧配置，但重级工作制吊车梁的加劲肋不应单侧配置。加劲肋截面常采用钢板，也可采用角钢等型钢，如图4-13所示。

① 横向加劲肋

横向加劲肋的间距a不得小于$0.5h_0$，也不得大于$2h_0$（对无局部压应力的梁，当$h_0/t_w\leqslant100$时，最大间距可采用$2.5h_0$）。

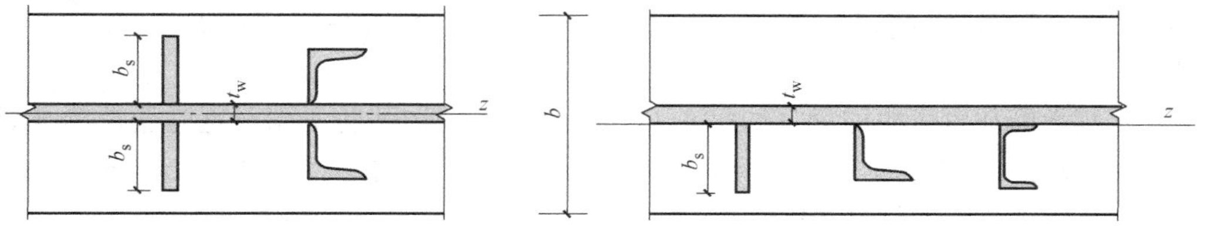

图4-13　腹板的横向加劲肋

在腹板两侧成对配置的钢板横向加劲肋，其截面尺寸应符合下列公式要求：

外伸宽度：

$$b_s\geqslant\frac{h_0}{30}+40\ (\text{mm}) \tag{4-30}$$

厚度：

$$t_s\geqslant\frac{b_s}{19}(\text{mm}) \tag{4-31}$$

在腹板一侧配置的钢板横向加劲肋，其外伸宽度应比按式（4-30）计算值增大20%，厚度应符合式（4-31）的规定。

当腹板同时配置横向加劲肋和纵向加劲肋时，在其相交处应使横向加劲肋保持连续，此时横向加劲肋的截面尺寸除了符合上述规定外，其截面对z轴（图4-14）的惯性矩I_z还应符合下式要求：

$$I_z\geqslant3h_0t_w^3 \tag{4-32}$$

② 纵向加劲肋

纵向加劲肋至腹板计算高度受压边缘的距离 h_1 应在 $h_c/2.5 \sim h_c/2$ 范围内（h_c 为腹板受压区高度），其截面对 y 轴（图 4-14 所示）的惯性矩 I_y 应符合下式要求：

当 $a/h_0 \leqslant 0.85$ 时：

$$I_y \geqslant 1.5h_0 t_w^3 \tag{4-33a}$$

当 $a/h_0 > 0.85$ 时：

$$I_y \geqslant \left(2.5 - 0.45\frac{a}{h_0}\right)\left(\frac{a}{h_0}\right)^2 h_0 t_w^3 \tag{4-33b}$$

③ 短加劲肋

短加劲肋的最小间距为 $0.75h_1$，其外伸宽度应取横向加劲肋外伸宽度的 0.7～1.0 倍，厚度不应小于短加劲肋外伸宽度的 1/15。

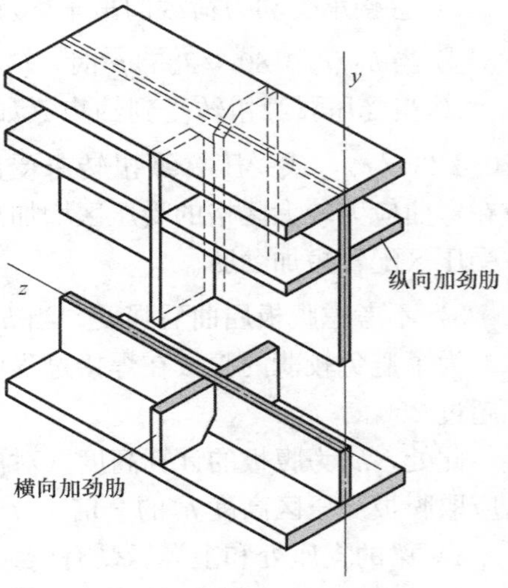

图 4-14　腹板加劲肋

当用型钢（H 型钢、工字钢、槽钢、肢尖焊于腹板的角钢）做加劲肋时，其截面惯性矩不得小于相应钢板加劲肋的惯性矩。

在腹板两侧成对配置的加劲肋，其截面惯性矩应按梁腹板中心线为轴线进行计算。在腹板一侧配置的加劲肋，其截面惯性矩应按与加劲肋相连的腹板边缘为轴线进行计算。

为了避免三向焊缝交叉，减小焊接应力，在加劲肋端部与梁翼缘、腹板相交处应切角。当切成斜角时，通常切角宽约为 $b_s/3$（但不大于 40mm）、高约 $b_s/2$（但不大于 60mm），b_s 为加劲肋的宽度。当作为焊接工艺孔时，切角宜采用半径 $R=30$mm 的 1/4 圆弧。

对直接承受动力荷载的梁（如吊车梁）的中间横向加劲肋下端不宜与受拉翼缘焊接（防止受拉翼缘处的应力集中、降低疲劳强度），一般在距受拉翼缘不少于 50mm 处断开。

（3）支承加劲肋的计算和构造

支承加劲肋应在腹板两侧成对配置，不应单侧配置。其外伸宽度仍应符合式（4-30）的要求，厚度按下式计算：

$$t_s \geqslant \frac{b_s}{15}\ (\text{mm}) \tag{4-34}$$

支承加劲肋的计算主要包括：

① 按轴心受压构件计算支承加劲肋在腹板平面外的稳定性

当支承加劲肋在腹板平面外屈曲时，会带动一部分腹板一起屈曲。《钢结构设计标准》GB 50017—2017 取加劲肋及其每侧 $15t_w\sqrt{235/f_y}$ 范围内的腹板面积进行加劲肋腹板平面外的稳定性计算，计算公式如下：

$$\frac{N}{\varphi A f} \leqslant 1.0 \tag{4-35}$$

式中　N——支座反力或固定集中荷载（N）；

φ——轴心受压构件的稳定系数，计算长细比 λ 时，计算长度近似取 h_0；

A——计算截面面积（mm^2），应包括加劲肋及其每侧 $15t_w\sqrt{235/f_y}$ 范围内的腹板面积（图 4-15 中阴影部分），当加劲肋一侧的腹板实际宽度小于 $15t_w\sqrt{235/f_y}$时，用实际宽度计算。

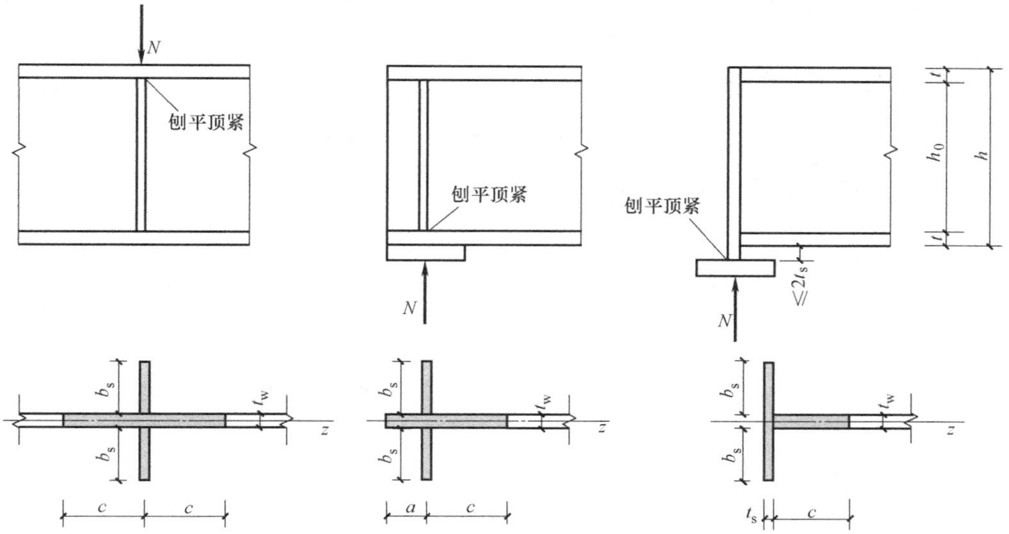

图 4-15　支承加劲肋　（图中 $c=15t_w\sqrt{235/f_y}$）

② 支承加劲肋端面承压强度验算

当支承加劲肋的端部刨平顶紧于梁的翼缘或柱顶时，应根据其所承受的支座反力或固定集中荷载按下式验算其端面承压强度：

$$\sigma_{ce}=\frac{N}{A_{ce}}\leqslant f_{ce} \tag{4-36}$$

式中　A_{ce}——端面承压面积（mm^2）；

f_{ce}——钢材端面承压强度设计值（N/mm^2），详见附表 1-1。

突缘支座若用式（4-36）验算端面承压强度时，须保证支承加劲肋向下伸出的长度不应大于其厚度的 2 倍。

当支承加劲肋的端部为焊接时，应根据传力情况计算焊缝应力。此外，还需对支承加劲肋与梁腹板间的角焊缝连接进行计算，但通常算得的焊脚尺寸 h_f很小，往往由构造要求控制。

（4）腹板各区格局部稳定性的验算

① 仅配置横向加劲肋的腹板各区格的局部稳定应按下式计算：

$$\left(\frac{\sigma}{\sigma_{cr}}\right)^2+\left(\frac{\tau}{\tau_{cr}}\right)^2+\frac{\sigma_c}{\sigma_{c,cr}}\leqslant 1.0 \tag{4-37}$$

式中　σ——计算腹板区格内，由平均弯矩产生的腹板计算高度边缘的弯曲压应力（N/mm^2）；

τ——计算腹板区格内，由平均剪力产生的腹板平均剪应力（N/mm^2），$\tau=V/(h_wt_w)$，h_w、t_w分别为腹板高度和厚度；

σ_c——腹板计算高度边缘的局部压应力（N/mm^2），按式（4-6）计算，但取式中的 $\psi=1.0$；

σ_{cr}、τ_{cr}、$\sigma_{c,cr}$——分别为各种应力单独作用下的临界应力，按《钢结构设计标准》GB 50017—2017第6.3.3条规定计算，此处略。

② 同时用横向加劲肋和纵向加劲肋加强的腹板，其各区格的局部稳定性应按下列公式计算：

受压翼缘与纵向加劲肋之间的区格：

$$\left(\frac{\sigma}{\sigma_{cr1}}\right)+\left(\frac{\sigma_c}{\sigma_{c,cr1}}\right)^2+\left(\frac{\tau}{\tau_{cr1}}\right)^2\leqslant 1.0 \tag{4-38}$$

受拉翼缘与纵向加劲肋之间的区格：

$$\left(\frac{\sigma_2}{\sigma_{cr2}}\right)^2+\left(\frac{\sigma_{c2}}{\sigma_{c,cr2}}\right)+\left(\frac{\tau}{\tau_{cr2}}\right)^2\leqslant 1.0 \tag{4-39}$$

式中 σ_2——计算区格内由平均弯矩产生的腹板在纵向加劲肋处的弯曲压应力（N/mm²）；

σ_{c2}——腹板在纵向加劲肋处的横向压应力（N/mm²），取0.3σ_c；

σ_{cr1}、τ_{cr1}、$\sigma_{c,cr1}$、σ_{cr2}、τ_{cr2}、$\sigma_{c,cr2}$——分别按《钢结构设计标准》GB 50017—2017第6.3.4条规定计算，此处略。

③ 在受压翼缘与纵向加劲肋间设有短加劲肋的区格，其局部稳定性仍按式（4-38）计算，但式中的σ_{cr1}、τ_{cr1}、$\sigma_{c,cr1}$按《钢结构设计标准》GB 50017—2017第6.3.5条规定计算，此处略。

不考虑腹板屈曲后强度的焊接截面梁，其腹板局部稳定的保证首先是根据规定设置加劲肋，把整块腹板分成若干区格，然后验算每块区格的稳定性，若不满足要求，则应重新布置或调整加劲肋的间距，再进行各区格的稳定性验算。

4.5.2 焊接截面梁腹板考虑屈曲后强度的计算

四边支承薄板的屈曲不同于压杆，压杆一旦屈曲即表示破坏，而四边支承薄板屈曲后有较大的继续承载能力。梁的腹板可视为支承于上、下翼缘和两横向加劲肋的四边支承板，考虑利用腹板屈曲后强度，可以获得更好的经济效果。

对于承受静力荷载和间接承受动力荷载的焊接截面梁，允许腹板在整体失稳前发生局部失稳，考虑利用其屈曲后强度，并验算屈曲后的受弯承载力和受剪承载力。

（1）腹板屈曲后的受剪承载力设计值V_u

梁腹板屈曲后强度的理论分析和计算方法较多，比如半张力场理论。如图4-16所示，配置横向加劲肋的腹板区格，受剪时产生主压应力和主拉应力，当主压应力达到一定程度时，腹板产生波浪鼓曲，即腹板发生了受剪屈曲，不能再继续承受压力。但此时主拉应力还未达到极限值，腹板可以通过斜向张力场承受继续增加的剪力。此时梁就犹如一桁架，如图4-17所示，张力场带如同桁架的斜拉杆，翼缘可视为弦杆，横向加劲肋则起到竖杆的作用。

则腹板屈曲后的受剪承载力V_u应为屈曲剪力V_{cr}（$V_{cr}=h_0t_w\tau_{cr}$）和张力场剪力V_t之和，即：

$$V_u=V_{cr}+V_t \tag{4-40}$$

可以看出，腹板屈曲后考虑张力场的作用，受剪承载力比按弹性理论计算的承载力有

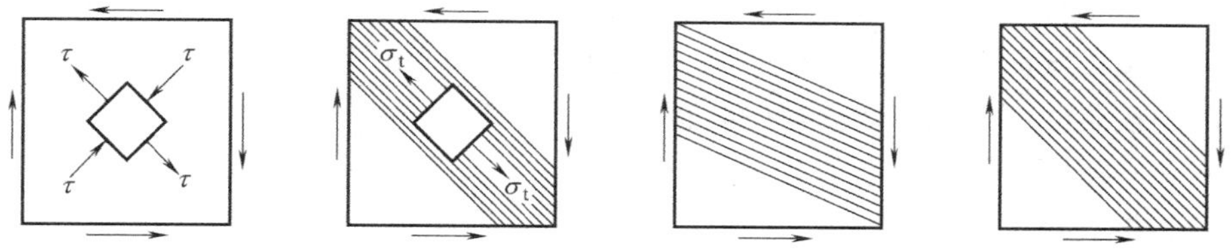

图 4-16　受剪腹板屈曲后的张力场

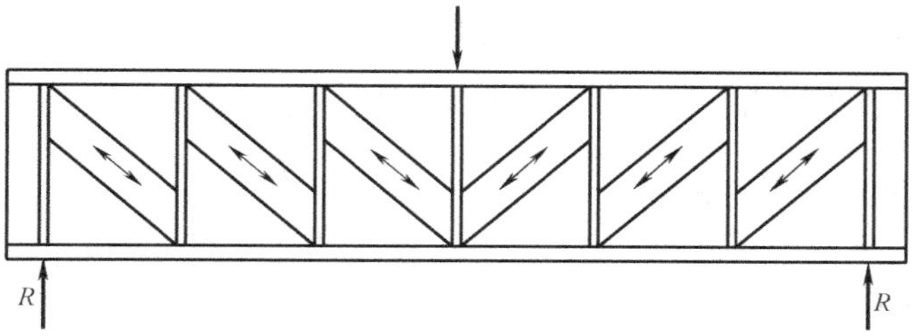

图 4-17　腹板的张力场作用

所提高。

张力场理论计算结果精确，但计算较复杂。《钢结构设计标准》GB 500017—2017 采用了一种简化的计算方法，规定受剪承载力设计值 V_u 按下列公式计算：

当 $\lambda_{n,s} \leqslant 0.8$ 时：　　$V_u = h_w t_w f_v$　　(4-41*a*)

当 $0.8 < \lambda_{n,s} \leqslant 1.2$ 时：　$V_u = h_w t_w f_v [1-0.5(\lambda_{n,s}-0.8)]$　　(4-41*b*)

当 $\lambda_{n,s} > 1.2$ 时：　　$V_u = h_w t_w f_v / (\lambda_{n,s})^{1.2}$　　(4-41*c*)

式中　h_w、t_w——分别为梁腹板高度和厚度（mm）；

$\lambda_{n,s}$——用于腹板受剪计算时的正则化宽厚比，按下式计算：

当 $a/h_0 \leqslant 1$ 时：　$\lambda_{n,s} = \dfrac{h_0/t_w}{37\eta\sqrt{4+5.34(h_0/a)^2}}\sqrt{\dfrac{f_y}{235}}$　　(4-42*a*)

当 $a/h_0 > 1$ 时：　$\lambda_{n,s} = \dfrac{h_0/t_w}{37\eta\sqrt{5.34+4(h_0/a)^2}}\sqrt{\dfrac{f_y}{235}}$　　(4-42*b*)

式中　η——系数，简支梁取 1.11，框架梁梁端最大应力区取 1.0；

h_0——梁腹板计算高度（mm）；

a——横向加劲肋间距（mm）。

当焊接截面梁仅配置支座加劲肋时，公式中的 $h_0/a=0$。

（2）腹板屈曲后的受弯承载力设计值 M_{eu}

腹板屈曲后考虑张力场的作用，受剪承载力比按弹性理论计算的承载力有所提高。但由于弯矩作用下的受压区屈曲后不能承担弯曲压应力，使梁的受弯承载力有所下降，但下降不多。《钢结构设计标准》GB 500017—2017 规定受弯承载力 M_{eu} 按下列近似公式计算：

$$M_{eu} = \gamma_x \alpha_e W_x f \tag{4-43}$$

$$\alpha_e = 1 - \frac{(1-\rho)h_c^3 t_w}{2I_x} \tag{4-44}$$

式中　α_e——梁截面模量考虑腹板有效高度的折减系数；

I_x——按梁截面全部有效算得的绕 x 轴的惯性矩（mm^4）；

h_c——按梁截面全部有效算得的腹板受压区高度（mm）；

γ_x——梁截面塑性发展系数，按表 4-2 取值；

ρ——腹板受压区有效高度系数。

当 $\lambda_{n,b} \leqslant 0.85$ 时：
$$\rho = 1.0 \tag{4-45a}$$

当 $0.85 < \lambda_{n,b} \leqslant 1.25$ 时：
$$\rho = 1 - 0.82(\lambda_{n,b} - 0.85) \tag{4-45b}$$

当 $\lambda_{n,b} > 1.25$ 时：
$$\rho = \frac{1}{\lambda_{n,b}}\left(1 - \frac{0.2}{\lambda_{n,b}}\right) \tag{4-45c}$$

式中　$\lambda_{n,b}$——用于腹板受弯计算时的正则化宽厚比，按下式计算：

当梁受压翼缘扭转受到约束时：
$$\lambda_{n,b} = \frac{2h_c}{177t_w}\sqrt{\frac{f_y}{235}} \tag{4-46a}$$

当梁受压翼缘扭转未受到约束时：
$$\lambda_{n,b} = \frac{2h_c}{138t_w}\sqrt{\frac{f_y}{235}} \tag{4-46b}$$

式中　h_c——梁腹板弯曲受压区高度（mm），对双轴对称截面 $h_c = 0.5h_0$。

（3）组合梁腹板考虑屈曲后强度的受弯和受剪承载力计算

对腹板仅配置支承加劲肋且较大荷载处尚有中间横向加劲肋的工字形截面焊接组合梁，腹板在横向加劲肋之间的各区格，通常承受弯矩和剪力的共同作用，此时，腹板屈曲后对梁的承载力影响比较复杂，一般采用弯矩 M 和剪力 V 的关系曲线确定。

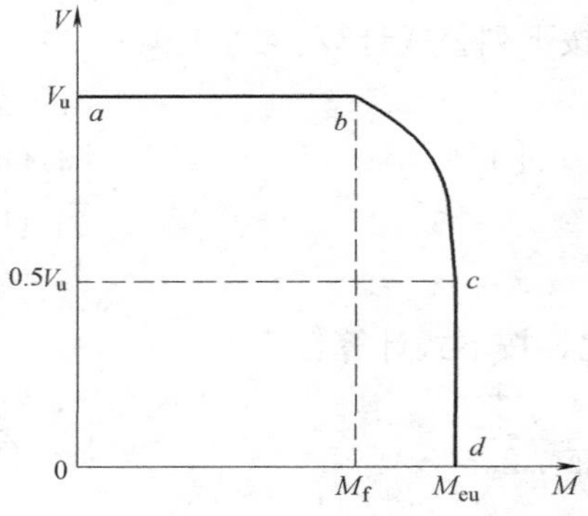

图 4-18　剪力 V 和弯矩 M 相关关系曲线

《钢结构设计标准》GB 50017—2017 采用图 4-18所示的 M 和 V 的无量纲化的相关关系曲线：当截面上的弯矩 M 小于梁两翼缘所能承受的弯矩 M_f 时，腹板可承受的剪力 $V = V_u$，如图 4-18 中的 ab 段；当截面上的剪力 $V \leqslant 0.5V_u$ 时，梁截面可承受的弯矩 $M = M_{eu}$，如图 4-18 中的 cd 段；当 $V > 0.5V_u$、$M > M_f$ 时，剪力 V 和弯矩 M 之间的关系如图 4-18 中的 bc 段所示，若作用的弯矩大，则作用的剪力必须减小，反之亦然。

对同时承受弯矩和剪力的工字形焊接组合梁，考虑腹板屈曲后强度的受弯和受剪承载力按下式计算：

$$\left(\frac{V}{0.5V_u} - 1\right)^2 + \frac{M - M_f}{M_{eu} - M_f} \leqslant 1 \tag{4-47}$$

$$M_f = \left(A_{f1}\frac{h_{m1}^2}{h_{m2}^2} + A_{f2}h_{m2}\right)f \tag{4-48}$$

式中　M、V——分别为所计算同一截面上梁的弯矩设计值（N・mm）和剪力设计值（N）。计算时，当 $V < 0.5V_u$，取 $V = 0.5V_u$；当 $M < M_f$，取 $M = M_f$；

M_f——梁两翼缘所能承担的弯矩设计值（N・mm）；

A_{f1}、h_{m1}——分别为较大翼缘的截面积（mm^2）及其形心至梁中和轴的距离（mm）；
A_{f2}、h_{m2}——分别为较小翼缘的截面积（mm^2）及其形心至梁中和轴的距离（mm）；
V_u、M_{eu}——分别为梁受剪和受弯承载力设计值，按式（4-41）、式（4-43）计算。

（4）考虑腹板屈曲后强度焊接截面梁加劲肋设计

考虑腹板屈曲后强度的梁，即使腹板高厚比超过 $170\sqrt{235/f_y}$（受压翼缘扭转受到约束）或 $150\sqrt{235/f_y}$（受压翼缘扭转未受到约束），也只配置中间横向加劲肋和支承加劲肋。一般先配置支承加劲肋，当仅配置支承加劲肋不能满足式（4-47）的要求时，则应在腹板两侧成对配置中间横向加劲肋。

中间横向加劲肋和上端有集中压力作用的中间支承加劲肋，其截面尺寸除应满足式（4-30）、式（4-31）、式（4-34）的要求外，尚应按轴心受压杆件计算其在腹板平面外的稳定性。计算截面取包括加劲肋及其两侧各 $15t_w\sqrt{235/f_y}$ 范围内的腹板面积，计算长度取 h_0，轴心压力按下式计算：

$$N_s = V_u - h_w t_w \tau_{cr} + F \tag{4-49}$$

式中　V_u——按式（4-41）计算（N）；
h_w、t_w——分别为腹板高度和厚度（mm）；
F——作用于中间支承加劲肋上端的集中压力（N），如无此力时取 $F=0$；
τ_{cr}——在 τ 单独作用下腹板区格的屈曲临界应力（N/mm^2），按《钢结构设计标准》GB 50017—2017 第 6.3.3 条规定计算。

对于梁支座支承加劲肋，当腹板在支座旁的区格利用屈曲后强度，即正则化宽厚比 $\lambda_{n,s}>0.8$ 时，除承受梁的支座反力 R 外，还应考虑承受由张力场斜拉力引起的水平分力 H 的作用，应按压弯构件计算此支座加劲肋的强度和腹板平面外的稳定性。水平分力 H 应按下式计算：

$$H = (V_u - \tau_{cr} h_w t_w)\sqrt{1+(a/h_0)^2} \tag{4-50}$$

H 的作用点在距腹板计算高度上边缘 $h_0/4$ 处。式中 a 的取值：对设有中间横向加劲肋的梁，a 取支座端区格的加劲肋间距，如图 4-19（a）中的 a_1；对不设中间横向加劲肋的梁，a 取梁支座至跨内剪力为零点的距离。

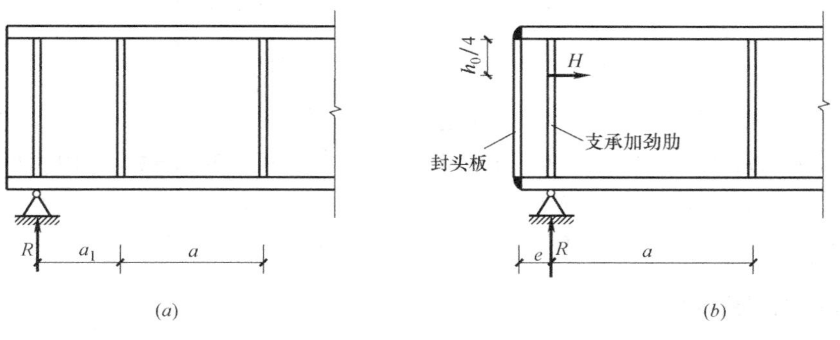

图 4-19　梁端构造

当支座加劲肋在梁最外端加设封头板时，如图 4-19（b）所示，此时可把封头板和支承加劲肋以及其间的梁腹板看作一竖向放置的简支工字梁，此时梁承受弯矩 $M=3Hh_0/$

16，假定此弯矩完全由竖梁的翼缘承受，则计算方法可作如下简化：

① 支承加劲肋按承受支座反力 R 的轴心压杆计算，计算方法同 4.5.1 节。

② 封头板的截面面积不应小于按下式计算的数值，即：

$$A_c=\frac{3h_0H}{16ef} \tag{4-51}$$

式中　e——支座加劲肋与封头板间的距离（mm）；

h_0——梁腹板计算高度（mm）；

f——钢材的抗拉强度设计值（N/mm^2）。

应注意的是，e 值的大小应使此竖梁的腹板截面积能承受由 H 引起的纵向水平剪力 $0.75H$（即 H 作用在竖梁 1/4 跨度处产生的最大水平反力）。

4.6　型钢梁和焊接截面梁的截面设计

梁截面设计的基本思路是：(1) 初选截面尺寸；(2) 对初选截面进行强度、刚度和稳定性的验算。若验算不满足要求，则重新调整截面，直至满足要求。

4.6.1　型钢梁截面设计

以单向弯曲的型钢梁为例，其截面设计的基本思路和步骤如下：

(1) 根据梁受弯强度和整体稳定承载力验算公式估算其所需截面模量 W_x，两者中取大值。

受弯强度需要的截面模量为：

$$W_x\geqslant\frac{M_x}{\gamma_x f} \tag{4-52}$$

整体稳定承载力需要的截面模量为：

$$W_x\geqslant\frac{M_x}{\varphi_b f} \tag{4-53}$$

式 (4-53) 中的整体稳定系数 φ_b 需预先假定。

(2) 根据梁的刚度验算公式估算其所需截面惯性矩 I_x。

以满跨均布荷载作用下的简支梁为例，其满足刚度条件的截面惯性矩 I_x 为：

$$\nu=\frac{5q_kl^4}{384EI_x}\leqslant[\nu]\rightarrow I_x\geqslant\frac{5q_kl^4}{384E[\nu]} \tag{4-54}$$

(3) 根据估算的 W_x、I_x，从型钢表中选择合适的截面。

(4) 考虑梁的自重，对初选截面进行强度、刚度和整体稳定性验算。由于型钢截面的翼缘和腹板厚度较大，局部稳定性均能满足要求，不必验算。

(5) 若验算不满足要求，则重新调整截面，直至验算满足要求。

4.6.2　焊接截面梁截面设计

焊接梁截面常采用的是焊接工字形截面，以单向弯曲梁为例，其截面设计的基本思路和步骤如下：

(1) 确定梁截面高度

可按照下面 3 个条件确定：

① 容许最大高度 h_{max}：由建筑高度控制，须满足建筑使用、生产工艺要求的最小净空值。

② 容许最小高度 h_{min}：由刚度条件确定，要求梁在全部荷载标准值作用下的挠度不大于容许挠度值。

③ 梁的经济高度 h_e：是指满足强度、刚度、稳定性的要求且使用钢量最少的截面高度。目前常采用的经济高度计算公式是：

$$h_e = 7\sqrt[3]{W_x} - 300(\text{mm}) \tag{4-55}$$

式中，W_x按强度或整体稳定性验算公式进行估算，$W_x = \dfrac{M_x}{\gamma_x f}$ $\left(或 W_x = \dfrac{M_x}{\varphi_b f}\right)$。

设计时，一般先按式（4-55）求出 h_e，取腹板高度 $h_w = h_e$，且满足：

$$h_{min} < h_w < h_{max} \tag{4-56}$$

为了便于备料，h_w宜取 50mm 的倍数。

（2）确定梁腹板厚度

腹板厚度一般用经验公式估算：

$$t_w = \frac{\sqrt{h_w}}{3.5}\ (\text{mm}) \tag{4-57}$$

腹板厚度一般取 2mm 的整数倍，一般不宜小于 8mm，当梁跨度较小时，不宜小于 6mm。

（3）确定梁翼缘宽度和厚度

确定翼缘板的尺寸时，可先估算每个翼缘所需的截面积 A_{f1}。

由截面模量得：

$$W_x = \frac{2I_x}{h} = \frac{2}{h}\left[\frac{t_w h_w^3}{12} + 2A_{f1}\left(\frac{h_1}{2}\right)^2\right] \tag{4-58}$$

式中，h 为梁的截面高度；t_w、h_w分别为梁腹板厚度和高度；h_1为梁上下翼缘中心之间的距离；A_{f1}为一个翼缘面积。若近似的取 $h \approx h_w \approx h_1$，由式（4-58）可得所需的一个翼缘面积为：

$$A_{f1} = \frac{W_x}{h_w} - \frac{1}{6}t_w h_w \tag{4-59}$$

翼缘板的宽度 b 常取为截面高度 h 的（1/6～1/2.5）倍，则翼缘板厚度 $t = A_{f1}/b$。一般翼缘板宽度宜取 10mm 的整数倍，厚度取 2mm 的整数倍。

（4）考虑梁的自重，对初选截面进行强度、刚度、整体稳定性和局部稳定性的验算。

（5）若验算不满足要求，则重新调整截面尺寸，直至验算满足要求。

【例 4-1】 附图 7-2 所示钢平台结构次梁，与主梁铰接，承受均布荷载设计值 p = 15kN/m（已包括梁自重，其中均布活荷载标准值 q_k = 8kN/m，均布恒载标准值 g_k = 2.31kN/m），计算简图如图 4-20 所示。均布荷载作用于梁的上翼缘，梁跨中无侧向支承点，若次梁采用热轧普通工字钢Ⅰ28b，Q235 钢材，不允许发生局部失稳，请验算该次梁截面是否满足要求。

【解】 查附表 2-1 得：$A = 61\text{cm}^2$，$I_x = 7481\text{cm}^4$，$I_y = 364\text{cm}^4$，$W_x = 534\text{cm}^3$，t_w = 10.5mm，t=13.7mm，R=10.5mm，h=280mm，b'=124mm（翼缘宽度），I_x/S_x=24cm。

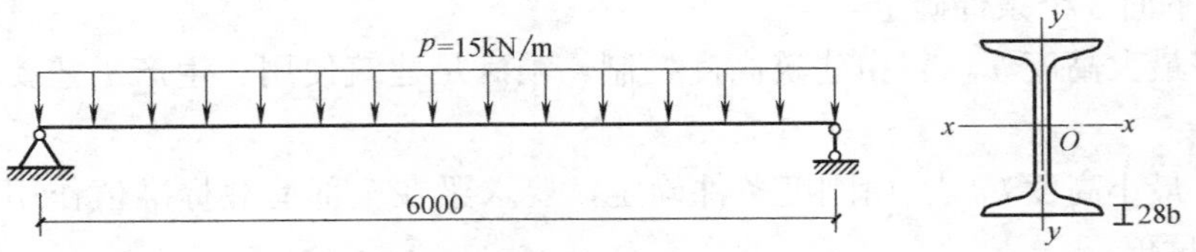

图 4-20　例 4-1 图

① 内力计算

荷载作用下最大弯矩和最大剪力设计值为：

$$V_{max}=\frac{15\times 6}{2}=45\text{kN}$$

$$M_{max}=\frac{15\times 6^2}{8}=67.5\text{kN}\cdot\text{m}$$

② 由附表 6-1 判断截面板件宽厚比等级

翼缘外伸宽度和厚度的比值：

$$\frac{b}{t}=\frac{(124-10.5)/2-10.5}{13.7}=3.38<9\varepsilon_k=9\sqrt{235/f_y}=9$$

腹板计算高度和厚度的比值：

$$\frac{h_0}{t_w}=\frac{(280-2\times 13.7-2\times 10.5)}{10.5}=22.06<65\varepsilon_k=65\sqrt{235/f_y}=65$$

根据附表 6-1，次梁截面板件宽厚比等级为 S1 级。

③ 受弯强度验算

对工字形截面，当截面板件宽厚比等级为 S1 级，取 $\gamma_x=1.05$、$\gamma_y=1.2$。计算截面无孔洞削弱，$W_{nx}=W_x=5.34\times 10^5\text{mm}^3$。

按式（4-3）验算受弯强度：

$$\frac{M_x}{\gamma_x W_{nx}}=\frac{67.5\times 10^6}{1.05\times 5.34\times 10^5}=120.39\text{N/mm}^2<f=215\text{N/mm}^2$$

受弯强度满足要求。

④ 受剪强度验算

由型钢表查得 $I_x/S_x=24\text{cm}$、$I_x=7481\text{cm}^4$，则 x 轴以上或以下截面对 x 轴的面积矩 S_x 为：

$$S_x=\frac{I_x}{24}=\frac{7481}{24}=311.71\text{cm}^3=3.12\times 10^5\text{mm}^3$$

按式（4-5）验算受剪强度：

$$\frac{VS}{It_w}=\frac{45\times 10^3\times 3.12\times 10^5}{7.481\times 10^7\times 10.5}=17.88\text{N/mm}^2<f_v=125\text{N/mm}^2$$

受剪强度满足要求。型钢梁因腹板较厚，其受剪强度一般都能满足要求，当计算截面无削弱时可不验算。

⑤ 整体稳定性验算

对轧制普通工字钢简支梁，由表 4-6 确定整体稳定系数 φ_b：对于 I 28b 工字钢截面，当均布荷载作用于上翼缘，自由长度 $l_1=6\text{m}$，则 $\varphi_b=0.6$。

按式（4-20）验算整体稳定性：

$$\frac{M_x}{\varphi_b W_x f}=\frac{67.5\times10^6}{0.6\times5.34\times10^5\times215}=0.98<1.0$$

整体稳定性满足要求。

⑥ 刚度验算

由表 4-3 得永久荷载和可变荷载标准值作用下挠度容许值：

$$[\nu_T]=l/250=6000/250=24\text{mm}$$

可变荷载标准值作用下挠度容许值：

$$[\nu_Q]=l/300=6000/300=20\text{mm}$$

次梁在永久荷载和可变荷载标准值作用下的挠度验算：

$$\nu_T=\frac{5p_k l^4}{384EI}=\frac{5\times(8+2.31)\times6000^4}{384\times2.06\times10^5\times7.481\times10^7}=11.29\text{mm}<[\nu_T]=24\text{mm}$$

次梁在可变荷载标准值作用下的挠度验算：

$$\nu_Q=\frac{5q_k l^4}{384EI}=\frac{5\times8\times6000^4}{384\times2.06\times10^5\times7.481\times10^7}=8.76\text{mm}<[\nu_Q]=20\text{mm}$$

刚度满足要求。

即该次梁采用热轧工字钢Ⅰ28b 满足要求。

【例 4-2】 附图 7-2 所示钢平台结构主梁，与柱铰接，承受集中荷载设计值 $P=91.2\text{kN}$（包括梁自重，其中集中活荷载标准值 $Q_k=48\text{kN}$，集中恒载标准值 $G_k=14.77\text{kN}$），计算简图如图 4-21 所示。该平台次梁间距 2m，若该主梁截面采用焊接工字形截面Ⅰ400×200×6×12，Q235 钢材，不允许发生局部失稳，请验算该主梁截面是否满足要求。

【解】 ① 内力计算

荷载作用下最大弯矩和最大剪力设计值为：$V_{max}=91.2\text{kN}$，$M_{max}=182.4\text{kN}\cdot\text{m}$。

② 截面参数计算

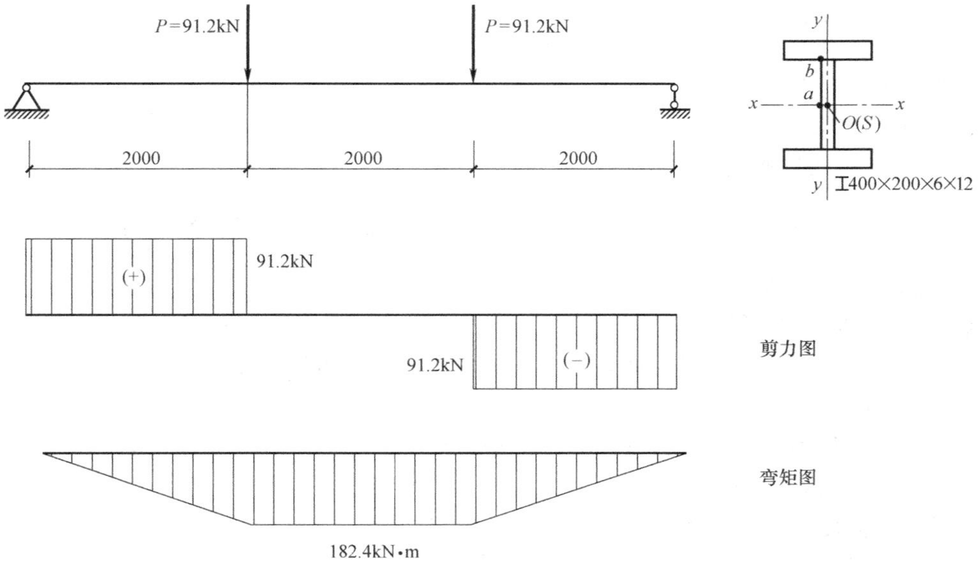

图 4-21 例 4-2 图

$$A=200\times12\times2+376\times6=7056\text{mm}^2$$

$$I_x=\frac{200\times400^3}{12}-\frac{194\times376^3}{12}=2.07\times10^8\text{mm}^4$$

$$I_y=\frac{12\times200^3}{12}\times2+\frac{376\times6^3}{12}=1.6\times10^7\text{mm}^4$$

$$i_x=\sqrt{\frac{I_x}{A}}=\sqrt{\frac{2.07\times10^8}{7056}}=171.28\text{mm}$$

$$i_y=\sqrt{\frac{I_y}{A}}=\sqrt{\frac{1.6\times10^7}{7056}}=47.62\text{mm}$$

$$W_x=\frac{I_x}{y_{\max}}=\frac{2.07\times10^8}{200}=1.04\times10^6\text{mm}^3$$

$$S_a=200\times12\times194+188\times6\times94=5.72\times10^5\text{mm}^3$$

$$S_b=200\times12\times194=4.66\times10^5\text{mm}^3$$

③ 由附表 6-1 判断截面板件宽厚比等级

翼缘外伸宽度和厚度的比值：

$$\frac{b}{t}=\frac{(200-6)/2}{12}=8.08<9\varepsilon_k=9\sqrt{235/f_y}=9$$

腹板计算高度和厚度的比值：

$$\frac{h_0}{t_w}=\frac{(400-2\times12)}{6}=62.67<65\varepsilon_k=65\sqrt{235/f_y}=65$$

由附表 6-1 可判断主梁截面板件宽厚比等级为 S1 级。

④ 受弯强度验算

对工字形截面，当截面板件宽厚比等级为 S1 级，取 $\gamma_x=1.05$、$\gamma_y=1.2$。计算截面无孔洞削弱，$W_{nx}=W_x=1.04\times10^6\text{mm}^3$。

按式（4-3）验算受弯强度：

$$\frac{M_x}{\gamma_x W_{nx}}=\frac{182.4\times10^6}{1.05\times1.04\times10^6}=167.03\text{N/mm}^2<f=215\text{N/mm}^2$$

受弯强度满足要求。

⑤ 受剪强度验算

按式（4-5）验算受剪强度：

$$\tau=\frac{VS_a}{I_x t_w}=\frac{91.2\times10^3\times5.72\times10^5}{2.07\times10^8\times6}=42\text{N/mm}^2<f_v=125\text{N/mm}^2$$

受剪强度满足要求。

⑥ 局部承压强度验算

构造上考虑次梁连在主梁侧面，故此处不需验算局部承压强度。

⑦ 折算应力验算

在集中荷载作用截面的腹板计算高度上边缘或下边缘处，同时有较大的正应力和剪应力，故应验算其折算应力。

腹板计算高度上边缘处正应力：

$$\sigma=\frac{M_x}{I_n}y_1=\frac{182.4\times10^6}{2.07\times10^8}\times188=165.66\text{N/mm}^2$$

腹板计算高度上边缘处剪应力：

$$\tau=\frac{VS_{\mathrm{b}}}{I_{\mathrm{x}}t_{\mathrm{w}}}=\frac{91.2\times10^{3}\times4.66\times10^{5}}{2.07\times10^{8}\times6}=34.22\mathrm{N/mm^2}$$

按式（4-8）验算折算应力：

$$\sqrt{\sigma^2+3\tau^2}=\sqrt{165.66^2+3\times34.22^2}=175.94\mathrm{N/mm^2}$$

$$\beta_1 f=1.1\times215=236.5\mathrm{N/mm^2}>175.94\mathrm{N/mm^2}$$

折算应力满足要求。

⑧ 整体稳定性验算

考虑次梁作为主梁的侧向支承，主梁受压翼缘自由长度 $l_1=2\mathrm{m}$。

对焊接工字形等截面简支梁，按式（4-22a）计算整体稳定系数 φ_{b}。由表 4-5 查得系数 $\beta_{\mathrm{b}}=1.20$，$\lambda_{\mathrm{y}}=\dfrac{l_1}{i_{\mathrm{y}}}=\dfrac{2000}{47.62}=42.0$，双轴对称截面 $\eta_{\mathrm{b}}=0$，则：

$$\varphi_{\mathrm{b}}=\beta_{\mathrm{b}}\frac{4320}{\lambda_{\mathrm{y}}^2}\cdot\frac{Ah}{W_{\mathrm{x}}}\left[\sqrt{1+\left(\frac{\lambda_{\mathrm{y}}t_1}{4.4h}\right)^2}+\eta_{\mathrm{b}}\right]\frac{235}{f_{\mathrm{y}}}$$

$$=1.2\times\frac{4320}{42^2}\times\frac{7056\times400}{1.04\times10^6}\times\left[\sqrt{1+\left(\frac{42\times12}{4.4\times400}\right)^2}+0\right]\times\frac{235}{235}=8.29>0.6$$

由式（4-23）计算 φ_{b}'：

$$\varphi_{\mathrm{b}}'=1.07-\frac{0.282}{\varphi_{\mathrm{b}}}=1.07-\frac{0.282}{8.29}=1.04>1.0$$

取 $\varphi_{\mathrm{b}}'=1.0$，按式（4-20）验算整体稳定性：

$$\frac{M_{\mathrm{x}}}{\varphi_{\mathrm{b}}W_{\mathrm{x}}f}=\frac{182.4\times10^6}{1.0\times1.04\times10^6\times215}=0.82<1.0$$

整体稳定性满足要求。

⑨ 梁腹板局部稳定性验算

腹板高厚比 $h_0/t_{\mathrm{w}}=(400-2\times12)/6=62.67<80\sqrt{235/f_{\mathrm{y}}}=80$，且无局部压应力，该主梁可不配置腹板加劲肋。

⑩ 刚度验算

由表 4-3 查得永久荷载和可变荷载标准值作用下挠度容许值：

$$[\nu_{\mathrm{T}}]=\frac{l}{400}=\frac{6000}{400}=15\mathrm{mm}$$

可变荷载标准值作用下挠度容许值：

$$[\nu_{\mathrm{Q}}]=\frac{l}{500}=\frac{6000}{500}=12\mathrm{mm}$$

主梁在永久荷载和可变荷载标准值作用下的挠度验算：

$$\nu_{\mathrm{T}}=\frac{P_{\mathrm{k}}l^3}{28EI}=\frac{(48+14.77)\times10^3\times6000^3}{28\times2.06\times10^5\times2.07\times10^8}=11.36\mathrm{mm}<[\nu_{\mathrm{T}}]=15\mathrm{mm}$$

主梁在可变荷载标准值作用下的挠度验算：

$$\nu_{\mathrm{Q}}=\frac{Q_{\mathrm{k}}l^3}{28EI}=\frac{48\times10^3\times6000^3}{28\times2.06\times10^5\times2.07\times10^8}=8.68\mathrm{mm}<[\nu_{\mathrm{Q}}]=12\mathrm{mm}$$

刚度满足要求。

即该主梁采用焊接工字形截面 I 400×200×6×12 满足要求。

复习思考题

4-1　梁的强度验算包括哪些内容？

4-2　提高梁的强度、整体稳定性和刚度的措施有哪些？

4-3　在梁的抗弯强度计算公式中引入截面塑性发展系数的意义是什么？

4-4　在哪些情况下可以不验算梁的整体稳定性？

4-5　什么叫支承加劲肋？其计算内容包括哪些？

4-6　简述梁腹板加劲肋的配置原则。

4-7　如图 4-22 所示某工作平台次梁，承受均布荷载设计值 $p=50\text{kN/m}$（已包括梁自重），其中恒载标准值 $g_k=10.19\text{kN/m}$，可变荷载标准值 $q_k=24.5\text{kN/m}$。采用热轧普通工字钢 I40a，梁两端简支，跨度 $l=6\text{m}$，荷载作用于上翼缘，跨中无侧向支承点，钢材 Q235，不允许发生局部失稳，请验算该次梁截面是否安全。

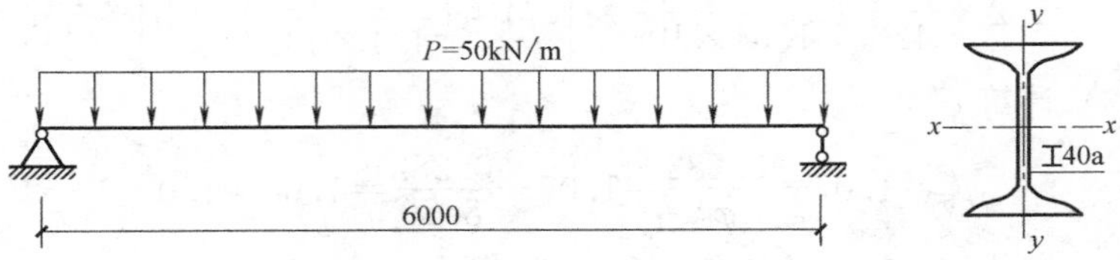

图 4-22　复习思考题 4-7 图

4-8　某焊接工字形截面简支梁，截面为 I1232×400×10×16，跨度 $l=12\text{m}$。跨中上翼缘作用一集中荷载设计值 $P=350\text{kN}$，其中可变荷载标准值 $G_k=164\text{kN}$，恒载标准值 $G_k=80\text{kN}$。集中荷载作用处均设置支承加劲肋，钢材采用 Q235，不允许发生局部失稳，请验算该梁强度、刚度和整体稳定性是否满足要求（不考虑梁自重）。

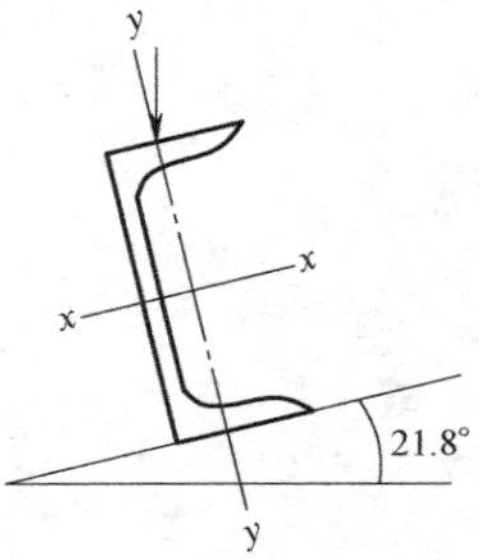

图 4-23　复习思考题 4-9 图

4-9　某两端简支热轧槽钢檩条，跨度 $l=6\text{m}$，跨中设置拉条一道，檩条承受均布恒载标准值 $g_k=0.6\text{kN/m}$（已包含檩条自重），可变荷载标准值 $q_k=0.4\text{kN/m}$。若檩条采用 [10，钢材 Q235，屋面坡度 21.8°，如图 4-23 所示，屋面体系能保证檩条的整体稳定性。请验算其强度和挠度是否满足要求（容许挠度 $[\nu_T]=l/200$）。

4-10　如图 4-24 所示简支梁，上翼缘作用均布恒载标准值 $g_k=10\text{kN/m}$（不包括梁自重），可变荷载标准值 $q_k=25\text{kN/m}$，梁跨度 $l=6\text{m}$，钢材 Q235 钢，若该梁采用热轧工字钢截面，跨中无侧向支承点，不允许发生局部失稳，请设计梁截面。

4-11　已知条件同复习思考题 4-10，若该梁采用焊接工字形截面，请设计梁截面。

4-12　某简支梁跨度 $l=9\text{m}$，跨中无侧向支承点，承受均布荷载作用（作用于梁上翼缘），钢材为 Q235，不允许发生局部失稳，若分别采用图 4-25 所示两种截面，其截面面

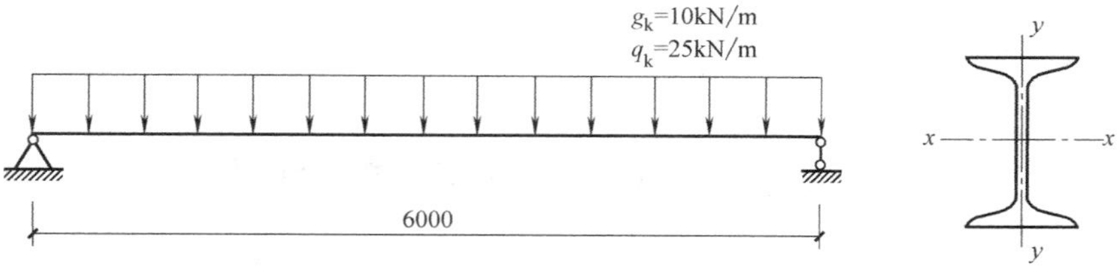

图 4-24　复习思考题 4-10 图

积基本相同，试比较哪个截面的稳定性更好。

4-13　如图 4-26 所示两端简支的焊接工字形截面梁，距支座 2.5m 处作用集中荷载设计值 $F=400$kN。集中荷载作用于梁的上翼缘，且沿梁跨度方向的支承长度 $a=150$mm，钢材为 Q235，不允许发生局部失稳，试对此梁进行强度验算并指明计算位置（需考虑梁自重，$\gamma_G=1.3$）。

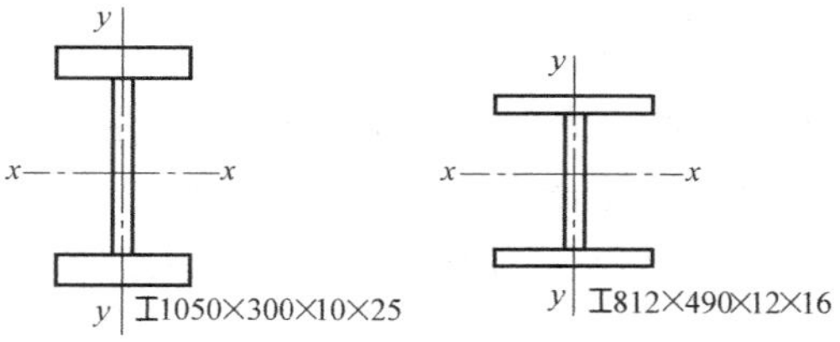

图 4-25　复习思考题 4-12 图

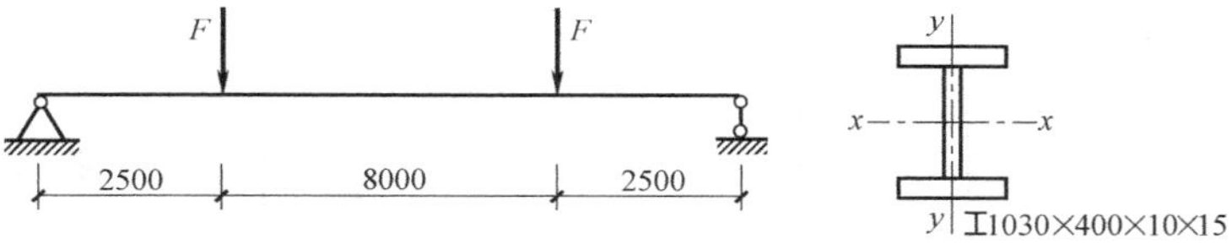

图 4-26　复习思考题 4-13 图

4-14　如图 4-27 所示两端简支的焊接工字形截面梁，跨度 15m，跨中有一侧向支承，且跨中作用一集中荷载设计值 $P=180$kN，钢材为 Q235，不允许发生局部失稳，试验算该梁整体稳定性是否满足要求（需考虑梁自重，$\gamma_G=1.3$）。

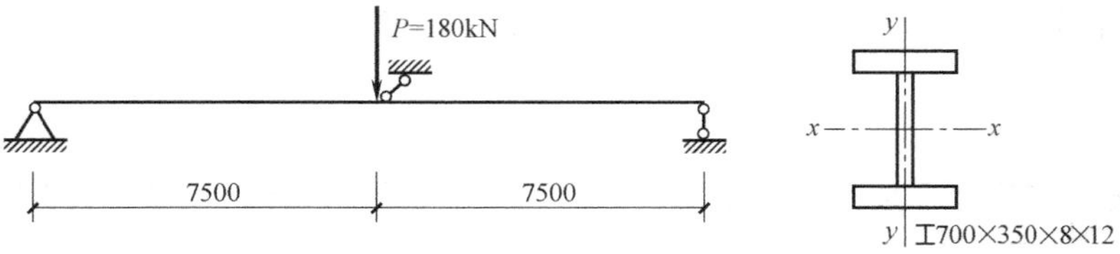

图 4-27　复习思考题 4-14 图

第 5 章　拉弯和压弯构件

5.1　概　　述

荷载作用下内力以轴向拉力和弯矩为主的构件称为拉弯构件，内力以轴向压力和弯矩为主的构件称为压弯构件。弯矩可能由偏心轴向力、端弯矩或横向荷载等作用产生。当弯矩作用在构件截面一个主轴平面内时称为单向压弯构件（图 5-1）或单向拉弯构件（图 5-2），当弯矩作用在构件两个主轴平面内时称为双向压弯（或拉弯）构件。

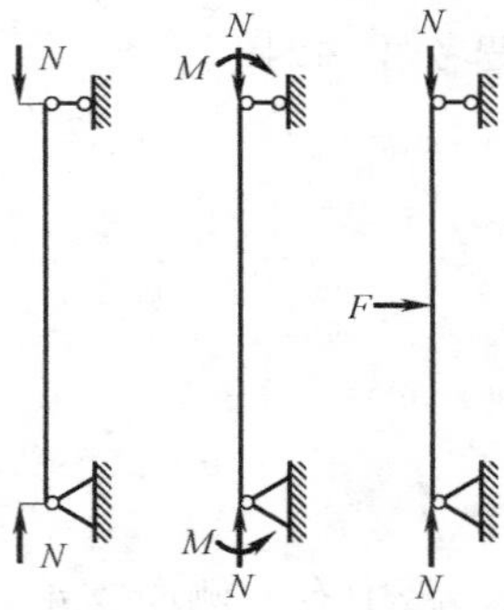

图 5-1　单向压弯构件

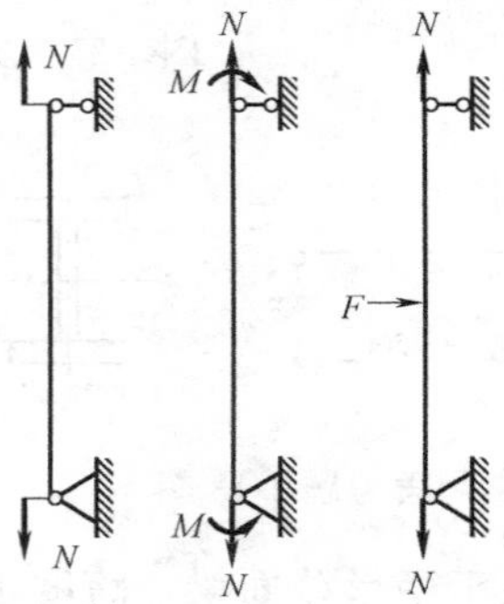

图 5-2　单向拉弯构件

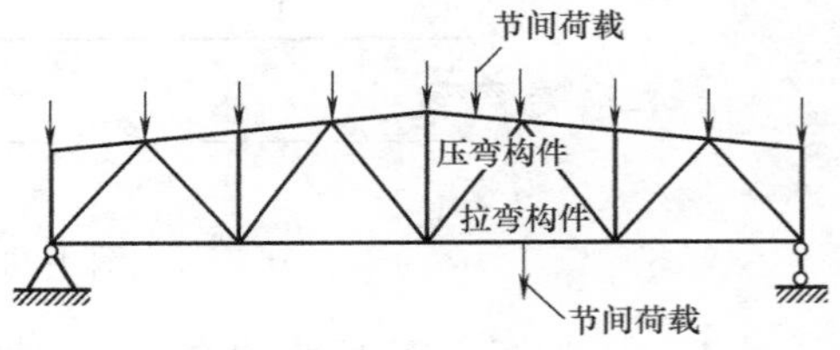

图 5-3　桁架中的拉弯和压弯构件

承受节间荷载的桁架上弦杆（图 5-3）、单层厂房的框架柱（图 5-4）、多层框架柱（图 5-5）和高层房屋框架柱等是常见的压弯构件，承受节间荷载的桁架下弦杆是常见的拉弯构件。

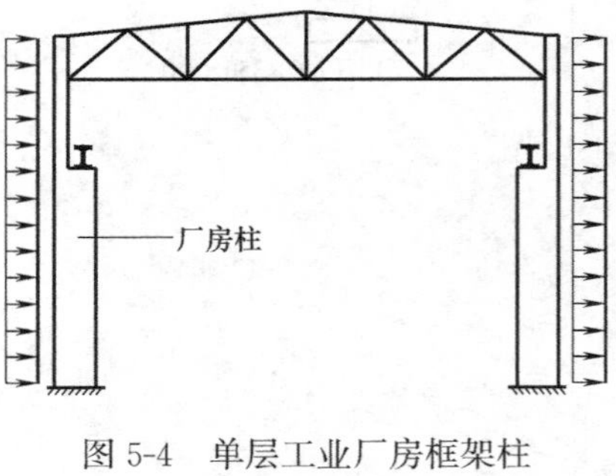

图 5-4　单层工业厂房框架柱

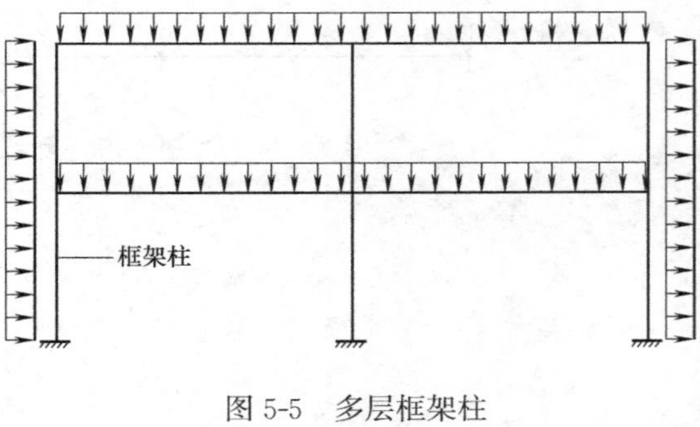

图 5-5　多层框架柱

与轴心受力构件一样，拉弯和压弯构件也可按其截面形式分为实腹式构件和格构式构件两种。当受力较小时，可选用热轧型钢或冷弯薄壁型钢截面，如图 5-6（a）所示；当受力较大时，可选用钢板焊接组合截面或型钢与型钢、型钢与钢板的组合截面，如图 5-6

（b）所示；当构件计算长度较大且受力较大时，常采用格构式截面，如图 5-6（c）所示。图 5-6 中对称截面一般适用于所受弯矩值不大或正负弯矩值相差不大的情况，当所受弯矩值较大时宜采用在弯矩作用平面内截面高度较大的双轴对称截面，或采用截面一侧翼缘加大的单轴对称截面。对于格构式构件，通常使弯矩绕虚轴作用，以便根据弯矩的大小灵活调整分肢间距。此外，也可根据受力情况使构件截面沿轴线变化，如图 5-7 所示工业建筑中的阶形柱。

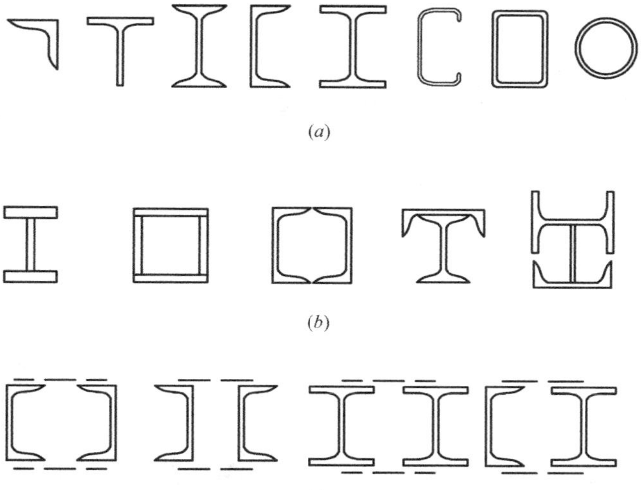

图 5-6　拉弯、压弯构件截面形式

（a）实腹式型钢截面；（b）实腹式组合截面；（c）格构式截面

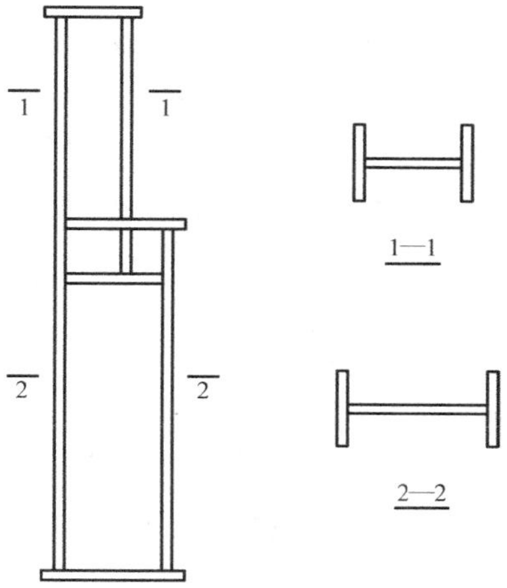

图 5-7　变截面阶形柱

对拉弯构件进行设计时，一般需要计算其强度和刚度。对压弯构件进行设计时，一般需验算强度、刚度、整体稳定性和局部稳定性。拉弯构件和压弯构件的刚度计算与轴心受力构件相同，均是验算构件的长细比。压弯构件的容许长细比与轴心受压构件相同，见表 3-2，拉弯构件的容许长细比与轴心受拉构件相同，见表 3-3。

5.2　拉弯和压弯构件强度计算

考虑钢材的塑性性能，拉弯和压弯构件是以截面出现塑性铰作为强度极限状态。以双轴对称工字型截面拉弯构件为例，构件在轴心拉力 N 和绕主轴 x 轴弯矩 M_x 共同作用下，截面上应力的发展过程如图 5-8 所示。

假设轴向力不变而弯矩不断增加，截面上应力发展经历四个阶段：①边缘纤维的最大应力达到屈服点 f_y，如图 5-8（a）所示；②最大应力一侧塑性部分深入截面，如图 5-8（b）所示；③两侧均有部分塑性深入截面，如图 5-8（c）所示；④全截面进入塑性，如图 5-8（d）所示，此时构件达到承载能力的极限状态。

如图 5-8（d）所示为全截面进入塑性的应力图形，将应力图分解为与 M_x 和 N 相平衡的两部分，由平衡条件得：

$$N=(1-2\eta)A_w f_y \tag{5-1a}$$

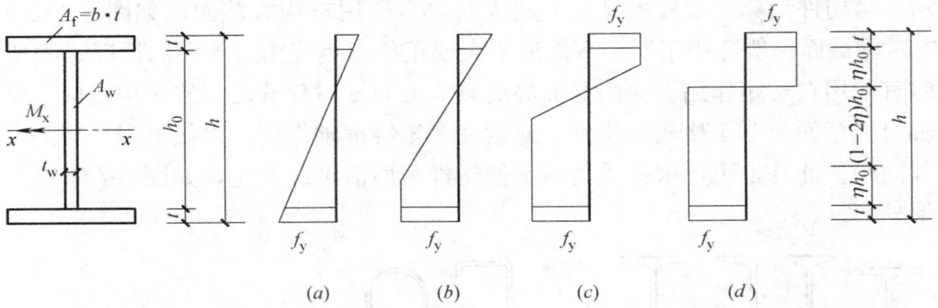

图 5-8　工字形截面拉弯构件截面应力的发展过程

$$M_x=[(h_0+t)A_f+\eta(1-\eta)h_0A_w]f_y \tag{5-1b}$$

消去以上两式中的 η，得：

$$M_x=\left[(h_0+t)A_f+\frac{1}{4}h_0A_w\left(1-\frac{N^2}{A_w^2f_y^2}\right)\right]f_y \tag{5-2}$$

当截面完全达到受拉屈服时：

$$N_p=Af_y \tag{5-3a}$$

当截面完全受弯而屈服时：

$$M_{px}=\left[A_f(h_0+t)+\frac{1}{4}A_wh_0\right]f_y=\frac{N_p}{\xi}\left[p(h_0+t)+\frac{h_0}{4}\right]=W_{px}f_y \tag{5-3b}$$

令 $A_f/A_w=p$，则 $A=A_w(1+2p)=\xi A_w$，代入式（5-2）得：

$$\frac{M_x}{M_{px}}+\frac{\xi^2h_0}{4p(h_0+t)+h_0}\left(\frac{N}{N_p}\right)^2=1 \tag{5-4}$$

若设 $\alpha=A_w/2A_f$，$\beta=t/h_0$，则式（5-4）可写为：

$$\frac{M_x}{M_{px}}+\frac{(1+\alpha)^2}{\alpha[2(1+\beta)+\alpha]}\left(\frac{N}{N_p}\right)^2=1 \tag{5-5a}$$

若中和轴在翼缘内，同理可得：

$$\frac{N}{N_p}+\frac{2+\alpha+\beta}{\alpha[2(1+\alpha)+(1+2\beta)]}\left(\frac{M_x}{M_{px}}\right)=1 \tag{5-5b}$$

当弯矩绕弱轴作用时，或中和轴在腹板内：

$$\frac{M_y}{M_{py}}+\frac{\alpha(1+\alpha)^2}{1+2\alpha^2\beta}\left(\frac{N}{N_p}\right)^2=1 \tag{5-6a}$$

或中和轴在翼缘内时：

$$\frac{1}{1-\alpha}\left(\frac{N}{N_p}\right)^2+\frac{2\alpha}{1-\alpha}\frac{N}{N_p}+\frac{1-2\alpha^2\beta}{1-\alpha^2}\frac{M_y}{M_{py}}=1 \tag{5-6b}$$

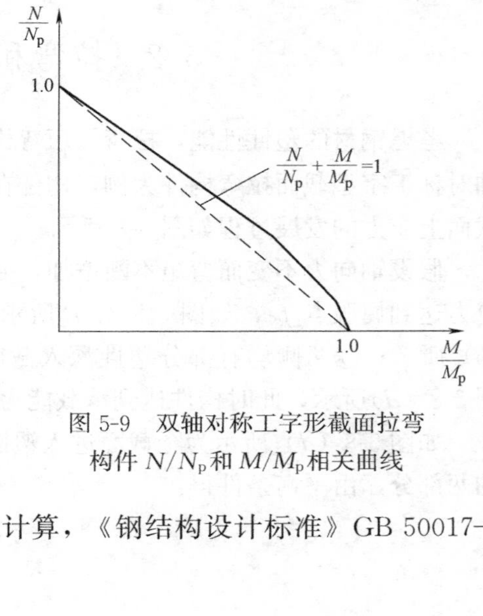

图 5-9　双轴对称工字形截面拉弯构件 N/N_p 和 M/M_p 相关曲线

图 5-9 中的实线即为双轴对称工字形截面拉弯构件在弯矩绕强轴作用时达到承载能力极限状态时的 N/N_p 和 M/M_p 的相关曲线，对于弯矩绕弱轴作用时的情况也是一样。在设计中为了简化计算，《钢结构设计标准》GB 50017—

2017 采用了直线式相关公式，即用图 5-9 中的斜直线（虚线）代替曲线，即：

$$\frac{N}{N_p}+\frac{M}{M_p}=1 \tag{5-7}$$

考虑塑性部分发展，令 $N_p=A_n f_y$，$M_p=\gamma W_n f_y$，再引入抗力分项系数，则得《钢结构设计标准》GB 50017—2017 规定的拉弯和压弯构件（圆管截面除外）强度计算公式：

单向拉弯、压弯构件：

$$\frac{N}{A_n}\pm\frac{M_x}{\gamma_x W_{nx}}\leqslant f \tag{5-8a}$$

双向拉弯、压弯构件：

$$\frac{N}{A_n}\pm\frac{M_x}{\gamma_x W_{nx}}\pm\frac{M_y}{\gamma_y W_{ny}}\leqslant f \tag{5-8b}$$

式中 N、M_x、M_y——分别为同一截面处的轴向力设计值（N）、对 x 轴和 y 轴的弯矩设计值（N·mm）；

A_n——构件验算截面净截面面积（mm^2）；

W_{nx}、W_{ny}——构件验算截面对 x 轴和 y 轴的净截面模量（mm^3）；

γ_x、γ_y——截面塑性发展系数，根据附表 6-1 确定的构件截面板件宽厚比等级确定：当截面板件宽厚比等级为 S4、S5 级时，取 $\gamma_x=\gamma_y=1.0$；当截面板件宽厚比等级为 S1、S2、S3 级时，按表 4-2 采用；对需要计算疲劳强度的拉、压弯构件，宜取 $\gamma_x=\gamma_y=1.0$。

弯矩作用在两个主平面内的圆管截面拉弯构件和压弯构件，其截面强度按下式计算：

$$\frac{N}{A_n}\pm\frac{\sqrt{M_x^2+M_y^2}}{\gamma_m W_n}\leqslant f \tag{5-8c}$$

式中 W_n——构件的净截面模量（mm^3）；

γ_m——圆形构件的截面塑性发展系数。对于实腹圆形截面取 $\gamma_m=1.2$；对于圆管截面，当截面板件宽厚比等级为 S4、S5 级时，取 $\gamma_m=1.0$；当截面板件宽厚比等级为 S1、S2、S3 级时，取 $\gamma_m=1.15$；对需要计算疲劳强度的拉、压弯构件，宜取 $\gamma_m=1.0$。

5.3 实腹式压弯构件整体稳定性计算

压弯构件的截面尺寸通常不是由强度而是由稳定承载力确定的。压弯构件可能在弯矩作用平面内失稳，也可能在弯矩作用平面外失稳，所以，压弯构件应分别计算弯矩作用平面内和弯矩作用平面外的整体稳定性。

5.3.1 弯矩作用平面内的整体稳定

确定压弯构件弯矩作用平面内极限承载力的方法主要有：①边缘屈服准则的计算方法，即以构件截面应力最大的边缘纤维开始屈服时的荷载作为其稳定承载力；②最大强度准则，即以具有各种初始缺陷（初弯曲、初偏心等）的构件作为模型，容许截面发展塑性（考虑受压最大边缘纤维刚屈服时构件尚有较大的强度储备），求解其极限承载力。不论用哪一种方法计算，都需要考虑残余应力、初弯曲、不同的截面形状和尺寸等因素的影响，过程都是很复杂的。《钢结构设计标准》GB 50017—2017 规定弯矩作用在对称轴平面（绕 x 轴）的实腹式压弯构件

(圆管截面除外)，在弯矩作用平面内的整体稳定承载力计算公式为：

$$\frac{N}{\varphi_x A f}+\frac{\beta_{mx} M_x}{\gamma_x W_{1x}\left(1-0.8\frac{N}{N'_{Ex}}\right)f}\leqslant 1.0 \tag{5-9}$$

式中 N——所计算构件段范围内轴心压力设计值（N）；

M_x——所计算构件段范围内的最大弯矩设计值（N·mm）；

φ_x——弯矩作用平面内轴心受压构件稳定系数；

W_{1x}——弯矩作用平面内对受压最大纤维的毛截面模量（mm^3）；

γ_x——与 W_{1x} 相应的截面塑性发展系数；

N'_{Ex}——参数，$N'_{Ex}=\frac{\pi^2 EA}{1.1\lambda_x^2}$；

β_{mx}——等效弯矩系数。

等效弯矩系数 β_{mx} 按下列规定取值：

(1) 无侧移框架柱和两端支承的构件

① 无横向荷载作用时，取 $\beta_{mx}=0.6+0.4M_2/M_1$，$M_1$ 和 M_2 为端弯矩，使构件产生同向曲率（无反弯点）时取同号；使构件产生反向曲率（有反弯点）时取异号，$|M_1|\geqslant|M_2|$；

② 无端弯矩但有横向荷载作用时：

跨中单个集中荷载 $\beta_{mx}=1-0.36N/N_{cr}$ (5-10a)

全跨均布荷载 $\beta_{mx}=1-0.18N/N_{cr}$ (5-10b)

式中，N_{cr} 为弹性临界力（N），$N_{cr}=\frac{\pi^2 EI}{(\mu l)^2}$，$\mu$ 为构件的计算长度系数，按《钢结构设计标准》GB 50017—2017 第 8.3 节相关规定计算。

③ 有端弯矩和横向荷载同时作用时，用 $\beta_{mqx}M_{qx}+\beta_{m1x}M_1$ 替换式（5-9）的 $\beta_{mx}M_x$，即取上述第①项和第②项等效弯矩的代数和进行整体稳定的计算。其中 M_{qx} 为横向荷载产生的弯矩最大值；M_1 为端弯矩中绝对值较大者；β_{m1x} 为按上述第①项计算的等效弯矩系数；β_{mqx} 为按上述第②项计算的等效弯矩系数。

(2) 有侧移框架柱和悬臂构件

① 有横向荷载的柱脚铰接的单层框架柱和多层框架的底层柱，$\beta_{mx}=1.0$；

② 除第①项规定之外的框架柱，$\beta_{mx}=1-0.36N/N_{cr}$；

③ 自由端作用有弯矩的悬臂柱，$\beta_{mx}=1-0.36(1-m)N/N_{cr}$，式中，$m$ 为自由端弯矩与固定端弯矩之比，当弯矩图无反弯点时取正号，有反弯点时取负号。

对于 T 形等单轴对称截面压弯构件，当弯矩作用在对称轴平面内且使较大翼缘受压时，考虑到截面的受拉侧可能先于受压侧屈服，故除了按式（5-9）计算外，还应按下式对受拉一侧进行验算：

$$\left|\frac{N}{Af}-\frac{\beta_{mx} M_x}{\gamma_x W_{2x}\left(1-1.25\frac{N}{N'_{Ex}}\right)f}\right|\leqslant 1.0 \tag{5-11}$$

式中 W_{2x}——弯矩作用下受拉一侧最外纤维的毛截面模量（mm^3）；

γ_x——与 W_{2x} 相应的截面塑性发展系数。

5.3.2 弯矩作用平面外的整体稳定

开口薄壁截面压弯构件的抗扭刚度及弯矩作用平面外的抗弯刚度通常较小，当构件在弯矩作用平面外没有足够的支撑以阻止其产生侧向位移和扭转时，构件可能发生弯扭屈曲而破坏，这种弯扭屈曲又称为压弯构件弯矩作用平面外的整体失稳。《钢结构设计标准》GB 50017—2017 规定弯矩作用在对称轴平面（绕 x 轴）的实腹式压弯构件（圆管截面除外），其在弯矩作用平面外的整体稳定承载力计算公式为：

$$\frac{N}{\varphi_y A f}+\eta\frac{\beta_{tx}M_x}{\varphi_b W_{1x} f}\leqslant 1.0 \tag{5-12}$$

式中 φ_y——弯矩作用平面外的轴心受压构件稳定系数；

φ_b——均匀弯曲的受弯构件的整体稳定系数，按 4.4.3 节相关规定计算；其中工字形（H 形）和 T 形截面的非悬臂构件，可按 4.4.3 节第（3）条的规定计算；对闭口截面，$\varphi_b=1.0$；

η——截面影响系数，闭口截面 $\eta=0.7$，其他截面 $\eta=1.0$；

β_{tx}——等效弯矩系数。

等效弯矩系数 β_{tx} 按下列规定采用：

（1）在弯矩作用平面外有支承的构件，应根据计算构件段的荷载和内力情况确定：

① 无横向荷载作用时：取 $\beta_{tx}=0.65+0.35M_2/M_1$。

② 端弯矩和横向荷载同时作用时：使构件产生同向曲率，$\beta_{tx}=1.0$；使构件产生反向曲率，$\beta_{tx}=0.85$。

③ 无端弯矩但有横向荷载作用时：$\beta_{tx}=1.0$。

（2）弯矩作用平面外为悬臂的构件，$\beta_{tx}=1.0$。

5.3.3 双向弯曲实腹式压弯构件的整体稳定

前面所述的压弯构件，弯矩仅作用在构件的一个主轴平面内，为单向弯曲压弯构件。弯矩作用在两个主轴平面内的双向弯曲压弯构件，在实际工程中较少见，《钢结构设计标准》GB 50017—2017 仅规定了双轴对称截面压弯构件的计算方法。

对双轴对称实腹式工字形（含 H 形）和箱形截面的压弯构件，当弯矩作用在两个主轴平面内时，其整体稳定性应按下列公式计算：

$$\frac{N}{\varphi_x A f}+\frac{\beta_{mx}M_x}{\gamma_x W_x\left(1-0.8\frac{N}{N'_{Ex}}\right)f}+\eta\frac{\beta_{ty}M_y}{\varphi_{by}W_y f}\leqslant 1.0 \tag{5-13}$$

$$\frac{N}{\varphi_y A f}+\eta\frac{\beta_{tx}M_x}{\varphi_{bx}W_x f}+\frac{\beta_{my}M_y}{\gamma_y W_y\left(1-0.8\frac{N}{N'_{Ey}}\right)f}\leqslant 1.0 \tag{5-14}$$

式中 φ_x、φ_y——分别为对强轴 x-x 和弱轴 y-y 的轴心受压构件稳定系数；

φ_{bx}、φ_{by}——均匀弯曲的受弯构件整体稳定系数，按 4.4.3 节相关规定计算；其中工字形（H 形）截面的非悬臂构件的 φ_{bx}，可按 4.4.3 节第（3）条的规定计算；对闭口截面，$\varphi_{bx}=\varphi_{by}=1.0$；

M_x、M_y——分别为所计算构件段范围内对强轴 x-x 和弱轴 y-y 的最大弯矩设计值（N·mm）；

N'_{Ex}、N'_{Ey}——参数，$N'_{Ex}=\dfrac{\pi^2 EA}{1.1\lambda_x^2}$，$N'_{Ey}=\dfrac{\pi^2 EA}{1.1\lambda_y^2}$；

β_{mx}、β_{my}——等效弯矩系数，按 5.3.1 节弯矩作用平面内稳定性计算相关规定采用；

β_{tx}、β_{ty}——等效弯矩系数，按 5.3.2 节弯矩作用平面外稳定性计算相关规定采用。

5.4 实腹式压弯构件局部稳定性计算

对于实腹式压弯构件当要求不出现局部失稳时，为了保证压弯构件板件的局部稳定，采取同轴心受压构件类似的方法，即限制腹板的高厚比、翼缘的宽厚比，要求其不超过附表 6-1 规定的压弯构件 S4 级截面的要求，即：

(1) 工字形和 H 形截面（图 5-10*a*）

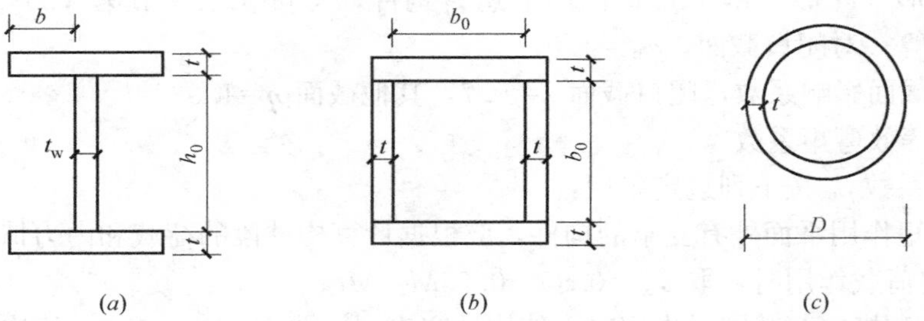

图 5-10　工字形（H 形）、箱形、圆管截面

翼缘宽厚比：
$$\frac{b}{t}\leqslant 15\sqrt{235/f_y} \tag{5-15a}$$

腹板高厚比：
$$\frac{h_0}{t_w}\leqslant (45+25\alpha_0^{1.66})\sqrt{235/f_y} \tag{5-15b}$$

$$\alpha_0=\frac{\sigma_{max}-\sigma_{min}}{\sigma_{max}} \tag{5-15c}$$

式中 b、t——分别为翼缘板自由外伸宽度和厚度（mm），对焊接构件 b 取腹板厚度边缘至翼缘板边缘的距离，对轧制构件 b 取内圆弧起点至翼缘板边缘的距离；

h_0、t_w——分别为腹板计算高度和厚度（mm），对焊接构件 h_0 取为腹板净高度，对轧制构件 h_0 取为腹板与上下翼缘相接处两内弧起点间的距离；

σ_{max}、σ_{min}——分别为腹板计算高度边缘的最大压应力和另一边缘的应力（N/mm^2），按构件的强度公式进行计算，且不考虑截面塑性发展系数，压应力取正值，拉应力取负值。

(2) 箱形截面（图 5-10*b*）

壁板的净宽度和厚度的比值：
$$\frac{b_0}{t}\leqslant 45\sqrt{235/f_y} \tag{5-16}$$

(3) 圆钢管截面（图 5-10*c*）

圆管截面外径和厚度的比值：
$$\frac{D}{t}\leqslant 100\times\frac{235}{f_y} \tag{5-17}$$

当压弯构件翼缘宽厚比或腹板高厚比不满足要求时，可调整板件厚度、翼缘宽度或腹板高度；或采用纵向加劲肋加强腹板，然后按上述规定验算纵向加劲肋与受压较大翼缘间腹板的高厚比；对工字形和箱形截面压弯构件，当腹板高厚比超过 S4 级截面要求时，也可在计算构件的强度和稳定性时考虑利用腹板屈曲后强度的概念，采用有效截面代替实际截面进行构件承载力的计算，详见《钢结构设计标准》GB 50017—2017 相关规定。

当压弯构件的腹板用纵向加劲肋加强以满足其高厚比限值时，加劲肋宜在腹板两侧成对配置，其一侧外伸宽度不应小于 $10t_w$，厚度不宜小于 $0.75t_w$，t_w为腹板的厚度。

5.5 格构式压弯构件的稳定性计算

格构式压弯构件有双肢、三肢、四肢等形式，以单向压弯为主的情况下，常采用双肢组合构件。若弯矩不大，或可能出现正负号弯矩但两者绝对值相差不多时，可采用双肢对称的截面形式。若弯矩较大且弯矩符号不变，或正负号弯矩的绝对值相差较大时，常采用双肢不对称的截面，并把较大分肢放在压应力较大一侧。

5.5.1 弯矩绕虚轴作用的格构式压弯构件

如图 5-11 所示，格构式压弯构件当弯矩绕虚轴（x 轴）作用时，应进行弯矩作用平面内的整体稳定计算和分肢稳定计算。

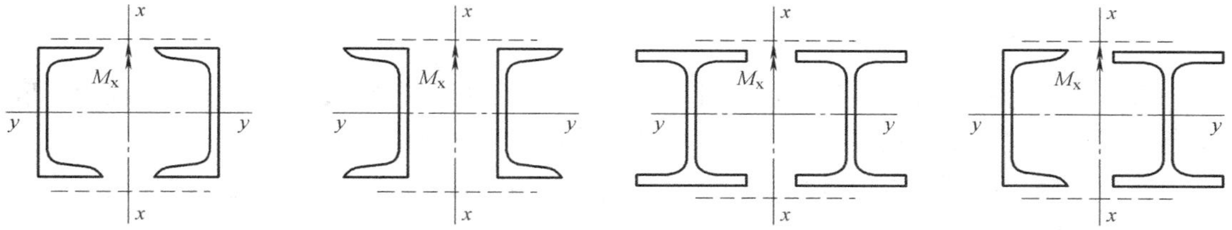

图 5-11 弯矩绕虚轴作用的格构式压弯构件

（1）弯矩作用平面内的整体稳定计算

弯矩绕虚轴作用的格构式压弯构件，由于截面中部空心，不能考虑塑性的深入发展，故弯矩作用平面内的整体稳定计算适宜采用边缘屈服准则。《钢结构设计标准》GB 50017—2017 规定按如下公式进行计算：

$$\frac{N}{\varphi_x A f}+\frac{\beta_{mx} M_x}{W_{1x}\left(1-\frac{N}{N'_{Ex}}\right) f} \leqslant 1.0 \tag{5-18}$$

式中，$W_{1x}=I_x/y_0$，I_x为构件对虚轴 x 轴的毛截面惯性矩；y_0为由 x 轴到压力较大分肢的轴线距离或者到压力较大分肢腹板外边缘的距离，两者取较大值；φ_x、N'_{Ex}分别为弯矩作用平面内轴心受压构件稳定系数和参数，由换算长细比计算。

（2）分肢的稳定计算

弯矩绕虚轴作用的格构式压弯构件，两分肢受力不等，受压较大分肢上的平均应力大于整个截面的平均应力，所以需对分肢进行稳定性验算。只要受压较大分肢在其两个主轴方向的稳定性得到满足，整个构件在弯矩作用平面外的稳定性也就得到保证，故不必再计算整个构件在弯矩作用平面外的整体稳定。

验算分肢稳定性时，可将整个构件视为一平行弦桁架，将构件的两个分肢看作桁架体系的弦杆，如图 5-12 所示。两分肢的轴心力可按下列公式计算：

分肢 1：　　$$N_1 = N\frac{y_2}{a} + \frac{M}{a} \tag{5-19a}$$

分肢 2：　　$$N_2 = N - N_1 \tag{5-19b}$$

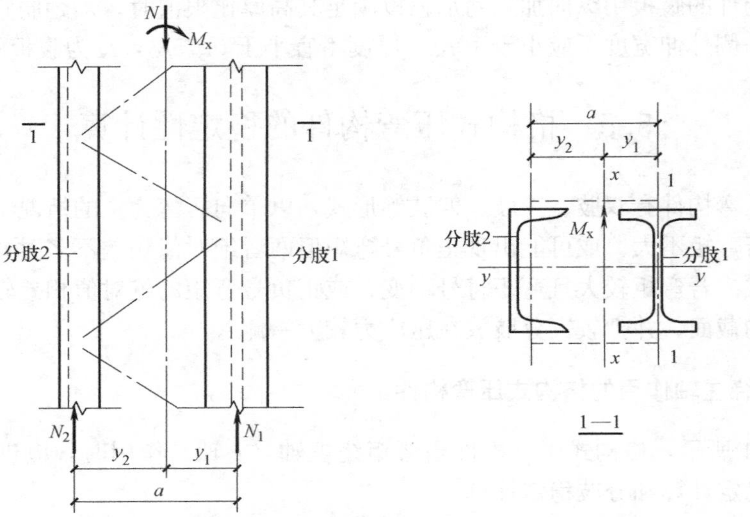

图 5-12　弯矩绕虚轴作用的格构式压弯构件分肢内力计算

缀条式压弯构件分肢的稳定性按轴心压杆计算。分肢的计算长度，在缀条平面内，取缀条体系的节间长度；在缀条平面外，取整个构件两侧向支撑点间的距离。

验算缀板式压弯构件分肢的稳定性时，除轴心力 N_1（或 N_2）外，还应考虑由剪力作用引起的局部弯矩，按实腹式压弯构件验算单肢的稳定性。

格构式压弯构件缀材的设计方法与格构式轴心受压构件相同。缀材计算时所用的剪力值，取按式（3-38）计算的剪力和构件实际剪力两者中的较大值进行计算。

5.5.2　弯矩绕实轴作用的格构式压弯构件

如图 5-13 所示，格构式压弯构件当弯矩绕实轴（y 轴）作用时，受力性能与实腹式压弯构件完全相同。因此，弯矩作用平面内和平面外的整体稳定性计算均与实腹式压弯构件相同，但在计算弯矩作用平面外的整体稳定性时，长细比应采用换算长细比，且取整体稳定系数 $\varphi_b = 1.0$。

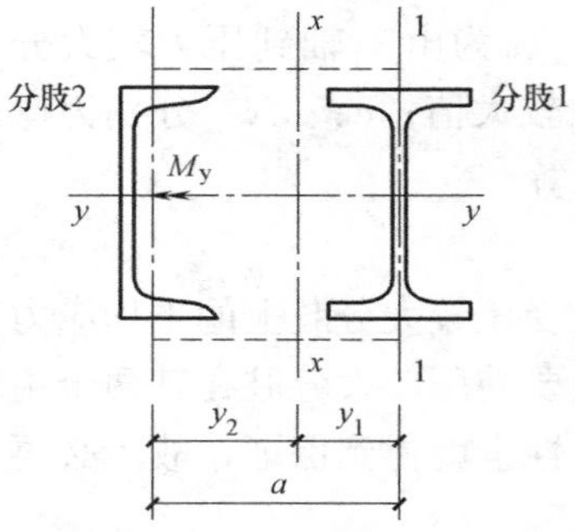

图 5-13　弯矩绕实轴作用的格构式压弯构件分肢内力计算

分肢的稳定按实腹式压弯构件计算，内力可按以下原则进行分配：轴心压力 N 在两分肢间的分配与分肢轴线至虚轴 x 轴的距离成反比；弯矩 M_y 在两分肢间的分配与分肢对实轴 y 轴的惯性矩成正比、与分肢轴线至虚轴 x 轴的距离成反比，即：

分肢 1 的轴力：　　$$N_1 = \frac{y_2}{a}N \tag{5-20a}$$

分肢 2 的轴力：　　$$N_2 = N - N_1 \tag{5-20b}$$

分肢 1 的弯矩：

$$M_{y1}=\frac{I_1/y_1}{I_1/y_1+I_2/y_2}\cdot M_y \tag{5-20c}$$

分肢 2 的弯矩：

$$M_{y2}=M_y-M_{y1} \tag{5-20d}$$

式中，I_1、I_2为分肢 1 和分肢 2 对 y 轴的惯性矩；y_1、y_2为 x 轴到分肢 1 和分肢 2 轴线的距离。

根据上述内力便可分别对两个分肢按实腹式单向压弯构件计算其稳定性。需指出的是，上式适用于当 M_y作用在构件的主平面的情形，若 M_y只作用在一个分肢的轴线平面时，则 M_y视为全部由该分肢承受。

5.5.3 双向受弯的格构式压弯构件

（1）整体稳定性计算

弯矩作用在两个主平面内的双肢格构式压弯构件，其整体稳定性按下式计算：

$$\frac{N}{\varphi_x A f}+\frac{\beta_{mx}M_x}{W_{1x}\left(1-\frac{N}{N'_{Ex}}\right)f}+\frac{\beta_{ty}M_y}{W_{1y}f}\leqslant 1.0 \tag{5-21}$$

式中，W_{1y}为在 M_y作用下截面对较大受压纤维的毛截面模量，其他系数与实腹式压弯构件相同，但 φ_x、N'_{Ex}应采用换算长细比计算。

（2）分肢的稳定计算

分肢按实腹式压弯构件计算其稳定性，在轴力和弯矩共同作用下分肢中的内力按以下原则进行计算：①N 和 M_x在两分肢中产生的轴力 N_1和 N_2按式（5-19）计算；②M_y在两个分肢中产生的弯矩按式（5-20c）、式（5-20d）计算。最后根据 N_1和 M_{y1}、N_2和 M_{y2}分别对两个分肢按实腹式单向压弯构件计算其稳定性。

【例 5-1】 附图 7-1 中普通钢屋架单层厂房中的梯形钢屋架，其下弦杆截面采用 2∟140×90×10（长肢相并，肢背向下肢尖向上，如图 5-14 所示）。若下弦杆 cd 杆上作用有节间荷载，在该节间荷载和节点竖向荷载共同作用下，cd 杆所受最大轴向拉力设计值 $N=300\text{kN}$，最大弯矩设计值 $M=25\text{kN}\cdot\text{m}$（已考虑自重）。$cd$ 杆计算长度 $l_{0x}=4.5\text{m}$，$l_{0y}=7.5\text{m}$，钢材 Q235，验算其强度和刚度是否满足要求。

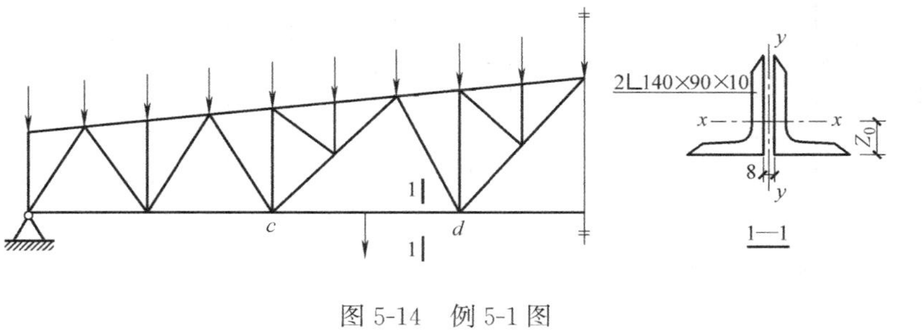

图 5-14 例 5-1 图

【解】 查附表 2-5 得：$A=22.3\times 2=44.6\text{cm}^2$，$i_x=4.47\text{cm}$，$i_y=3.59\text{cm}$，$Z_0=45.8\text{mm}$，$I_x=i_x^2A=891\text{cm}^4$。

肢背：$W_{nx1}=\frac{891}{4.58}=194.54\text{cm}^3$

肢尖：$W_{nx2}=\dfrac{891}{(14-4.58)}=94.59\text{cm}^3$

1）强度验算

查表 4-2 得：肢背 $\gamma_{x1}=1.05$，肢尖 $\gamma_{x2}=1.2$，按式（5-8a）进行强度验算：

肢背强度验算：

$$\frac{N}{A_n}+\frac{M_x}{\gamma_{x1}W_{nx1}}=\frac{300\times10^3}{44.6\times10^2}+\frac{25\times10^6}{1.05\times194.54\times10^3}=189.65\text{N/mm}^2<f=215\text{N/mm}^2$$

肢尖强度验算：

$$\left|\frac{N}{A_n}-\frac{M_x}{\gamma_{x2}W_{nx2}}\right|=\left|\frac{300\times10^3}{44.6\times10^2}-\frac{25\times10^6}{1.2\times94.59\times10^3}\right|=152.99\text{N/mm}^2<f=215\text{N/mm}^2$$

强度满足要求。

2）刚度验算

由表 3-3 查得构件容许长细比 $[\lambda]=250$，按式（3-2）进行刚度验算：

$$\lambda_x=\frac{l_{0x}}{i_x}=\frac{4500}{44.7}=100.67$$

$$\lambda_y=\frac{l_{0y}}{i_y}=\frac{7500}{35.9}=208.91$$

$$\lambda_{max}=\lambda_y=208.91<[\lambda]=250$$

刚度满足要求。

【例 5-2】 某焊接 H 形截面柱如图 5-15 所示，截面为 H600×350×10×12（翼缘为焰切边），中间 1/3 长度处设有侧向支承，截面无削弱，承受轴向压力设计值为 $N=800\text{kN}$，跨中作用横向荷载设计值 $F=70\text{kN}$，$l_{0x}=15\text{m}$，$l_{0y}=5\text{m}$，计算长度系数 $\mu=1.0$，采用 Q235 钢材，不允许发生局部失稳，试验算其承载力是否满足要求。

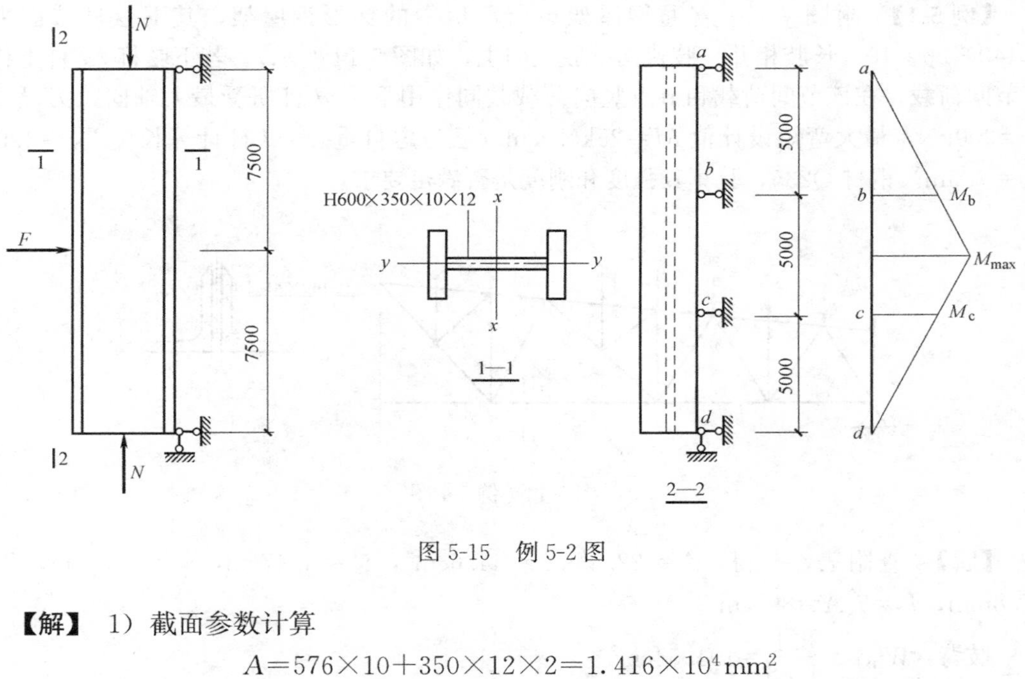

图 5-15　例 5-2 图

【解】 1）截面参数计算

$$A=576\times10+350\times12\times2=1.416\times10^4\text{mm}^2$$

$$I_x=\frac{350\times600^3}{12}-\frac{340\times576^3}{12}=8.85\times10^8\text{mm}^4$$

$$I_y=\frac{12\times350^3}{12}\times2+\frac{576\times10^3}{12}=8.58\times10^7\text{mm}^4$$

$$i_x=\sqrt{\frac{I_x}{A}}=\sqrt{\frac{8.85\times10^8}{1.416\times10^4}}=250\text{mm}$$

$$i_y=\sqrt{\frac{I_y}{A}}=\sqrt{\frac{8.58\times10^7}{1.416\times10^4}}=77.84\text{mm}$$

$$W_x=\frac{I_x}{y_{max}}=\frac{8.85\times10^8}{300}=2.95\times10^6\text{mm}^3$$

2）由附表 6-1 确定构件截面板件宽厚比等级

腹板计算高度边缘由 N 和 M 产生的最大压应力：

$$\sigma_{max}=\frac{N}{A}+\frac{M}{I_x}\cdot\frac{h_0}{2}=\frac{800\times10^3}{14160}+\frac{262.5\times10^6}{8.85\times10^8}\times\frac{576}{2}=142.41\text{N/mm}^2\text{（压应力）}$$

腹板计算高度另一侧边缘由 N 和 M 产生的最大应力：

$$\sigma_{min}=\frac{N}{A}-\frac{M}{I_x}\cdot\frac{h_0}{2}=\frac{800\times10^3}{14160}-\frac{262.5\times10^6}{8.85\times10^8}\times\frac{576}{2}=-29.41\text{N/mm}^2\text{（拉应力）}$$

$$\alpha_0=\frac{\sigma_{max}-\sigma_{min}}{\sigma_{max}}=\frac{142.41-(-29.41)}{142.41}=1.21$$

翼缘宽厚比：

$$\frac{b}{t}=\frac{(350-10)/2}{12}=14.17<15\sqrt{235/f_y}=15$$

腹板高厚比：

$$\frac{h_0}{t_w}=\frac{600-2\times12}{10}=57.6<(45+25\alpha_0^{1.66})\sqrt{\frac{235}{f_y}}=(45+25\times1.21^{1.66})=79.31$$

构件截面板件宽厚比等级为 S4 级。

3）强度验算

横向荷载作用下产生的最大弯矩：

$$M_{max}=\frac{70\times15}{4}=262.5\text{kN}\cdot\text{m}$$

板件宽厚比等级为 S4 级，查表 4-2 得：$\gamma_x=1$，按式（5-8a）进行强度验算，则：

$$\frac{N}{A_n}+\frac{M_x}{\gamma_x W_{nx}}=\frac{800\times10^3}{1.416\times10^4}+\frac{262.5\times10^6}{1\times2.95\times10^6}=145.48\text{N/mm}^2<f=215\text{N/mm}^2$$

强度满足要求。

4）刚度验算

由表 3-2 查得构件容许长细比 $[\lambda]=150$，按式（3-2）进行刚度验算：

$$\lambda_x=\frac{l_{0x}}{i_x}=\frac{15000}{250}=60$$

$$\lambda_y=\frac{l_{0y}}{i_y}=\frac{5000}{77.84}=64.23$$

$$\lambda_{max}=\lambda_y=64.23<[\lambda]=150$$

刚度满足要求。

5）弯矩作用平面内整体稳定性验算

① 弯矩作用平面内轴心受压构件稳定系数 φ_x

查表 3-4，构件对 x 轴属 b 类截面，根据 $\lambda_x=60$ 由附表 5-2 查得：$\varphi_x=0.807$。

② 参数 N'_{Ex}

$$N'_{Ex}=\frac{\pi^2 EA}{1.1\lambda_x^2}=\frac{\pi^2\times 2.06\times 10^5\times 14160}{1.1\times 60^2}=7.27\times 10^6\text{N}$$

③ 等效弯矩系数 β_{mx}

两端支承构件，无端弯矩但有横向荷载作用，跨中作用单个集中荷载，由式（5-10a）得：

$$N_{cr}=\frac{\pi^2 EI}{(\mu l)^2}=\frac{\pi^2\times 2.06\times 10^5\times 8.85\times 10^8}{(1.0\times 15000)^2}=7.997\times 10^6\text{N}$$

$$\beta_{mx}=1-0.36\frac{N}{N_{cr}}=1-0.36\times\frac{800}{7997}=0.964$$

④ 弯矩作用平面内整体稳定性验算

按式（5-9）进行验算：

$$\frac{N}{\varphi_x Af}+\frac{\beta_{mx}M_x}{\gamma_x W_{1x}\left(1-0.8\frac{N}{N'_{Ex}}\right)f}=\frac{800\times 10^3}{0.807\times 14160\times 215}+\frac{0.964\times 262.5\times 10^6}{1\times 2.95\times 10^6\times\left(1-0.8\times\frac{800}{7270}\right)\times 215}$$

$$=0.326+0.437=0.763<1.0$$

弯矩作用平面内稳定性满足要求。

6）弯矩作用平面外稳定性验算

取最不利段 BC 段进行计算。

① 弯矩作用平面外轴心受压构件稳定系数 φ_y

查表 3-4，构件对 y 轴属 b 类截面，根据 $\lambda_y=64.23$ 由附表 5-2 查得：$\varphi_y=0.784$。

② 截面影响系数 $\eta=1.0$

③ 均匀弯曲受弯构件整体稳定系数 φ_b

对于 H 形截面非悬臂构件，可按 4.4.3 节第（3）条的规定计算，则由式（4-25）得：

$$\varphi_b=1.07-\frac{\lambda_y^2}{44000}\times\frac{f_y}{235}=1.07-\frac{64.23^2}{44000}=0.98$$

④ 等效弯矩系数 β_{tx}

BC 段有端弯矩和横向荷载同时作用，且使构件产生同向曲率，则 $\beta_{tx}=1.0$。

⑤ 弯矩作用平面外的稳定性验算

按式（5-12）进行验算：

$$\frac{N}{\varphi_y Af}+\eta\frac{\beta_{tx}M_x}{\varphi_b W_{1x}f}=\frac{800\times 10^3}{0.784\times 14160\times 215}+1.0\times\frac{1.0\times 262.5\times 10^6}{0.98\times 2.95\times 10^6\times 215}$$

$$=0.335+0.422=0.757<1.0$$

弯矩作用平面外的整体稳定性满足要求。

7）局部稳定性验算

由截面板件宽厚比等级判定结果已知，构件腹板高厚比、翼缘宽厚比未超过压弯构件 S4 级截面要求，局部稳定性满足要求。

【例 5-3】 附图 7-1 所示普通梯形钢屋架单层厂房，若采用预应力混凝土大型屋面板，钢屋架与柱刚接，柱脚刚接，柱为单阶柱，如图 5-16 所示。上段柱截面 I800×400×12×30（翼缘为焰切边），$l_{0x1}=17.4\text{m}$，$l_{0y1}=5.14\text{m}$，最不利内力组合：弯矩 $M_{x1}=1440\text{kN}\cdot\text{m}$，轴向压力 $N_1=1010\text{kN}$。下段柱采用双肢格构式柱，截面如图 5-16 所示，$l_{0x2}=23.23\text{m}$，$l_{0y2}=15.8\text{m}$，最不利内力组合：弯矩 $M_{x2}=2500\text{kN}\cdot\text{m}$，轴向压力 $N_2=3500\text{kN}$，剪力 $V_2=150\text{kN}$，缀条为∟100×8。采用 Q235 钢材，试验算该单阶柱上段柱、下段柱截面是否满足要求（已知：上段柱 $\beta_{mx}=0.985$，下段柱 $\beta_{mx}=0.979$；上、下段柱 $\beta_{tx}=1.0$）。

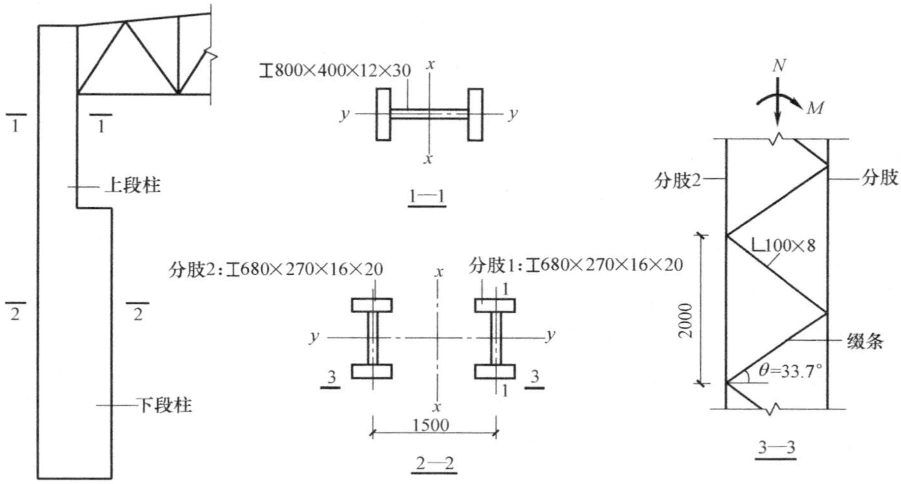

图 5-16 例 5-3 图

【解】 1）截面参数计算

① 上段柱

$$A=740\times12+400\times30\times2=32880\text{mm}^2$$

$$I_x=\frac{400\times800^3}{12}-\frac{388\times740^3}{12}=3.96\times10^9\text{mm}^4$$

$$I_y=\frac{30\times400^3}{12}\times2+\frac{740\times12^3}{12}=3.20\times10^8\text{mm}^4$$

$$i_x=\sqrt{\frac{I_x}{A}}=\sqrt{\frac{3.96\times10^9}{32880}}=347.04\text{mm}$$

$$i_y=\sqrt{\frac{I_y}{A}}=\sqrt{\frac{3.20\times10^8}{32880}}=98.65\text{mm}$$

$$W_x=\frac{I_x}{y_{max}}=\frac{3.96\times10^9}{400}=9.9\times10^6\text{mm}^3$$

$$W_y=\frac{I_y}{x_{max}}=\frac{3.20\times10^8}{200}=1.6\times10^6\text{mm}^3$$

② 下段柱

$$A_1=640\times16+270\times20\times2=21040\text{mm}^2$$

$$A=2A_1=21040\times2=42080\text{mm}^2$$

$$I_1=\frac{20\times270^3}{12}\times2+\frac{640\times16^3}{12}=6.58\times10^7\text{mm}^4$$

$$I_x=(I_1+A_1a^2)\times2=(6.58\times10^7+21040\times750^2)\times2=2.38\times10^{10}\text{mm}^4$$

$$I_{y1}=\frac{270\times680^3}{12}-\frac{254\times640^3}{12}=1.53\times10^9\text{mm}^4$$

$$I_y=2I_{y1}=2\times1.53\times10^9=3.06\times10^9\text{mm}^4$$

$$i_x=\sqrt{\frac{I_x}{A}}=\sqrt{\frac{2.38\times10^{10}}{42080}}=752.06\text{mm}$$

$$i_y=\sqrt{\frac{I_y}{A}}=\sqrt{\frac{3.06\times10^9}{42080}}=269.66\text{mm}$$

$$W_x=\frac{I_x}{y_{max}}=\frac{2.38\times10^{10}}{885}=2.69\times10^7\text{mm}^3$$

$$W_y=\frac{I_y}{x_{max}}=\frac{3.06\times10^9}{340}=9\times10^6\text{mm}^3$$

2）上段柱截面验算

① 根据附表 6-1 判定构件截面板件宽厚比等级

腹板计算高度边缘由 N 和 M 产生的最大压应力：

$$\sigma_{max}=\frac{N}{A}+\frac{M}{I_x}\cdot\frac{h_0}{2}=\frac{1010\times10^3}{32880}+\frac{1440\times10^6}{3.96\times10^9}\times\frac{740}{2}=165.27\text{N/mm}^2\text{（压应力）}$$

腹板计算高度另一侧边缘由 N 和 M 产生的应力：

$$\sigma_{min}=\frac{N}{A}-\frac{M}{I_x}\cdot\frac{h_0}{2}=\frac{1010\times10^3}{32880}-\frac{1440\times10^6}{3.96\times10^9}\times\frac{740}{2}=-103.83\text{N/mm}^2\text{（拉应力）}$$

$$\alpha_0=\frac{\sigma_{max}-\sigma_{min}}{\sigma_{max}}=\frac{165.27-(-103.82)}{165.27}=1.63$$

腹板高厚比：

$$\frac{h_0}{t_w}=\frac{800-2\times30}{12}=61.67<(38+13\alpha_0^{1.39})\sqrt{235/f_y}=38+13\times1.63^{1.39}=63.64$$

翼缘宽厚比：

$$\frac{b}{t}=\frac{(400-12)/2}{30}=6.47<11\sqrt{235/f_y}=11$$

构件截面板件宽厚比等级为 S2 级。

② 强度验算

板件截面宽厚比等级为 S2 级，则 $\gamma_x=1.05$，按式（5-8a）进行强度验算：

$$\frac{N}{A_n}+\frac{M_x}{\gamma_xW_{nx}}=\frac{1010\times10^3}{32880}+\frac{1440\times10^6}{1.05\times9.9\times10^6}=169.25\text{N/mm}^2<f=205\text{N/mm}^2$$

强度满足要求。

③ 弯矩作用平面内稳定性验算

a. 弯矩作用平面内轴心受压构件稳定系数 φ_x

$$\lambda_x=\frac{l_{0x}}{i_x}=\frac{17.4\times10^3}{347.04}=50.14$$

查表 3-4，上柱对 x 轴属 b 类截面，查附表 5-2 得：$\varphi_x=0.856$。

b. 参数 N'_{Ex}

$$N'_{Ex}=\frac{\pi^2 EA}{1.1\lambda_x^2}=\frac{\pi^2\times2.06\times10^5\times32880}{1.1\times50.14^2}=2.42\times10^7\,\text{N}$$

c. 弯矩作用平面内整体稳定性验算

已知 $\beta_{mx}=0.985$，按式（5-9）验算弯矩作用平面内的整体稳定性：

$$\frac{N}{\varphi_x Af}+\frac{\beta_{mx}M_x}{\gamma_x W_{1x}\left(1-\frac{0.8N}{N'_{Ex}}\right)f}=\frac{1010\times10^3}{0.856\times32880\times205}+\frac{0.985\times1440\times10^6}{1.05\times9.9\times10^6\times\left(1-\frac{0.8\times1010}{24200}\right)\times205}$$

$$=0.175+0.689=0.864<1$$

弯矩作用平面内整体稳定性满足要求。

④ 弯矩作用平面外稳定性验算

a. 弯矩作用平面外轴心受压构件稳定系数 φ_y

$$\lambda_y=\frac{l_{0y}}{i_y}=\frac{5.14\times10^3}{98.65}=52.10$$

查表 3-4，上柱对 y 轴属 b 类截面，查附表 5-2 得：$\varphi_y=0.847$。

b. 截面影响系数 $\eta=1.0$

c. 受弯构件整体稳定系数 φ_b

按式（4-25）计算 φ_b：

$$\varphi_b=1.07-\frac{\lambda_y^2}{44000}\times\frac{f_y}{235}=1.07-\frac{52.10^2}{44000}=1.01>1.0$$

取 $\varphi_b=1.0$

d. 弯矩作用平面外的整体稳定性验算

已知 $\beta_{tx}=1.0$，按式（5-12）验算弯矩作用平面外的整体稳定性：

$$\frac{N}{\varphi_y Af}+\eta\frac{\beta_{tx}M_x}{\varphi_b W_{1x}f}=\frac{1010\times10^3}{0.847\times32880\times205}+1.0\times\frac{1.0\times1440\times10^6}{1.0\times9.9\times10^6\times205}$$

$$=0.18+0.71=0.89<1.0$$

弯矩作用平面外整体稳定性满足要求。

⑤ 局部稳定性验算

前文已判断出上柱截面板件宽厚比等级为 S2 级，未超过 S4 级的要求，局部稳定性满足要求。

即上段柱截面采用 I800×400×12×30 满足要求。

3）下段柱截面验算

① 强度验算

查表 4-2 得：$\gamma_x=1.0$，则：

$$\frac{N}{A_n}+\frac{M_x}{\gamma_x W_{nx}}=\frac{3500\times10^3}{42080}+\frac{2500\times10^6}{1.0\times2.69\times10^7}=176.11\text{N/mm}^2<f=205\text{N/mm}^2$$

强度满足要求。

② 弯矩作用平面内稳定性验算

a. 弯矩作用平面内轴心受压构件稳定系数 φ_x

$$\lambda_x=\frac{l_{0x}}{i_x}=\frac{23.23\times10^3}{752.06}=30.89$$

斜缀条毛截面面积 $A_{1x}=15.64\times2=31.28\text{cm}^2$，由式（3-34*b*）计算下段柱截面对虚轴 x 轴的换算长细比 λ_{0x}：

$$\lambda_{0x}=\sqrt{\lambda_x^2+27\frac{A}{A_{1x}}}=\sqrt{30.89^2+27\times\frac{42080}{3128}}=36.30$$

由表 3-4 知下段柱对 x 轴属 b 类截面，查附表 5-2 得：$\varphi_x=0.913$。

b. 参数 N'_{Ex}

$$N'_{Ex}=\frac{\pi^2EA}{1.1\lambda_x^2}=\frac{\pi^2\times2.06\times10^5\times42080}{1.1\times36.3^2}=5.9\times10^7\text{N}$$

c. 弯矩作用平面内整体稳定性验算

已知 $\beta_{mx}=0.979$，按式（5-18）验算弯矩作用平面内整体稳定性：

$$W_{1x}=\frac{I_x}{y_0}=\frac{2.38\times10^{10}}{(750+8)}=3.14\times10^7\text{mm}^3$$

$$\frac{N}{\varphi_xAf}+\frac{\beta_{mx}M_x}{W_{1x}\left(1-\frac{N}{N'_{Ex}}\right)f}=\frac{3500\times10^3}{0.913\times42080\times205}+\frac{0.979\times2500\times10^6}{3.14\times10^7\times\left(1-\frac{3.5\times10^6}{5.9\times10^7}\right)\times205}$$

$$=0.444+0.404=0.848<1$$

弯矩作用平面内整体稳定性满足要求。

弯矩绕虚轴 x 轴作用的格构式压弯构件，弯矩作用平面外的整体稳定性可不计算，但应计算分肢的稳定性。

③ 按轴心受压构件验算分肢的稳定性

a. 计算两分肢所受轴力

按式（5-19*a*）、式（5-19*b*）计算两个分肢所受轴力：

分肢 1：$$N_1=N\frac{y_2}{a}+\frac{M}{a}=3500\times\frac{0.75}{1.5}+\frac{2500}{1.5}=3416.67\text{kN}$$

分肢 2：$$N_2=N-N_1=3500-3416.67=83.33\text{kN}$$

b. 验算分肢 1 的整体稳定性

$$i_1=\sqrt{\frac{I_1}{A_1}}=\sqrt{\frac{6.58\times10^7}{21040}}=55.92\text{mm}$$

$$i_{y1}=\sqrt{\frac{I_{y1}}{A_1}}=\sqrt{\frac{1.53\times10^9}{21040}}=269.66\text{mm}$$

$$\lambda_1=\frac{2000}{55.92}=35.77<[\lambda]=150$$

$$\lambda_{y1}=\frac{15800}{269.66}=58.59<[\lambda]=150$$

由表 3-4 可知分肢对 y 轴和 1-1 轴均属 b 类截面，取 $\lambda_{max}=\lambda_{y1}=58.59$，查附表 5-2 得 $\varphi=0.814$，按式（3-3）验算分肢的稳定性：

$$\frac{N}{\varphi Af}=\frac{3146.67\times10^3}{0.814\times21040\times205}=0.896<1.0$$

分肢整体稳定性满足要求。

c. 验算分肢 1 的局部稳定性

按式（3-18）验算腹板高厚比，则：

$$\frac{h_0}{t_w}=\frac{680-2\times20}{16}=40<(25+0.5\lambda)\sqrt{235/f_y}=25+0.5\times58.59=54.30$$

按式（3-19）验算翼缘的宽厚比，则：

$$\frac{b}{t}=\frac{(270-16)/2}{20}=6.35<(10+0.1\lambda)\sqrt{235/f_y}=10+0.1\times58.59=15.86$$

分肢局部稳定性满足要求。

④ 缀条截面验算

计算缀条时，应取构件的实际剪力 $V=150\text{kN}$ 和按式（3-38）计算所得剪力中的较大值进行计算：

$$V=\frac{Af}{85}\sqrt{\frac{f_y}{235}}=\frac{42080\times205}{85}=101.49\times10^3\text{N}=101.49\text{kN}$$

则取 $V=150\text{kN}$ 进行缀条截面验算。

缀条截面为∟100×8，由型钢表查得：$A=15.6\text{cm}^2$，$i_{\min}=1.98\text{cm}$。

a. 一根斜缀条承受的内力

$$N_t=\frac{V_1}{n\cos\theta}=\frac{0.5\times150}{1\times\cos33.7}=90.15\text{kN}$$

b. 缀条长度

$$l=\frac{1500}{\cos33.7^\circ}=1802.98\text{mm}$$

c. 缀条截面验算

a）强度验算：构件在节点处并非全部直接受力，强度验算时构件截面面积应乘以有效截面系数 η，查表 3-1 得 $\eta=0.85$，由式（3-1a）得：

$$\frac{N}{A}=\frac{90.15\times10^3}{1560\times0.85}=67.99\text{N/mm}^2<f=215\text{N/mm}^2$$

缀条强度满足要求。

b）刚度验算

查表 3-2 得缀条的容许长细比 $[\lambda]=150$，则：

$$\lambda=1802.98/19.8=91.06<[\lambda]=150$$

缀条刚度满足要求。

c）整体稳定性验算

等边单角钢轴压构件，当绕两主轴弯曲计算长度相等时，可不考虑弯扭屈曲。查表 3-4，缀条属 b 类截面，由 $\lambda=91.06$ 查附表 5-2 得 $\varphi=0.614$。

折减系数 $\eta=0.6+0.0015\lambda=0.6+0.0015\times91.06=0.737$，由式（3-40）得：

$$\frac{N}{\eta\varphi Af}=\frac{90.15\times10^3}{0.737\times0.614\times1560\times215}=0.594<1.0$$

缀条整体稳定性满足要求。

d）局部稳定性验算

$\lambda=91.06>80\sqrt{235/f_y}=80$，按式（3-23$b$）验算等边角钢缀条的肢件宽厚比：

$$\frac{\omega}{t}=\frac{100-2\times 8}{8}=10.5<5\sqrt{235/f_y}+0.125\lambda=5+0.125\times 91.06=16.38$$

局部稳定性满足要求。

缀条采用∟100×8 角钢截面满足要求。

5.6　拉弯和压弯构件截面设计

5.6.1　实腹式拉弯、压弯构件截面设计

对实腹式拉弯、压弯构件进行截面设计时，一般先选择截面形式，然后根据构造要求和实践经验初步确定截面尺寸，然后进行截面验算：①对于拉弯构件，验算其强度和刚度（长细比）；②对于压弯构件，需验算其强度、刚度（长细比）、弯矩作用平面内整体稳定性、弯矩作用平面外整体稳定性和局部稳定性。若验算不满足要求，则对初选截面进行调整，重新计算，直至满足要求。

5.6.2　格构式压弯构件截面设计

格构式压弯构件大多用于单向压弯且弯矩绕虚轴（x 轴）作用的情况，一般分肢间采用缀条连接。现以此类格构式压弯构件为例，介绍其截面设计的基本思路，其他格构式压弯构件的设计可参照进行。

（1）确定分肢的截面形式及两分肢轴线间的距离 a。

（2）按构件所受轴心压力 N 和弯矩 M_x 由式（5-19）求出两分肢所受轴心压力 N_1 和 N_2，然后按轴心受压构件确定两分肢的截面尺寸。

（3）进行缀条的设计，包括确定缀条布置形式、截面形状及尺寸以及其与分肢的连接，方法与格构式轴心受压构件相同。计算格构式压弯构件的缀条时，所用剪力应取实际最大剪力和按式（3-38）计算所得剪力中的较大值进行计算。

（4）对构件初选截面进行各项验算，不满足要求时则调整相应尺寸，直至满足要求。

复习思考题

5-1　某桁架下弦杆，两端铰接，计算长度 $l_{0x}=l_{0y}=4.5$m，跨中无侧向支承，如图 5-17所示，图中荷载均为设计值，且已考虑杆件自重。若下弦杆截面为 2∟180×110×10（长肢相并），钢材为 Q235，试验算其承载力是否足够。

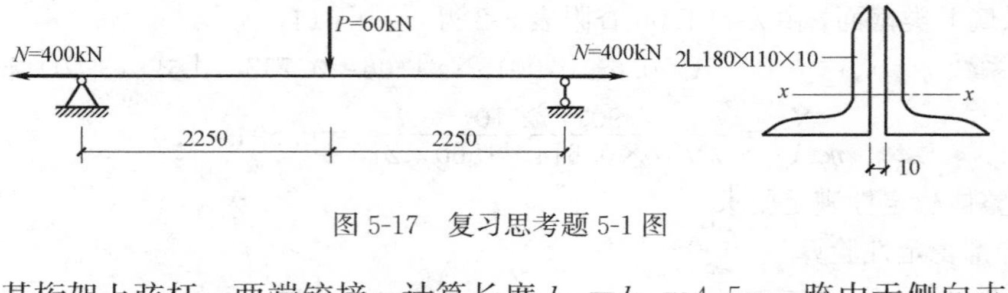

图 5-17　复习思考题 5-1 图

5-2　某桁架上弦杆，两端铰接，计算长度 $l_{0x}=l_{0y}=4.5$m，跨中无侧向支承，受力

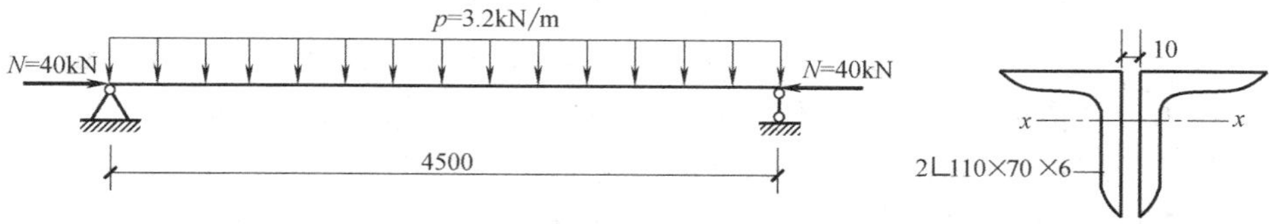

图 5-18　复习思考题 5-2 图

如图 5-18 所示。若上弦杆截面为 2∟110×70×6（长肢相并），钢材为 Q235，试验算其承载力是否足够（图中荷载均为设计值，且已考虑杆件自重，计算长度系数 $\mu=1.0$）。

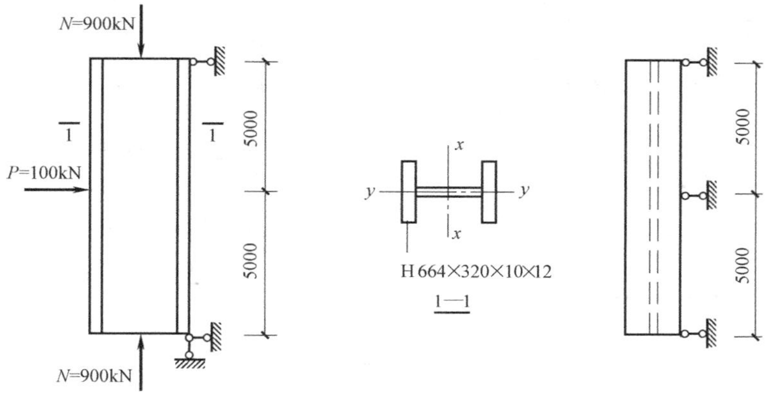

图 5-19　复习思考题 5-3 图

5-3　如图 5-19 所示焊接 H 形截面柱（焰切边），两端铰接，柱高 $H=10\text{m}$，1/2 高度处有一侧向支承，柱计算长度 $l_{0x}=10\text{m}$、$l_{0y}=5\text{m}$。承受轴心压力设计值 $N=900\text{kN}$，跨中作用横向集中荷载设计值 $P=100\text{kN}$，不允许出现局部失稳，试验算此柱承载力是否满足要求（计算长度系数 $\mu=1.0$）。

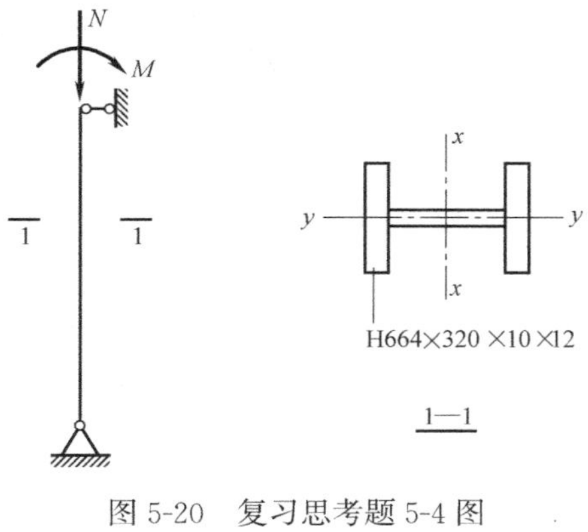

图 5-20　复习思考题 5-4 图

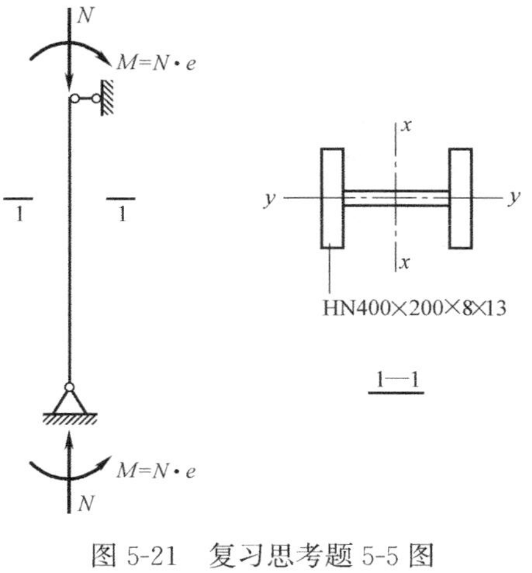

图 5-21　复习思考题 5-5 图

5-4　如图 5-20 所示焊接 H 形截面压弯柱，承受荷载设计值 $N=900\text{kN}$，端弯矩 $M_x=350\text{kN}\cdot\text{m}$，柱跨中无侧向支承点，计算长度 $l_{0x}=l_{0y}=10\text{m}$，Q235 钢材（焰切边），

不允许出现局部失稳，试验算此构件承载力是否满足要求。

5-5　如图 5-21 所示偏心受压柱，两端铰接，计算长度 $l_{0x}=l_{0y}=4m$，无侧向支承。承受轴心压力设计值 $N=490kN$，偏心距 $e=200mm$，柱截面采用 HN400×200×8×13，Q235 钢材，不允许出现局部失稳，试验算其截面是否安全。

5-6　如图 5-22 所示双肢格构式缀条柱，两端铰接，分肢采用热轧工字钢 I50a，缀条采用∟63×5，计算长度 $l_{0x}=12m$，$l_{0y}=6m$。荷载作用下最不利内力为：$V=100kN$，$N=3000kN$，$M_x=650kN\cdot m$。钢材为 Q235，验算柱承载力是否足够。

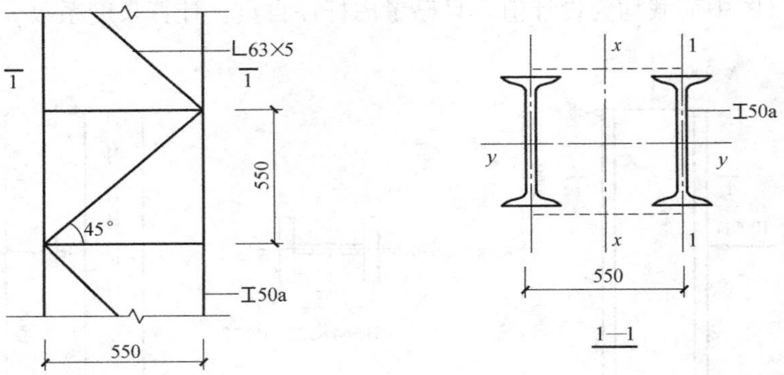

图 5-22　复习思考题 5-6 图

第 6 章　钢结构的连接

6.1　钢结构的连接方法

钢结构的连接方法主要有焊缝连接、紧固件连接、栓焊混合连接，其中紧固件连接主要有螺栓连接、锚栓连接和自攻螺钉、铆钉等连接方法，如图 6-1 所示。

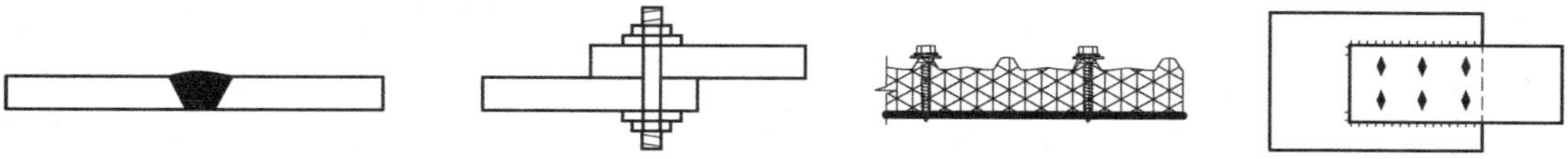

(a)　　(b)　　(c)　　(d)

图 6-1　钢结构的连接方法

(a) 焊缝连接；(b) 螺栓连接；(c) 自攻螺钉连接；(d) 栓焊混合连接

焊缝连接是现代钢结构最主要的连接方法。它的优点主要有：不削弱构件截面，节省钢材；焊件间可直接焊接，构造简单，加工方便；连接的密闭性好，结构的刚度大；易于实现自动化操作，提高焊接结构的质量。但是焊缝连接也有缺点，比如：焊接不可避免的会产生残余应力和残余变形；焊缝附近的热影响区内钢材的力学性能发生变化，局部材质变脆；焊接结构对裂纹很敏感，一旦局部发生裂纹，便有可能迅速扩展到整个截面等。

紧固件连接中的螺栓连接可分为普通螺栓连接和高强度螺栓连接两种。其优点是施工工艺简单、拆装方便，常用于工地安装连接。其缺点是需在构件上开螺栓孔，对构件截面有一定的削弱，且对制造方的精度要求较高。压型钢板之间、压型钢板与冷弯薄壁型钢构件之间常用自攻螺钉、铆钉等进行连接。

栓焊混合连接是指在同一个连接接头中同时采用高强度螺栓摩擦型连接和焊缝连接，通常在改、扩建工程中作为加固补强措施。在栓焊混合连接中不得采用普通螺栓，主要是普通螺栓连接在受力状态下容易产生较大变形，而焊接连接刚度大，两者难以协同工作。同样，高强度螺栓承压型连接与焊缝变形不协调，二者难以共同工作。栓焊混合连接的施工顺序宜先采用高强度螺栓紧固，后实施焊接。

钢结构构件应根据作用力的性质和施工环境条件选择合理的连接方法。工厂加工构件的连接宜采用焊接，现场连接宜采用螺栓连接，主要承重构件的现场连接或拼接应采用高强度螺栓连接或焊接。

6.2　焊接的方法和焊缝

6.2.1　焊接方法

钢结构的焊接方法很多，最常用的焊接方法主要手工电弧焊、自动（或半自动）埋弧焊和气体保护焊等。

（1）手工电弧焊

手工电弧焊的原理如图 6-2 所示。通电后，在涂有药皮的焊条与焊件间产生电弧，电弧的温度可高达 3000℃，在高温作用下，电弧周围的金属变成液态，形成熔池。同时，焊条的焊丝熔化，滴落入熔池中，与焊件的熔融金属相互结合，冷却后即形成焊缝。焊条药皮在焊接过程中产生气体，保护电弧和熔化金属，并形成熔渣覆盖焊缝，防止空气中的氧、氮等有害气体与熔化金属接触形成易脆的化合物。

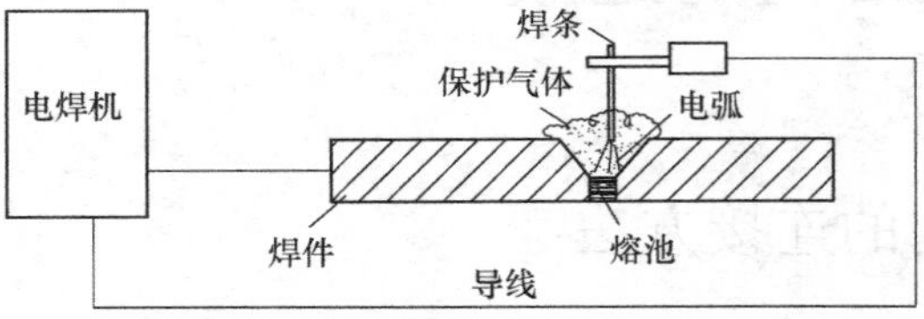

图 6-2　手工电弧焊原理

手工电弧焊的设备简单，操作灵活方便，适于任意空间位置的焊接，特别适于焊接短焊缝。缺点是生产效率低，劳动强度大，焊工的技术水平直接影响焊接的质量。

手工电弧焊所用焊条应与焊件钢材（或称主体金属）相匹配，一般 Q235 钢采用 E43 型焊条；Q345、Q390 钢可采用 E50 或 E55 型焊条；Q420、Q460 钢可采用 E55 或 E60 型焊条。焊条型号中，字母 E 表示焊条（Electrode），E 后面前两位数字为熔敷金属的最小抗拉强度值，单位为 kgf/mm^2，第 3、4 位数字表示焊条所用药皮类型、适用的施焊位置和焊接电源等。例如 E4315 的焊条表示熔敷金属的最小抗拉强度值为 $43kgf/mm^2$，可用于全位置焊接、焊条药皮为低氢钠型、电源为直流反接。

不同钢种的钢材焊接时，宜采用与低强度钢材相匹配的焊条。

（2）自动（或半自动）埋弧焊

埋弧焊是电弧在焊剂层下燃烧的一种电弧焊方法，原理如图 6-3 所示。主要设备是自动电焊机，它可沿轨道按选定的速度移动。通电引弧后，由于电弧的作用，使埋于焊剂下的焊丝和附近的焊剂熔化，焊渣浮在熔化的焊缝金属上面，使熔化金属不与空气接触，并供给焊缝金属以必要的合金元素。随着焊机的自动移动，颗粒状的焊剂不断地由料斗漏下，电弧完全被埋在焊剂之内，同时焊丝也自动地边熔化边下降，故称为自动埋弧焊。半自动和自动的区别仅在于前者沿焊接方向的移动靠手工操作完成。埋弧焊采用自动或半自动化操作，生产效率高，焊接工艺条件稳定，焊缝化学成分均匀，焊缝质量好，焊件变形小，适于厚板的焊接，但对焊件边缘的装配精度要求比手工焊高。

埋弧焊所用的焊丝和焊剂，也应与焊件的主体金属相适应。一般情况下主体金属为 Q235 钢时，可采用 H08、H08A 等焊丝配合高锰型焊剂，也可用 H08MnA 焊丝配合低锰型或无锰型焊剂。主体金属为低合金钢时可选用 H10Mn2 或 H10MnSi 等焊丝再配以适当的焊剂。

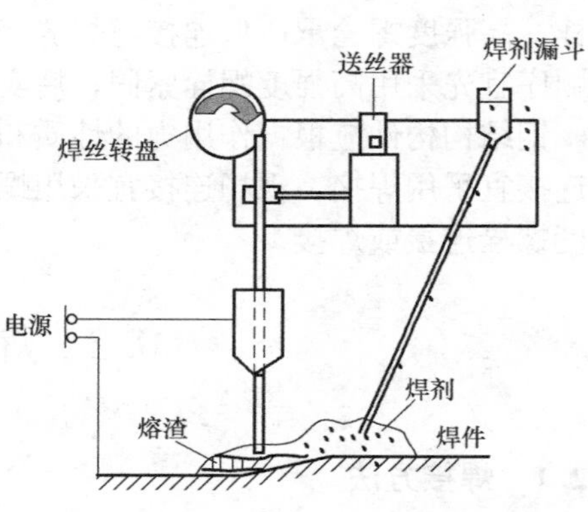

图 6-3　自动埋弧焊原理

（3）气体保护焊

气体保护焊是利用二氧化碳气体或其他惰

性气体作为保护介质的一种电弧熔焊方法。它直接依靠保护气体在电弧周围形成局部的保护层，以防止有害气体的侵入并保证焊接过程的稳定性。

气体保护焊的焊缝熔化区没有熔渣，焊工能够清楚看到焊缝成形的过程。由于保护气体是喷射的，有助于熔滴的过渡，又由于热量集中，焊接速度快，焊件熔深大，故所形成的焊缝强度比手工电弧焊高。气体保护焊适用于全位置的焊接，但不适用于在风较大的地方施焊。

6.2.2 焊缝的形式

对接焊缝和角焊缝是两种常用的焊缝形式，除此之外，某些情况下还会用到塞焊缝、槽焊缝、点焊缝或对接与角接组合焊缝等。

（1）对接焊缝

对接焊缝一般是沿着焊件的厚度方向进行连接的，通常焊件边缘需加工坡口，故又称为坡口焊缝。坡口形式与焊件厚度有关：当焊件厚度 $t \leqslant 10$mm 时，焊件边缘不需加工，可采用直边缝（也称 I 形焊缝），如图 6-4（*a*）所示；当焊件厚度 $t=10 \sim 20$mm 时，可采用有斜坡口的单边 V 形或 V 形焊缝，如图 6-4（*b*）、（*c*）所示；当焊件厚度 $t>20$mm 时，常采用 U 形、K 形或 X 形焊缝，如图 6-4（*d*）、（*e*）、（*f*）所示。对接焊缝坡口角度 α、根部间隙 b、钝边 p 的设置都是为了在施焊时既能保证焊透又避免焊液烧漏。

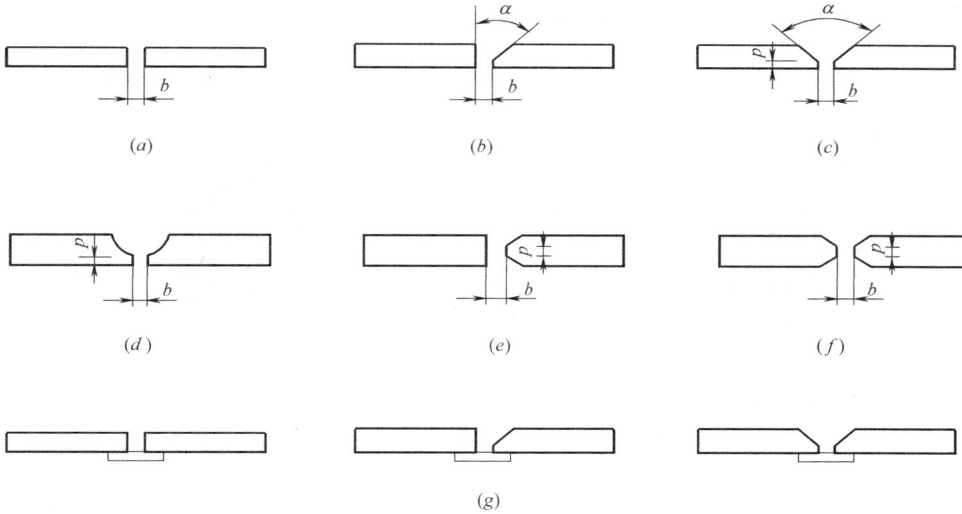

图 6-4　对接焊缝的坡口形式

（*a*）直边缝；（*b*）单边 V 形焊缝；（*c*）V 形焊缝；（*d*）U 形焊缝；（*e*）K 形焊缝；（*f*）X 形焊缝；（*g*）加垫板的对接焊缝

对于单面施焊的 U 形和 V 形焊缝，为了保证焊透，在一侧施焊完毕后常需翻过来在反面清除根部后进行一次补焊（称为封底焊），当没有条件进行清根和补焊时，则应在正面施焊时在焊缝的根部加设临时的垫板，如图 6-4（*g*）所示。

根据焊缝长度方向与作用力方向的关系，对接焊缝可分为对接正焊缝和对接斜焊缝，如图 6-5 所示。

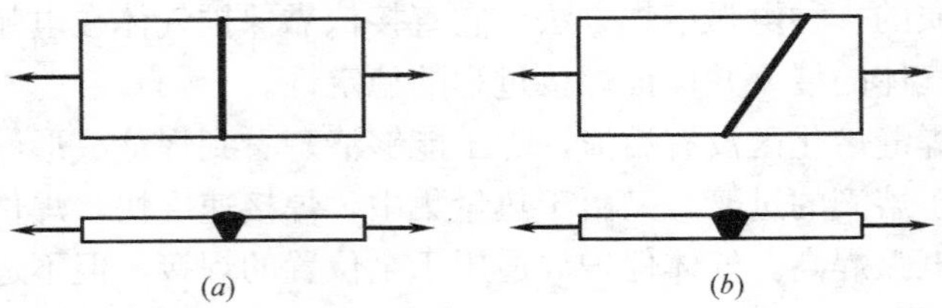

图 6-5　对接正焊缝和对接斜焊缝

(a) 对接正焊缝；(b) 对接斜焊缝

(2) 角焊缝

角焊缝按其截面形式可分为直角角焊缝和斜角角焊缝，如图 6-6 所示。当两焊脚边的夹角 α 为直角时称为直角角焊缝，当 α 为锐角或钝角时称为斜角角焊缝。一般情况下采用直角角焊缝，夹角大于 135°或小于 60°的斜角角焊缝不宜用作受力焊缝（钢管结构除外）。在直接承受动力荷载的结构中，角焊缝表面应做成直线形或凹形。

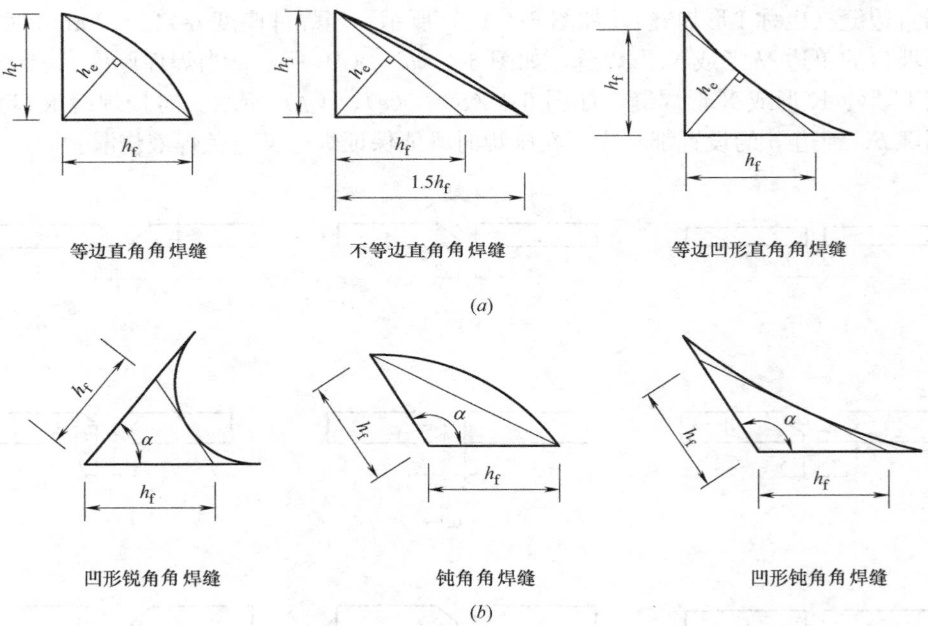

图 6-6　角焊缝截面形式

(a) 直角角焊缝；(b) 斜角角焊缝

h_f称为角焊缝的焊脚尺寸，焊脚尺寸的比例：对正面角焊缝宜为 1∶1.5，对侧面角焊缝可为 1∶1。在计算时，假设角焊缝破坏面均沿焊脚 $\alpha/2$ 面（即最小截面）破坏，此破坏截面称为焊缝的有效截面，该截面的厚度即为焊缝的有效厚度 h_e，也称焊缝的计算厚度。

根据焊缝长度方向与作用力方向的关系，角焊缝可分为正面角焊缝和侧面角焊缝，如图 6-7 所示。根据焊缝沿长度方向是否连续，角焊缝可分为连续角焊缝和断续角焊缝，如图 6-8 所示。连续角焊缝的受力性能较好，断续角焊缝容易产生应力集中现象，在一些次要构件或次要连接中可采用，但在重要结构及腐蚀环境中应避免使用。断续角焊缝的长度 L 不得小于 $10h_f$，且不应小于 50mm，同时为避免连接不紧密导致潮气侵入引起锈蚀，断续角焊缝的净距 e 应满足：在受压构件中 $e \leqslant 15t$，在受拉构件中 $e \leqslant 30t$，t 为较薄焊件的厚度。

1. 图 6-7 相关动画

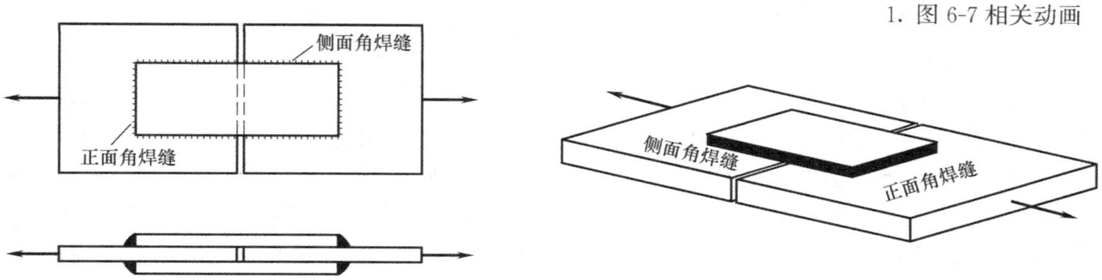

图 6-7　正面角焊缝和侧面角焊缝

(a)　(b)

图 6-8　连续角焊缝和断续角焊缝

(a) 连续角焊缝；(b) 断续角焊缝

2. 图 6-8 相关动画

6.2.3　焊接连接形式

(1) 焊接连接形式

根据焊件的相对位置，焊接连接形式可分为平接（对接连接）、搭接、T 形连接和角接四种，如图 6-9 所示。

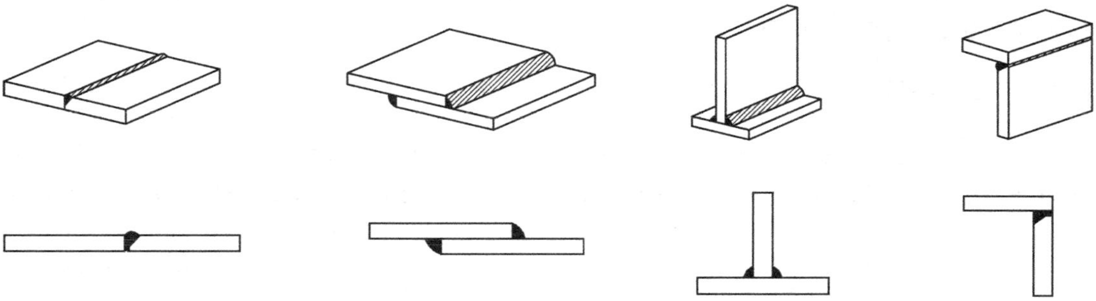
(a)　(b)　(c)　(d)

图 6-9　焊接连接形式

(a) 平接；(b) 搭接；(c) T 形连接；(d) 角部连接

(2) 焊缝的施焊位置

焊缝的施焊位置可分为俯焊、横焊、立焊和仰焊。俯焊施焊方便，

3. 图 6-9 相关动画

立焊和横焊对焊工的要求较高，仰焊的焊缝质量不易保证，因此尽量避免采用仰焊。

6.2.4 焊缝质量检查和焊缝质量等级

在焊接过程中易产生各种焊缝缺陷，常见的缺陷包括裂纹、焊瘤、烧穿、弧坑、气孔、夹渣、咬边、未熔合、未焊透，以及焊缝尺寸不符合要求、焊缝成形不良等。焊缝缺陷将影响焊缝的质量和连接强度，削弱焊缝的有效受力面积，并在缺陷处产生应力集中而使裂纹扩大，因此，必须进行焊缝质量的检查。有的缺陷可通过焊后外观检查就能发现，如表面裂纹、咬边等，有的内部缺陷则需通过仪器进行检测，一般采用超声波探伤和射线探伤。

焊缝质量等级分为三级，根据《钢结构工程施工质量验收规范》GB 50205—2001 相关规定，对设计要求全焊透的一、二级焊缝，除要求进行外观缺陷检查外，还应采用超声波探伤进行内部缺陷的检验，其中一级焊缝要求对每条焊缝长度 100%进行超声波探伤，二级焊缝应对每条焊缝长度的 20%且不小于 200mm 进行超声波探伤。超声波探伤不能对缺陷作出判断时，应采用射线探伤。对三级焊缝，仅要求作外观检查，不进行超声波检查。

焊缝质量等级应由设计人员根据结构的重要性、荷载特性、焊缝形式、工作环境及应力状态等情况作出规定，按下列原则选用：

（1）在承受动荷载且需要进行疲劳验算的构件中，凡要求与母材等强连接的焊缝应焊透，其质量等级应符合下列规定：①作用力垂直于焊缝长度方向的横向对接焊缝或 T 形对接与角接组合焊缝，受拉时应为一级，受压时不应低于二级；②作用力平行于焊缝长度方向的纵向对接焊缝不应低于二级；③重级工作制（A6～A8）和起重量 $Q \geqslant 50t$ 的中级工作制（A4、A5）吊车梁的腹板与上翼缘之间以及吊车桁架上弦杆与节点板之间的 T 形接头部位焊缝应焊透，焊缝形式宜为对接与角接的组合焊缝，其质量等级不应低于二级。

（2）在工作环境温度小于或等于－20℃的地区，构件对接焊缝的质量不得低于二级。

（3）不需要验算疲劳的构件中，凡要求与母材等强的对接焊缝宜焊透，其质量等级受拉时不应低于二级，受压时不宜低于二级。

（4）部分焊透的对接焊缝、采用角焊缝或部分焊透的对接与角接组合焊缝的 T 形连接部位，以及搭接连接角焊缝，其质量等级应符合下列规定：①直接承受动力荷载且需要验算疲劳的结构和吊车起重量 $Q \geqslant 50t$ 的中级工作制吊车梁以及梁柱、牛腿等重要节点不应低于二级；②其他结构可为三级。

6.2.5 焊缝符号

在钢结构施工图中，采用焊缝符号表示焊缝形式、尺寸及辅助要求等。焊缝符号及标注方法应符合《建筑结构制图标准》GB/T 50105—2010 和《焊缝符号表示法》GB/T 324—2008 的相关规定。

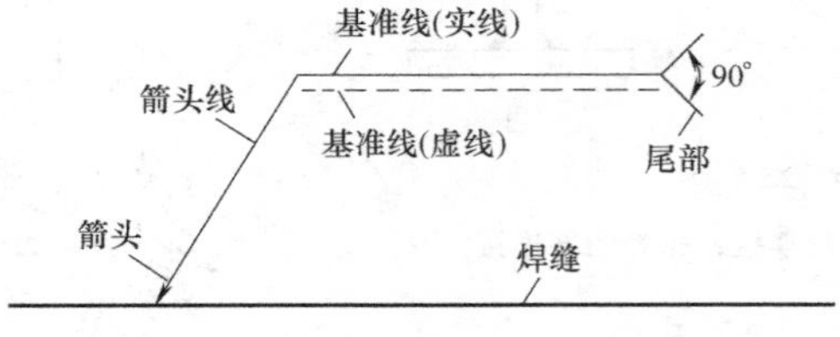

图 6-10　焊缝指引线

焊缝符号由指引线和基本符号组成，必要时还可加上焊缝尺寸符号、辅助符号和补充符号等。

（1）指引线

标明焊缝的位置，一般由带箭头的指引线、基准线（可一实线加一虚线或一实线）

和尾部（需要时）组成，虚线基准线可以画在实线基准线的上方或上方，如图 6-10 所示。

（2）基本符号

基本符号主要表示焊缝截面的形状，常用的焊缝基本符号见表 6-1。

常用焊缝基本符号 表 6-1

| 名称 | 对接焊缝 | | | | | | 角焊缝 | 塞焊与槽焊缝 | 点焊缝 |
	封底焊缝	I 形	V 形	单边V 形	带钝边的 V 形	带钝边的 U 形			
符号	⌣	‖	V	V	Y	Y̆	◺	⊓	○

当指引线的箭头指向焊缝所在一侧时，应将焊缝符号和尺寸标注在基准线的实线侧，当不用虚线基准线时应标在实线的上方（图 6-11a）；当箭头指向焊缝另一侧时，应将焊缝符号和尺寸标在基准线的虚线侧，当不用虚线基准线时应标在实线的下方（图 6-11b）；标双面对称焊缝时，可只画实线基准线（图 6-11c）。对于 V 形、U 形等单面对接焊缝，箭头线应指向有坡口的一侧（图 6-11d）。

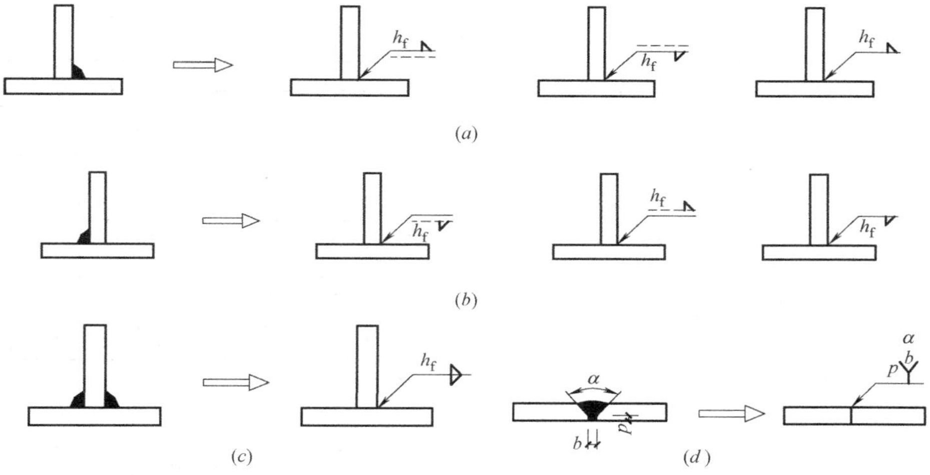

图 6-11 焊缝基本符号与基准线的相对位置

（a）箭头指向焊缝所在一侧时；（b）箭头指向焊缝所在另一侧时；（c）双面对称角焊缝；（d）V 形对接焊缝

（3）焊缝尺寸

焊缝尺寸是表示焊缝坡口和各特征尺寸的符号。角焊缝通常需标注焊脚尺寸 h_f、焊缝长度等，对接焊缝通常需标注坡口角度 α、根部间隙 b 和钝边 p 等尺寸。

（4）辅助符号

辅助符号是表示焊缝表面形状特征的符号，如对接焊缝表面余高部分是否需加工使其与焊件表面平齐等。不需要确切说明焊缝表面形状时可以不加注辅助符号，常用焊缝辅助符号见表 6-2。

（5）补充符号

补充符号是为了补充说明焊缝的某些特征而采用的符号，常用的焊缝补充符号见表 6-3。

常用焊缝辅助符号 **表 6-2**

序号	名称	图例	说明
1	平面符号		焊缝表面平齐
2	凹面符号		焊缝表面凹陷
3	凸面符号		焊缝表面凸起

在同一图形上，当焊缝形式、尺寸等要求均相同时，可只选择一处标注焊缝的符号和尺寸，并加注“类似部位相同焊缝符号”，该符号为 3/4 圆弧，绘在引出线的转折处。需注意的是，当三个或三个以上的焊件两两相连时，焊缝符号及尺寸应分别标注，如图 6-12 所示。

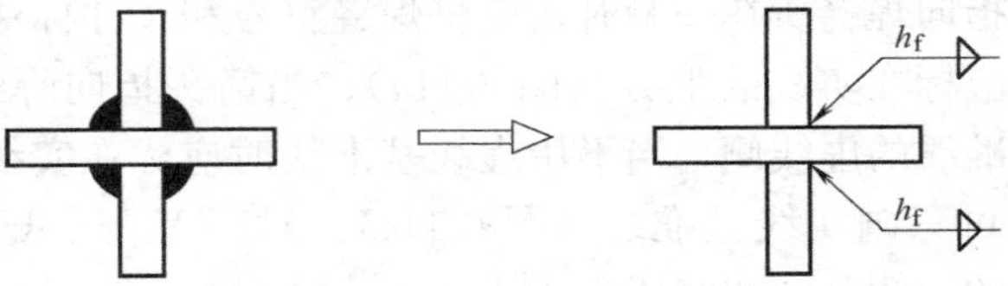

图 6-12 三个焊件两两相焊时的焊缝标注示例

常用焊缝补充符号 **表 6-3**

序号	名称	符号示意	图例或说明
1	三面围焊符号		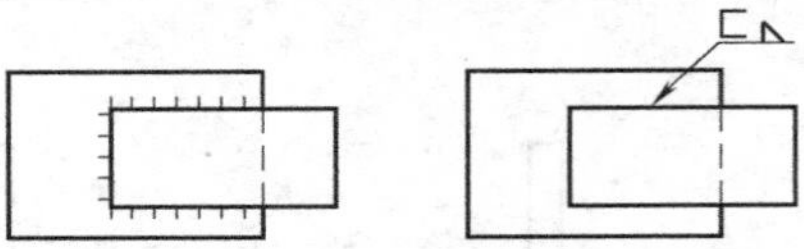
2	周边焊缝符号		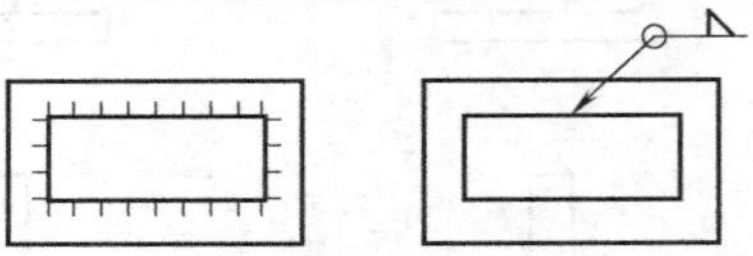
3	焊缝底部有垫板符号		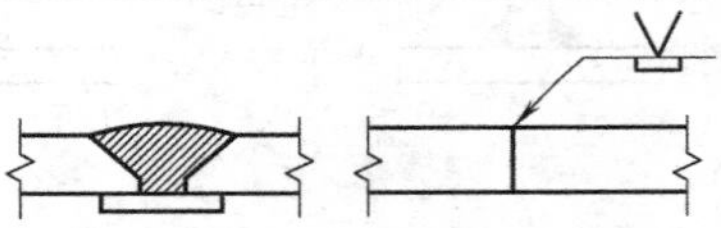
4	工地现场焊缝符号		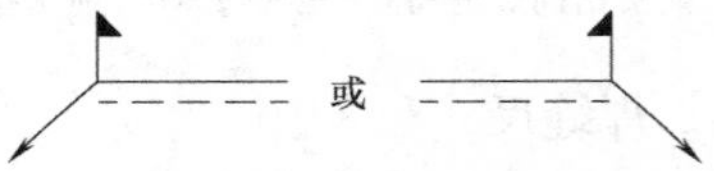
5	尾部符号		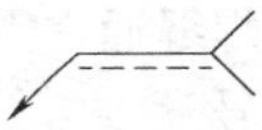
6	类似部位相同焊缝符号	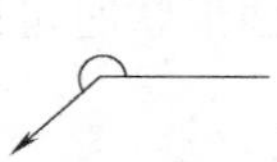	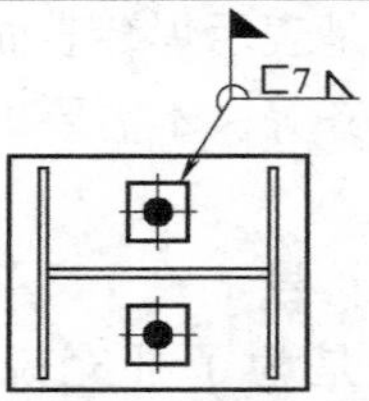

注：尾部符号用以标注需说明的焊接工艺方法或相同焊缝数量等。

6.3　对接焊缝连接构造和计算

对接焊缝包括熔透的对接焊缝和部分熔透的对接焊缝。当构件厚度较大而受力较小时，可以采用部分焊透的对接焊缝，从而减小焊缝截面，但在直接承受动力荷载的结构中，垂直于受力方向的焊缝不宜采用部分熔透对接焊缝。本书主要介绍熔透对接焊缝的计算方法。

6.3.1　对接焊缝的构造

在对接焊缝的拼接处，当焊件的宽度不同或厚度在一侧相差 4mm 以上时，应分别在宽度方向或厚度方向从一侧或两侧做成坡度不大于 1：2.5 的斜角，如图 6-13 所示，以使截面平缓过渡，减小应力集中。对于直接承受动力荷载且需要进行疲劳计算的结构，斜角坡度不应大于 1：4。当厚度不同时，焊缝坡口形式应根据较薄焊件厚度选用。

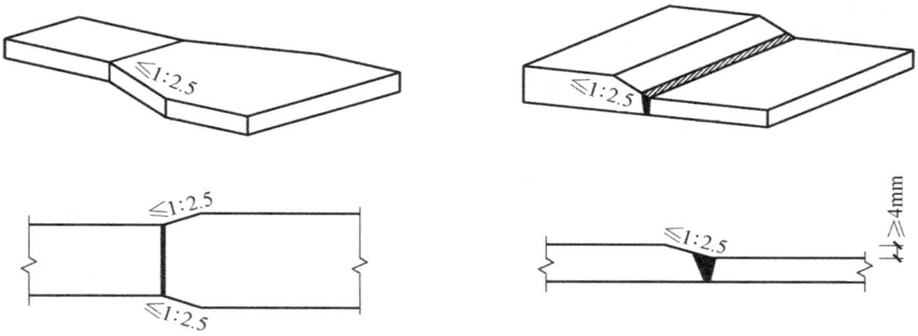

(*a*)　　　　(*b*)

4. 图 6-13 相关动画

图 6-13　不同宽度或厚度钢板的拼接

（*a*）不同宽度；（*b*）不同厚度

对接焊缝起点和终点（称为起弧点和落弧点）处常因不易焊透而出现凹形的焊口，在焊口处易产生裂纹和应力集中。为消除焊口缺陷，施焊时常在焊缝两端设置引弧板，如图 6-14所示，使焊缝的起弧点和落弧点落在引弧板上，焊后将引弧板切除，并将焊件边缘修磨平整。若施焊时无法使用引弧板，则在计算时将每条焊缝长度减少 $2t$（t 为焊件的较小厚度），以考虑焊缝两端起落弧的影响。

6.3.2　熔透对接焊缝的计算

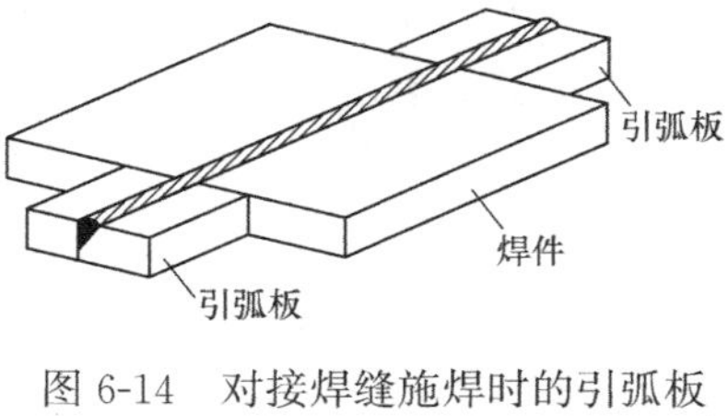

图 6-14　对接焊缝施焊时的引弧板

一般情况下，对接焊缝的有效截面与所焊接构件截面相同，对接焊缝中的应力分布情况与所焊接构件相似，故对接焊缝的强度计算方法与构件截面强度计算相同。

（1）轴心力作用下对接焊缝计算

轴心力作用下的对接焊缝（图 6-15），其强度可按下式计算：

$$\sigma=\frac{N}{l_{\mathrm{w}}t}\leqslant f_{\mathrm{t}}^{\mathrm{w}} \text{或} f_{\mathrm{c}}^{\mathrm{w}} \tag{6-1}$$

式中　N——轴心拉力或轴心压力（N）；

l_w——对接焊缝计算长度（mm），当采用引弧板施焊时，取焊缝实际长度，即 $l_w=l$；当未采用引弧板施焊时，每条焊缝取实际长度减去 $2t$，即 $l_w=l-2t$，t 为焊件较小厚度；

t——对接焊缝的计算厚度（mm），在对接连接节点中取连接件的较小厚度，在T形连接节点中取腹板的厚度；

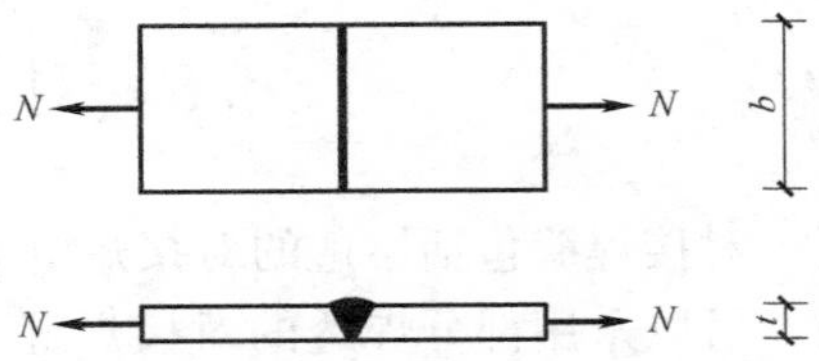

图 6-15　对接焊缝轴心受力

f_t^w、f_c^w——分别为对接焊缝的抗拉、抗压强度设计值（N/mm²），按附表 1-4 确定。

当构件受压，或构件受拉且焊缝质量等级为一级或二级时，若采用了引弧板避免焊缝两端的起、落弧缺陷，则此时焊缝与焊接构件强度相等，焊缝强度可不验算。

【例 6-1】 如图 6-16 所示两块钢板采用对接焊缝拼接，钢板横截面尺寸为 300mm×12mm，承受轴心拉力设计值 $N=500$kN，钢材为 Q235，焊条为 E43 型，手工焊，焊缝质量等级为三级，施工时未采用引弧板，请验算焊缝强度是否满足要求。

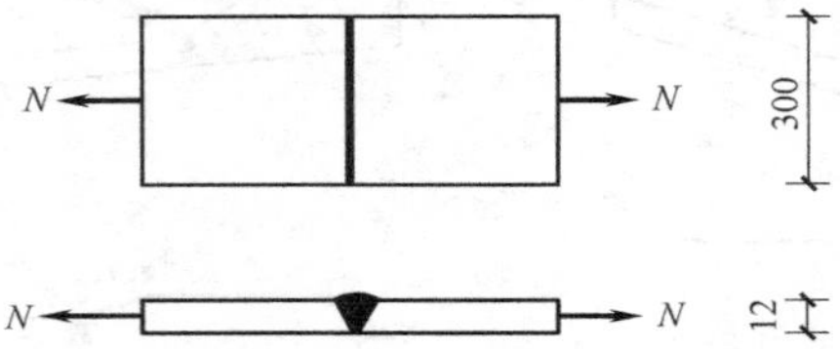

图 6-16　例 6-1 图

【解】 由附表 1-4 得 $f_t^w=185\text{N/mm}^2$，对接焊缝的计算厚度，在对接接头中取连接件的较小厚度，则 $t=12$mm。

按式（6-1）进行焊缝强度验算：

$$\sigma=\frac{N}{l_w t}=\frac{500\times10^3}{(300-2\times12)\times12}=150.97\text{N/mm}^2<f_t^w=185\text{N/mm}^2$$

焊缝强度满足要求。

（2）弯矩和剪力共同作用下的对接焊缝计算

如图 6-17（a）所示矩形截面构件的对接焊缝连接，焊缝在弯矩和剪力共同作用下的强度可按下式计算：

$$\sigma_{max}=\frac{M}{W_w}\leqslant f_t^w(f_c^w) \tag{6-2}$$

$$\tau_{max}=\frac{VS_w}{I_w t}\leqslant f_v^w \tag{6-3}$$

式中　M、V——分别为焊缝截面作用的弯矩（N·mm）和剪力（N）；

W_w——焊缝截面的截面模量（mm³），图 6-17（a）中焊缝 $W_w=\frac{tl_w^2}{6}$；

S_w——焊缝截面计算剪应力处以上或以下截面对中和轴的面积矩（mm³），图 6-17（a）中焊缝 $S_w=\frac{tl_w^2}{8}$；

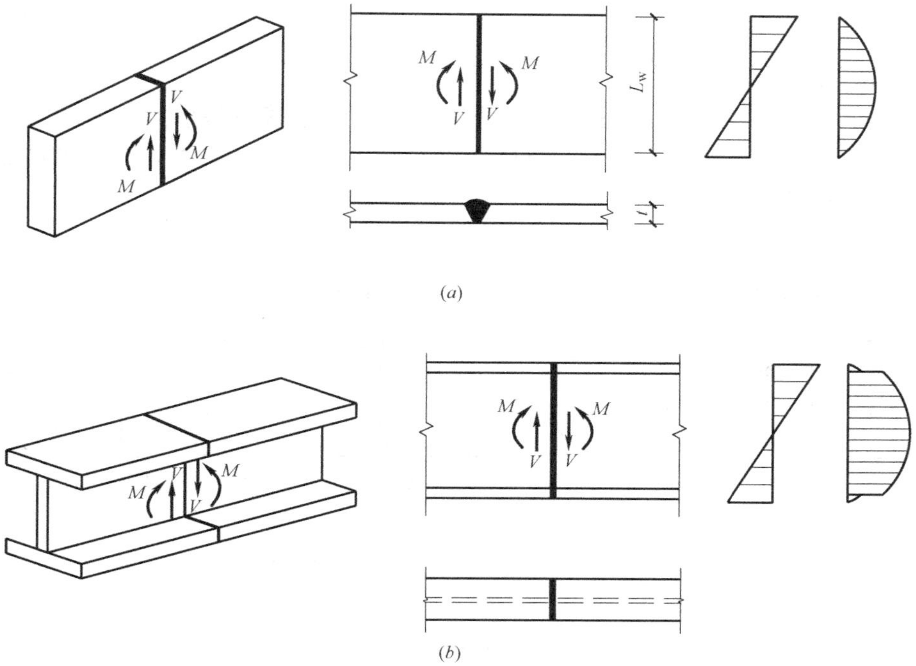

5. 图 6-17 相关动画

图 6-17　对接焊缝受弯矩和剪力的共同作用

（a）矩形截面构件对接焊缝连接；（b）工字形或 H 形截面构件对接焊缝连接

I_w——焊缝截面对中和轴的惯性矩（mm^4），图 6-17（a）中焊缝 $I_w=\frac{tl_w^3}{12}$；

f_v^w——对接焊缝的抗剪强度设计值（N/mm^2），按附表 1-4 确定。

如图 6-17（b）所示工字形或 H 形截面构件的对接焊缝连接，除按式（6-2）、式（6-3）验算焊缝截面的最大正应力和最大剪应力外，对于同时有较大正应力 σ_1 和剪应力 τ_1 处，比如腹板和翼缘交接处，还应按下式验算折算应力：

$$\sqrt{\sigma_1^2+3\tau_1^2}\leqslant 1.1f_t^w \tag{6-4}$$

式中　σ_1——焊缝截面验算点处由弯矩产生的正应力（N/mm^2），$\sigma_1=\frac{M}{I_w}\cdot\frac{h_0}{2}$，$h_0$ 为焊缝截面腹板高度；

τ_1——焊缝截面验算点处由剪力产生的剪应力（N/mm^2），$\tau_1=\frac{VS_{w1}}{I_w t_w}$，$S_{w1}$ 为焊缝截面翼缘和腹板交接处以上（或以下）截面对中和轴的面积矩；t_w 为焊缝截面处腹板厚度。

考虑到最大折算应力只在局部出现，故将强度设计值乘以提高系数 1.1。

（3）弯矩、剪力和轴力共同作用下的对接焊缝计算

当弯矩、剪力、轴力共同作用时，弯矩和轴力产生正应力，剪力产生剪应力。对于如图 6-18（a）所示矩形截面构件的对接焊缝连接，按下式验算焊缝强度：

$$\sigma_{max}=\frac{N}{A_w}+\frac{M}{W_w}\leqslant f_t^w(f_c^w) \tag{6-5}$$

$$\tau_{\max}=\frac{VS_{\mathrm{w}}}{I_{\mathrm{w}}t}\leqslant f_{\mathrm{v}}^{\mathrm{w}} \tag{6-6}$$

式中 A_{w}——焊缝截面面积（mm^2）。

如图 6-18（*b*）所示工字形或 H 形截面构件的对接焊缝连接，除按式（6-5）、式（6-6）验算最大正应力和最大剪应力外，对于同时有较大正应力 σ_1 和剪应力 τ_1 处，比如腹板和翼缘交接处，还应按下式验算折算应力：

$$\sqrt{(\sigma_{\mathrm{N}}+\sigma_1)^2+3\tau_1^2}\leqslant 1.1f_{\mathrm{t}}^{\mathrm{w}} \tag{6-7}$$

式中 σ_{N}——焊缝截面验算点处由轴力产生的正应力（N/mm^2）。

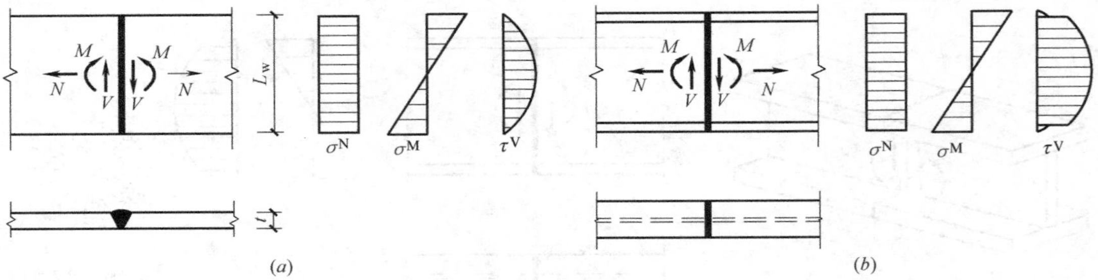

图 6-18　对接焊缝受弯矩、剪力和轴力共同作用

【例 6-2】 如图 6-19 所示简支钢梁，跨度 $L=9$m，钢材为 Q345，承受均布荷载设计值 $q=160$kN/m（包括梁自重）。在距梁左支座 3m 处采用对接焊缝进行拼接，手工焊，焊条为 E50 型，焊缝质量等级为三级，施工时采用引弧板。试验算此拼接焊缝强度是否满足要求。

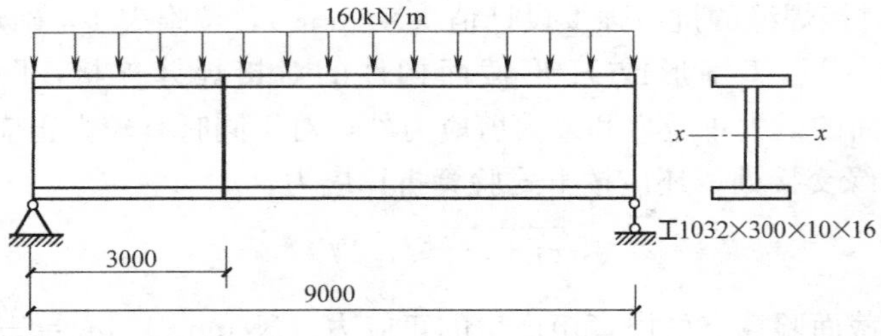

图 6-19　例 6-2 图

【解】 ① 计算截面参数，对接焊缝截面=梁横截面，则焊缝截面对 x 轴的惯性矩为：

$$I_{\mathrm{w}}=\frac{300\times1032^3}{12}-\frac{290\times1000^3}{12}=3.31\times10^9\,\mathrm{mm}^4$$

焊缝截面 x 轴以上或以下截面对 x 轴的面积矩：

$$S_{\mathrm{w}}=300\times16\times508+500\times10\times250=3.69\times10^6\,\mathrm{mm}^3$$

焊缝截面翼缘和腹板交接处以上或以下截面对 x 轴的面积矩：

$$S_{\mathrm{w1}}=300\times16\times508=2.44\times10^6\,\mathrm{mm}^3$$

② 计算焊缝截面弯矩和剪力

$$M=\frac{160\times9}{2}\times3-\frac{160\times3^2}{2}=1440\mathrm{kN\cdot m}$$

$$V=\frac{160\times9}{2}-160\times3=240\text{kN}$$

③ 对接焊缝强度验算

弯矩作用下，翼缘外边缘处正应力最大，按式（6-2）验算：

$$\sigma_{\max}=\frac{M}{W_w}=\frac{M}{I_w}y_{\max}=\frac{1440\times10^6}{3.31\times10^9}\times516=224.48\text{N/mm}^2<f_t^w=260\text{N/mm}^2$$

剪力作用下，焊缝截面中和轴处的剪应力最大，按式（6-3）验算：

$$\tau_{\max}=\frac{VS_w}{I_wt}=\frac{240\times10^3\times3.69\times10^6}{3.31\times10^9\times10}=26.76\text{N/mm}^2<f_v^w=175\text{N/mm}^2$$

在焊缝截面翼缘和腹板交接处同时有 σ 和 τ，且值都比较大，应验算该点处的折算应力。

焊缝截面翼缘和腹板交接处正应力 σ_1：

$$\sigma_1=\frac{M}{I_w}\cdot\frac{h_0}{2}=\frac{1440\times10^6}{3.31\times10^9}\times500=217.52\text{N/mm}^2$$

焊缝截面翼缘和腹板交接处剪应力 τ_1：

$$\tau_1=\frac{VS_{w1}}{I_wt_w}=\frac{240\times10^3\times2.44\times10^6}{3.31\times10^9\times10}=17.69\text{N/mm}^2$$

按式（6-4）验算折算应力：

$$\sqrt{\sigma_1^2+3\tau_1^2}=\sqrt{217.52^2+3\times17.69^2}$$
$$=219.67\text{N/mm}^2<1.1f_t^w=1.1\times260=286\text{N/mm}^2$$

焊缝强度满足要求。

6.4 角焊缝连接构造和计算

6.4.1 角焊缝连接构造要求

（1）最小焊脚尺寸

角焊缝的焊脚尺寸 h_f 相对于焊件的厚度不能过小，以保证焊缝的最小承载能力，并防止因热输入量过小使焊件热影响区冷却过快而形成硬化组织或产生裂缝。角焊缝最小焊脚尺寸宜按表 6-4 取值，承受动荷载时角焊缝焊脚尺寸不宜小于 5mm。

角焊缝最小焊脚尺寸（mm） **表 6-4**

母材厚度 t	角焊缝最小焊脚尺寸 h_f
$t\leqslant6$	3
$6<t\leqslant12$	5
$12<t\leqslant20$	6
$t>20$	8

注：1. 采用不预热的非低氢焊接方法进行焊接时，t 等于焊接接头中较厚焊件厚度，宜采用单道焊缝；采用预热的非低氢焊接方法或低氢焊接方法进行焊接时，t 等于焊接接头部位中较薄焊件厚度；

2. 焊脚尺寸不要求超过焊接接头中较薄件厚度的情况除外。

（2）最大焊脚尺寸

角焊缝的焊脚尺寸 h_f 相对于焊件厚度也不能过大，以免焊缝烧穿较薄的焊件。且焊脚尺寸过大，冷却时的收缩变形也大。h_f 不宜大于较薄焊件厚度的 1.2 倍（钢管结构除外），板件（厚度为 t）边缘的角焊缝最大焊脚尺寸应符合：当 $t \leqslant 6$mm 时，$h_f \leqslant t$；当 $t >$ 6mm 时，$h_f \leqslant t-(1\sim2)$mm。

（3）角焊缝的计算长度

角焊缝的长度较小时，焊缝的起弧点、落弧点相距太近，在起、落弧处容易产生质量缺陷，再加上焊缝中可能产生的其他质量缺陷，使焊缝不够可靠。因此，角焊缝的计算长度不应小于 $8h_f$ 或 40mm。

侧面角焊缝的应力沿焊缝长度分布不均匀（两端大中间小），焊缝越长，不均匀分布程度越明显，有可能焊缝两端已经发生破坏而中部焊缝还未充分发挥其承载力。考虑长焊缝内力分布不均匀的影响，当焊缝计算长度超过 $60h_f$ 时，焊缝的承载力设计值应乘以折减系数 α_f：

$$\alpha_f = 1.5 - \frac{l_w}{120h_f} \geqslant 0.5 \tag{6-8}$$

若内力沿侧面角焊缝全长均匀分布，例如焊接工字形截面梁腹板与翼缘间的连接焊缝，其计算长度不受此限制。

（4）其他构造要求

当承受动力荷载的构件仅用两侧面角焊缝连接时，如图 6-20（a）所示，为了防止应力传递过分弯折，造成板件中应力分布不均匀，每条侧面角焊缝长度 l_w 不宜小于两侧面角焊缝之间的垂直距离 b，即 $l_w \geqslant b$。同时为了防止焊缝横向收缩引起板件的拱曲过大，两侧面角焊缝之间的距离 b 不宜大于 $16t$，t 为较薄焊件的厚度。当 b 不满足上述要求时，应加正面角焊缝或槽焊、塞焊等。

当角焊缝的端部在构件的转角作绕角焊时，如图 6-20（b）所示，转角处必须连续施焊，且绕焊长度不应小于 $2h_f$。在搭接连接中，搭接长度不得小于焊件较小厚度的 5 倍，并不应小于 25mm，如图 6-20（c）所示。

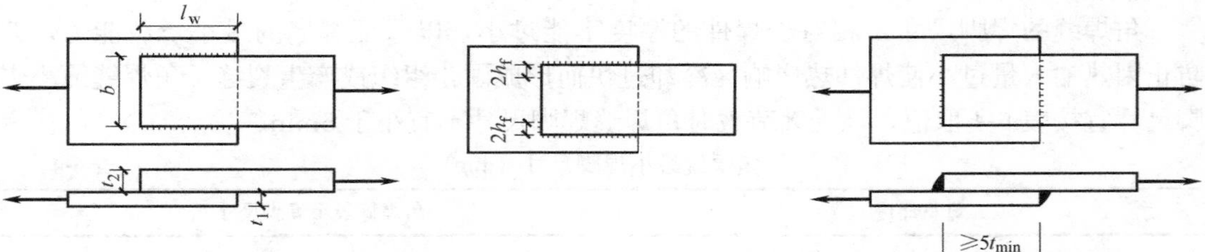

图 6-20 角焊缝的其他构造要求

只采用侧面角焊缝连接型钢杆件端部时，型钢杆件的宽度不应大于 200mm，当宽度大于 200mm 时，应加正面角焊缝或中间塞焊。型钢杆件每一侧侧面角焊缝的长度不应小于型钢杆件的宽度。

6.4.2 直角角焊缝的计算

（1）直角角焊缝强度计算的基本公式

外力作用下直角角焊缝有效截面上应力均可分解成三种类型的应力分量：垂直于焊缝有效截面的正应力 $\sigma_\perp$、垂直于焊缝长度方向的剪应力 $\tau_\perp$、沿焊缝长度方向的剪应力 $\tau_{//}$，如图 6-21所示。三个应力分量与角焊缝强度之间的关系可用下式表示：

$$\sqrt{\sigma_\perp{}^2+3(\tau_\perp{}^2+\tau_{//}{}^2)}\leqslant\sqrt{3}f_f{}^w \qquad (6\text{-}9)$$

式中 f_f^w——角焊缝的强度设计值，查附表 1-4 确定。

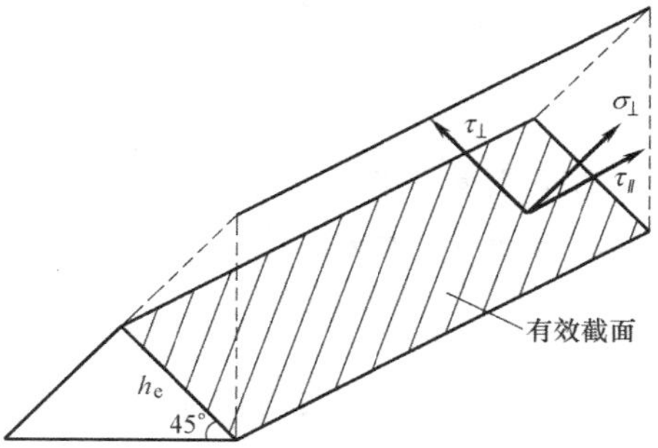

图 6-21 角焊缝有效截面上的应力

采用式（6-9）进行计算时，需要计算有效截面上的应力分量，较为复杂，现以图 6-22 所示直角角焊缝为例，推导角焊缝强度计算的基本公式。

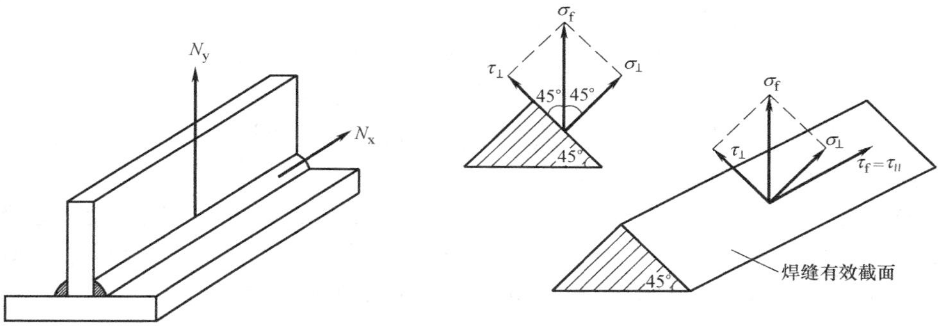

图 6-22 直角角焊缝的计算

6. 图 6-22 相关动画

如图 6-22 所示直角角焊缝承受两个相互垂直的外力 N_x、N_y作用，N_x、N_y作用线均通过焊缝截面的形心，N_x与焊缝长度方向平行，N_y与焊缝长度方向垂直。

N_y在焊缝有效截面上引起垂直于焊缝一个直角边的应力 σ_f，它既不是正应力，也不是剪应力，但可以把它分解为正应力 $\sigma_\perp$ 和剪应力 $\tau_\perp$：

$$\sigma_f=\frac{N_y}{A_w}=\frac{N_y}{\sum h_e l_w} \qquad (6\text{-}10a)$$

$$\sigma_\perp=\tau_\perp=\sigma_f\cdot\cos\alpha=\frac{\sigma_f}{\sqrt{2}} \qquad (6\text{-}10b)$$

沿焊缝长度方向作用的力 N_x在焊缝有效截面上引起剪应力 τ_f：

$$\tau_f=\tau_{//}=\frac{N_x}{A_w}=\frac{N_x}{\sum h_e l_w} \qquad (6\text{-}10c)$$

将式（6-10b）、式（6-10c）代入式（6-9）中，得：

$$\sqrt{4\left(\frac{\sigma_f}{\sqrt{2}}\right)^2+3\tau_f^2}=\sqrt{2\sigma_f^2+3\tau_f^2}\leqslant\sqrt{3}f_f^w \qquad (6\text{-}10d)$$

令 $\beta_f=\sqrt{3/2}$，则由式（6-6d）可得直角角焊缝在力 N_x、N_y作用下的焊缝强度计算基本公式为：

$$\sqrt{\left(\frac{\sigma_f}{\beta_f}\right)^2+\tau_f^2}\leqslant f_f^w \tag{6-11a}$$

对于仅承受垂直于焊缝长度方向的力 N_y 作用的正面角焊缝，式（6-11a）中的 $\tau_f=0$，则其焊缝强度计算基本公式为：

$$\sigma_f=\frac{N_y}{A_w}=\frac{N_y}{\sum h_e l_w}\leqslant \beta_f f_f^w \tag{6-11b}$$

对于仅承受平行于焊缝长度方向的力 N_x 作用的侧面角焊缝，式（6-11a）中的 $\sigma_f=0$，则其焊缝强度计算基本公式为：

$$\tau_f=\frac{N_x}{A_w}=\frac{N_x}{\sum h_e l_w}\leqslant f_f^w \tag{6-11c}$$

式中 σ_f——按焊缝有效截面计算的、垂直于焊缝长度方向的应力（N/mm^2）；

τ_f——按焊缝有效截面计算的、平行于焊缝长度方向的剪应力（N/mm^2）；

A_w——焊缝的有效截面面积（mm^2）；

l_w——角焊缝的计算长度（mm），对每条焊缝取其实际长度减去 $2h_f$，以考虑起弧点和落弧点处所形成缺陷的影响；

h_e——直角角焊缝的计算厚度（mm），当两焊件间隙 $b\leqslant 1.5$mm 时，$h_e=0.7h_f$；当 $1.5\text{mm}<b\leqslant 5\text{mm}$ 时，$h_e=0.7(h_f-b)$，h_f 为焊脚尺寸；

β_f——正面角焊缝强度设计值增大系数，对承受静力荷载和间接承受动力荷载的结构：$\beta_f=1.22$；对直接承受动力荷载的结构：$\beta_f=1.0$。

式（6-11a）～式（6-11c）为直角角焊缝强度计算的基本公式，当角焊缝承受任意方向力作用时，只要将焊缝截面上的应力分解为垂直于焊缝有效截面的分应力 σ_f 和平行于焊缝长度方向的分应力 τ_f，即可用上述基本公式进行角焊缝强度的计算。

（2）轴心力作用下采用盖板的角焊缝连接计算

构件平接且采用盖板连接时，若只有侧面角焊缝，如图 6-23（a）所示，则焊缝连接强度按式（6-11c）验算；若只有正面角焊缝，如图 6-23（b）所示，则焊缝连接强度按式（6-11b）验算；若采用三面围焊，如图 6-23（c）所示，可先计算正面角焊缝所承担的内力 N_1：

$$N_1=\beta_f f_f^w h_{e1}\sum l_{w1} \tag{6-12}$$

再计算侧面角焊缝的强度：

$$\tau_f=\frac{N-N_1}{h_{e2}\sum l_{w2}}\leqslant f_f^w \tag{6-13}$$

式中 $\sum l_{w1}$、$\sum l_{w2}$——分别为盖板连接一侧的正面角焊缝和侧面角焊缝计算长度（mm）；

h_{e1}、h_{e2}——分别为正面角焊缝、侧面角焊缝的有效厚度（mm）。

（3）轴心力作用下角钢与节点板的角焊缝连接计算

在钢桁架中，角钢与节点板的连接焊缝宜采用两面侧焊，也可采用三面围焊，如图 6-24所示。

① 两面侧焊（图 6-25）

轴向力 N 通过角钢截面形心，角钢截面形心到肢背和肢尖的距离分别为 e_1 和 e_2，因为 $e_1<e_2$，故肢背焊缝所承担的内力 N_1 大于肢尖焊缝所承担的内力 N_2，即 $N_1>N_2$。

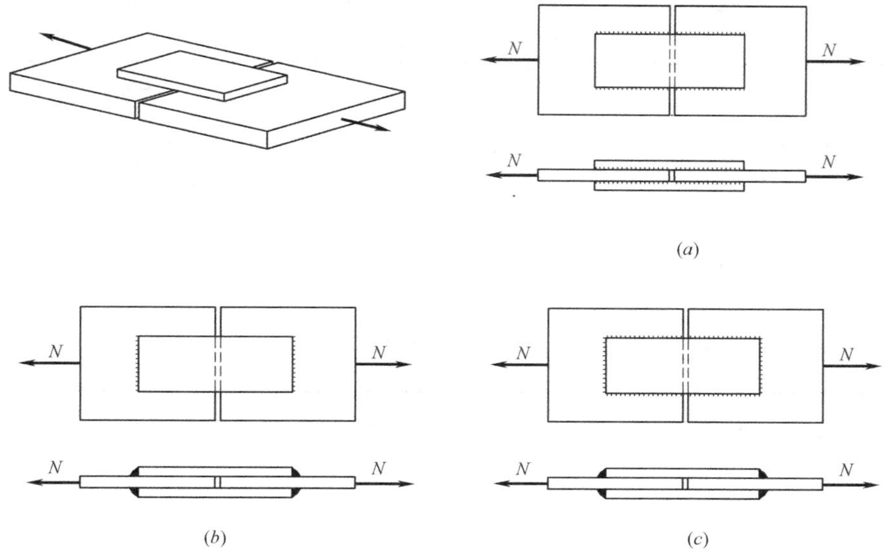

图 6-23　轴心力作用下采用盖板的角焊缝连接

(a) 侧面角焊缝连接；(b) 正面角焊缝连接；(c) 三面围焊连接

7. 图 6-23 相关动画

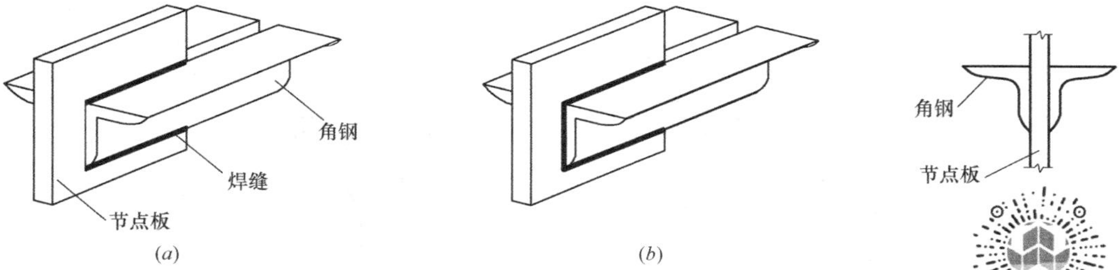

图 6-24　轴心力作用下角钢与节点板的角焊缝连接

(a) 两面侧焊；(b) 三面围焊

8. 图 6-24 相关动画

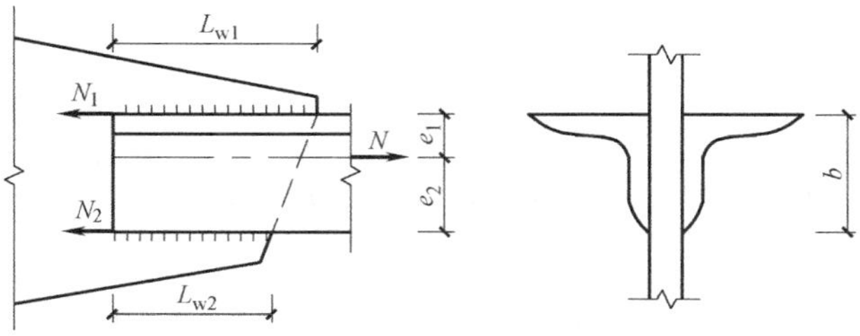

图 6-25　两面侧焊

根据平衡条件得：

$$N_1=\frac{e_2}{e_1+e_2}N=k_1N \tag{6-14a}$$

$$N_2=\frac{e_1}{e_1+e_2}N=k_2N \tag{6-14b}$$

式中 k_1、k_2——分别为角钢肢背、肢尖的角焊缝内力分配系数，按表 6-5 确定。

角钢肢背、肢尖角焊缝内力分配系数 **表 6-5**

序号	角钢形式	图示	分配系数	
			k_1	k_2
1	等边角钢	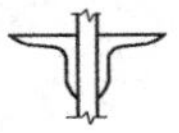	0.7	0.3
2	不等边角钢(短边相连)	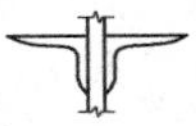	0.75	0.25
3	不等边角钢(长边相连)		0.65	0.35

在 N_1、N_2 作用下，肢背、肢尖焊缝的强度计算公式为：

$$\frac{N_1}{h_{e1}\sum l_{w1}}\leqslant f_f^w \tag{6-15a}$$

$$\frac{N_2}{h_{e2}\sum l_{w2}}\leqslant f_f^w \tag{6-15b}$$

式中 h_{e1}、h_{e2}——分别为肢背、肢尖焊缝的有效厚度（mm）；

$\sum l_{w1}$、$\sum l_{w2}$——分别为肢背、肢尖焊缝的计算长度（mm）。

② 三面围焊（图 6-26）

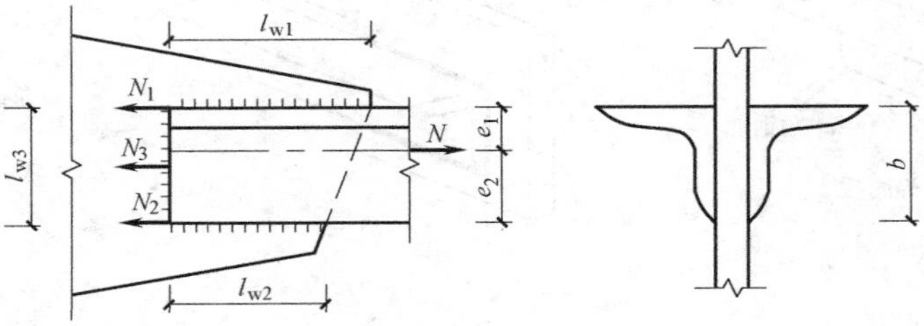

图 6-26　三面围焊

当采用三面围焊时，可先确定正面角焊缝的焊脚尺寸 h_{f3}，并计算其所能承受的内力 N_3：

$$N_3=\beta_f f_f^w h_{e3}\sum l_{w3} \tag{6-16a}$$

根据平衡条件，可计算出肢背、肢尖焊缝所受力分别为：

$$N_1=k_1N-0.5N_3 \tag{6-16b}$$

$$N_2=k_2N-0.5N_3 \tag{6-16c}$$

同样，可根据式（6-15a）、式（6-15b）验算肢背、肢尖焊缝的强度。

【例 6-3】 附图 7-1 中所示单层钢结构厂房中的钢屋架，某上弦节点连接如图 6-27 所示。腹杆 Ba 杆采用双等边角钢组成的 T 形截面，所受轴心压力设计值 $N_{Ba}=220.23$kN，与节点板采用两侧面角焊缝连接。钢材为 Q235，手工焊，焊条为 E43 型。若肢背焊缝、肢尖焊缝的焊脚尺寸 $h_f=5$mm，请确定 Ba 杆与节点板连接焊缝所需焊缝长度。

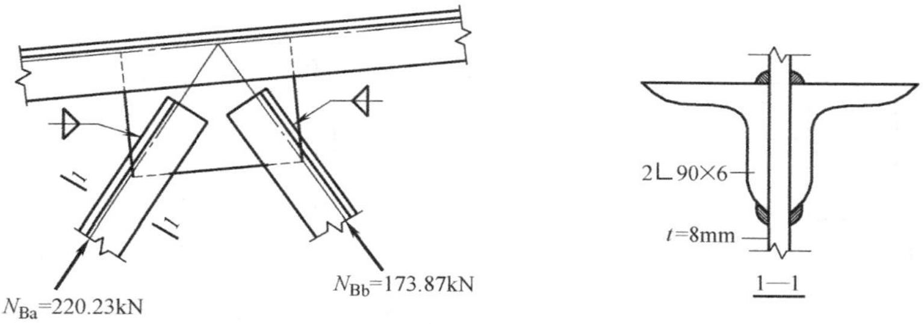

图 6-27 例 6-3 图

【解】 查附表 1-4 得 $f_f^w=160N/mm^2$，查表 6-5 得肢背焊缝内力分配系数 $k_1=0.7$，肢尖焊缝内力分配系数 $k_2=0.3$，则按式（6-15）计算所需焊缝长度：

Ba 杆肢背焊缝计算长度：

$$l_{w1} \geqslant \frac{k_1 N}{2\times 0.7 h_f f_f^w} = \frac{0.7\times 220.23\times 10^3}{2\times 0.7\times 5\times 160} = 137.64\text{mm} > 8h_f = 40\text{mm}$$

Ba 杆肢尖焊缝计算长度：

$$l_{w2} \geqslant \frac{k_2 N}{2\times 0.7 h_f f_f^w} = \frac{0.3\times 220.23\times 10^3}{2\times 0.7\times 5\times 160} = 58.99\text{mm} > 8h_f = 40\text{mm}$$

肢背焊缝实际长度：$l'_{w1} \geqslant 137.64+2\times 5=147.64\text{mm}$，取 150mm。

肢尖焊缝实际长度：$l'_{w2} \geqslant 58.99+2\times 5=68.99\text{mm}$，取 90mm。

（4）斜向力作用下角焊缝连接计算

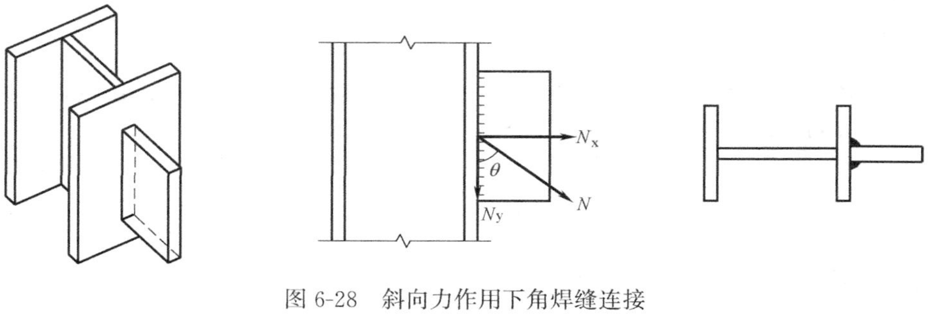

图 6-28 斜向力作用下角焊缝连接

如图 6-28 所示角焊缝受斜向轴心力 N 作用，N 与焊缝长度方向的夹角为 θ。将 N 分别分解为与焊缝长度方向垂直的分力 N_x 和与焊缝长度方向平行的分力 N_y：$N_x=N\sin\theta$，$N_y=N\cos\theta$，则焊缝有效截面上同时有 σ_f、τ_f：

$$\sigma_f = \frac{N_x}{\sum h_e l_w} = \frac{N\sin\theta}{\sum h_e l_w} \tag{6-17a}$$

$$\tau_f = \frac{N_y}{\sum h_e l_w} = \frac{N\cos\theta}{\sum h_e l_w} \tag{6-17b}$$

按下式验算焊缝强度：

$$\sqrt{\left(\frac{\sigma_f}{\beta_f}\right)^2 + \tau_f^2} = \sqrt{\left(\frac{N\sin\theta}{\beta_f \sum h_e l_w}\right)^2 + \left(\frac{N\cos\theta}{\sum h_e l_w}\right)^2} \leqslant f_f^w \tag{6-17c}$$

（5）弯矩、剪力和轴力共同作用下角焊缝连接计算

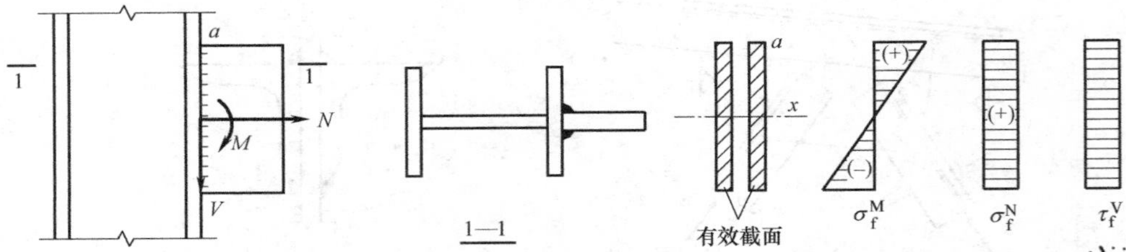

图 6-29　M、V、N 共同作用下角焊缝连接

9. 图 6-29 相关动画

如图 6-29 所示双面角焊缝承受弯矩 M、轴心力 N、剪力 V 共同作用。

在弯矩 M 作用下，焊缝有效截面上产生垂直于焊缝长度方向的应力 σ_f^M 为：

$$\sigma_f^M=\frac{M}{I_w}y \tag{6-18a}$$

式中　I_w——角焊缝有效截面对中和轴 x 轴的截面惯性矩（mm^4）；

y——焊缝截面上计算应力点到 x 轴的距离（mm）。

在轴力 N 作用下，焊缝有效截面上产生垂直于焊缝长度方向的应力 σ_f^N，应力 σ_f^N 在焊缝有效截面上均匀分布，即：

$$\sigma_f^N=\frac{N}{A_w}=\frac{N}{\sum h_e l_w} \tag{6-18b}$$

在剪力 V 作用下，焊缝有效截面上产生平行于焊缝长度方向的应力 τ_f^V，应力 τ_f^V 在焊缝有效截面上均匀分布，即：

$$\tau_f^V=\frac{V}{A_w}=\frac{V}{\sum h_e l_w} \tag{6-18c}$$

在弯矩 M、轴心力 N、剪力 V 共同作用下，角焊缝有效截面最上边缘点处应力最大，如图 6-29 中 a 点，按下式验算该点焊缝强度：

$$\sqrt{\left(\frac{\sigma_f}{\beta_f}\right)^2+\tau_f^2}=\sqrt{\left(\frac{\sigma_f^M+\sigma_f^N}{\beta_f}\right)^2+(\tau_f^V)^2}\leqslant f_f^w \tag{6-18d}$$

如图 6-30 所示工字形或 H 形截面梁（或牛腿）与钢柱翼缘采用角焊缝连接时，一般承受弯矩 M 和剪力 V 共同作用。

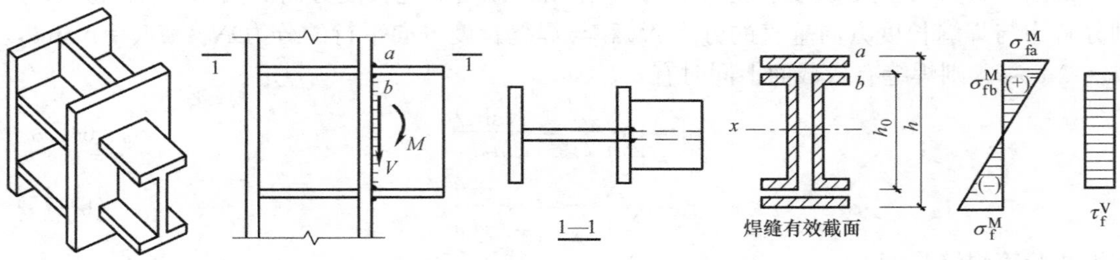

图 6-30　工字形或 H 形截面梁（牛腿）与柱翼缘角焊缝连接

计算时考虑到翼缘板的竖向刚度与腹板相比较小，通常假定剪力仅由腹板焊缝承受，且剪应力在腹板焊缝有效截面上均匀分布，弯矩则由全部焊缝承受。

则剪力作用下腹板焊缝有效截面上产生的剪应力 τ_f^V 为：

$$\tau_f^V = \frac{V}{A_{w腹}} = \frac{V}{2h_e h_0} \tag{6-19a}$$

在弯矩作用下，翼缘和腹板焊缝有效截面上均产生垂直于焊缝长度方向的应力 σ_f^M，σ_f^M 按式（6-18a）计算，则截面最上边缘处 a 点及翼缘与腹板交接处 b 点由弯矩 M 产生的应力分别为：

$$\sigma_{fa}^M = \frac{M}{I_w} y = \frac{M}{I_w} \cdot \frac{h}{2} \tag{6-19b}$$

$$\sigma_{fb}^M = \frac{M}{I_w} y = \frac{M}{I_w} \cdot \frac{h_0}{2} \tag{6-19c}$$

在焊缝边缘处 a 点 σ_f^M 最大，而在翼缘与腹板交接处 b 点，同时有 σ_f^M 和 τ_f^V，因此应分别验算这两点的焊缝强度：

a 点：
$$\sigma_{fa}^M = \frac{M}{I_w} y = \frac{M}{I_w} \cdot \frac{h}{2} \leqslant \beta_f f_f^w \tag{6-19d}$$

b 点：
$$\sqrt{\left(\frac{\sigma_f}{\beta_f}\right)^2 + \tau_f^2} = \sqrt{\left(\frac{\sigma_{fb}^M}{\beta_f}\right)^2 + (\tau_f^V)^2} \leqslant f_f^w \tag{6-19e}$$

式中 $A_{w腹}$——腹板角焊缝有效截面面积（mm^2）；

h——焊缝有效截面上、下最外边缘之间的距离（mm）；

h_0——腹板计算高度（mm）；

I_w——全部焊缝有效截面对中和轴 x 轴的惯性矩（mm^4）。

实际工程中通常也假定工字形或 H 形截面翼缘板和腹板按各自的刚度（对 x 轴的惯性矩）之比共同承担弯矩，而剪力由腹板单独承受，此处不详述。

【例 6-4】 附图 7-1 所示单层钢结构厂房中的柱间支撑节点如图 6-31 所示，柱间交叉支撑杆件采用双角钢，支撑与柱腹板通过连接板连接，该连接板与柱腹板采用两侧面角焊缝连接。焊缝长度 $l=185$mm，焊脚尺寸 $h_f=8$mm，所受轴向力设计值 $N=150$kN，$\theta=31°$。钢材 Q235，手工焊，焊条 E43 型，试验算连接板与柱腹板间的焊缝强度是否满足要求。

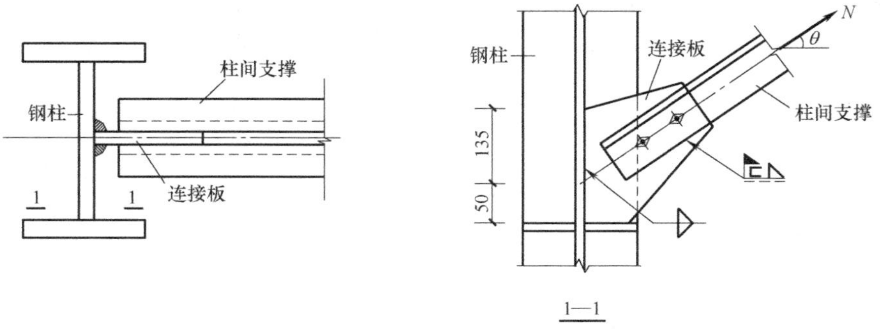

图 6-31 例 6-4 图

10. 图 6-31 相关动画

【解】 ① 连接板与柱腹板连接角焊缝所受力

将轴向力 N 分解为 N_x 和 N_y，即：

$$N_x = N\cos\theta = 150 \times \cos31° = 128.58\text{kN}$$

$$N_y = N\sin\theta = 150\times\sin31° = 77.26\text{kN}$$

N_x与焊缝形心偏心距 $e=(135+50)/2-50=42.5\text{mm}$，将力 N_x平移至焊缝形心，则所产生力矩：

$$M = N_x e = 128.58\times0.0425 = 5.46\text{kN}\cdot\text{m}$$

② 焊缝强度验算

由附表 1-4 得 $f_f^w=160\text{N/mm}^2$，在 N_x、N_y和 M 共同作用下，焊缝最下边缘点应力最大：

$$\tau_f^{N_y} = \frac{N_y}{\sum h_e l_w} = \frac{77.26\times10^3}{2\times0.7\times8\times(185-2\times8)} = 40.82\text{N/mm}^2$$

$$\sigma_f^{N_x} = \frac{N_x}{\sum h_e l_w} = \frac{128.58\times10^3}{2\times0.7\times8\times(185-2\times8)} = 67.93\text{N/mm}^2$$

$$\sigma_f^M = \frac{M}{W_w} = \frac{6\times5.46\times10^6}{2\times0.7\times8\times\ (185-2\times8)^2} = 102.41\text{N/mm}^2$$

$$\sqrt{\left(\frac{\sigma_f}{\beta_f}\right)^2+\tau_f^2} = \sqrt{\left(\frac{67.93+102.41}{1.22}\right)^2+40.82^2} = 145.47\text{N/mm}^2 < f_f^w = 160\text{N/mm}^2$$

焊缝强度满足要求。

【例 6-5】 如图 6-32 所示为一工字形截面钢牛腿与钢柱采用角焊缝连接，钢材为 Q235 钢，手工焊，E43 型焊条，牛腿承受静力荷载设计值 $P=450\text{kN}$，偏心距 $e=200\text{mm}$，焊脚尺寸 $h_f=8\text{mm}$，试验算牛腿与钢柱连接焊缝强度是否满足要求。

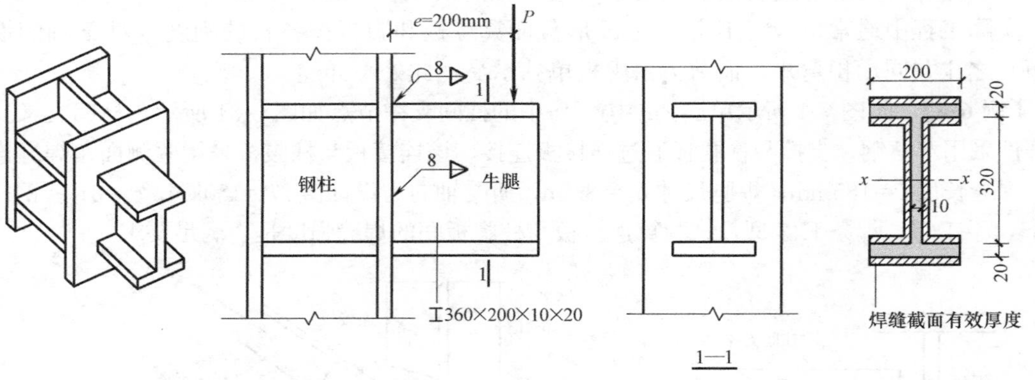

图 6-32 例 6-5 图

【解】 ① 角焊缝受力

剪力： $V=P=450\text{kN}$

弯矩： $M=Pe=450\times0.2=90\text{kN}\cdot\text{m}$

假设弯矩 M 由所有焊缝共同承受，而剪力仅由腹板焊缝承受，且腹板上剪应力均匀分布。

② 焊缝截面参数

焊缝截面有效厚度 $h_e=0.7h_f=0.7\times8=5.6\text{mm}$，由于焊缝有效厚度与整个牛腿截面尺寸相比是很小的，计算焊缝截面参数时可把各段焊缝有效截面看作是厚度为 h_e的一些直线段紧贴在牛腿板件边缘，由此引起的误差很小，可不考虑，则：

腹板焊缝有效截面面积为：

$$A_{腹w}=5.6\times320\times2=3584\text{mm}^2$$

全部焊缝有效截面对 x 轴的惯性矩为：

$$I_x=\frac{5.6\times320^3}{12}\times2+\left(\frac{200\times5.6^3}{12}+5.6\times200\times182.8^2\right)\times2+$$
$$\left(\frac{89.4\times5.6^3}{12}+5.6\times89.4\times157.2^2\right)\times4=1.55\times10^8\text{mm}^4$$

③ 焊缝强度验算

由附表 1-4 得 $f_f^w=160\text{N/mm}^2$。在弯矩 M 作用下，焊缝有效截面上产生垂直于焊缝长度方向的应力 σ_f^M，且焊缝截面最外边缘点处应力最大，则：

$$\sigma_f^M=\frac{M}{I_x}y_{max}=\frac{90\times10^6}{1.55\times10^8}\times185.6=107.77\text{N/mm}^2<\beta_f f_f^w=1.22\times160=195.2\text{N/mm}^2$$

在剪力 V 作用下，腹板焊缝有效截面上产生平行于焊缝长度方向的应力 τ_f^V，应力 τ_f^V 在腹板焊缝有效截面上均匀分布，即：

$$\tau_f^V=\frac{V}{A_{w腹}}=\frac{450\times10^3}{3584}=125.56\text{N/mm}^2$$

在弯矩 M 和剪力 V 共同作用下，焊缝截面在翼缘和腹板交接处同时有 σ_f^M 和 τ_f^V：

$$\sigma_{f1}^M=\frac{M}{I_x}y_1=\frac{90\times10^6}{1.55\times10^8}\times160=92.90\text{N/mm}^2$$

$$\sqrt{\left(\frac{\sigma_{f1}^M}{\beta_f}\right)^2+(\tau_f^V)^2}=\sqrt{\left(\frac{92.90}{1.22}\right)^2+125.56^2}=146.85\text{N/mm}^2<f_f^w=160\text{N/mm}^2$$

牛腿与柱连接焊缝强度满足要求。

(6) 扭矩和剪力共同作用下角焊缝连接计算

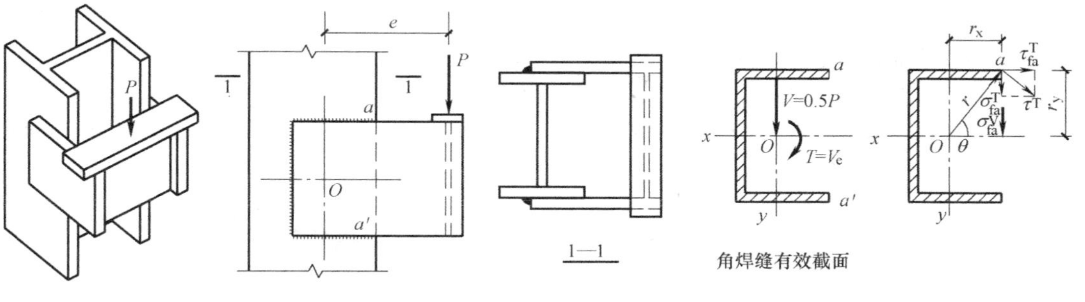

图 6-33 剪力、扭矩共同作用下角焊缝连接

如图 6-33 所示连接，在 P 作用下，每一块钢板与柱翼缘的连接角焊缝各自受力 $0.5P$，将此力移至焊缝截面形心 O 点，则焊缝同时承受通过形心的剪力 $V=0.5P$ 和扭矩 $T=Ve$ 作用。

在扭矩 T 作用下，假设：①被连接板件是绝对刚性的，而角焊缝是弹性的，则被连接板件在扭矩 T 作用下绕焊缝有效截面形心 O 点旋转；②焊缝有效截面上任一点由扭矩产生的应力大小与该点到形心的距离 r 成正比，方向垂直于该点与形心 O 点的连线。由

扭矩 T 产生的应力按下式计算：

$$\tau^{T}=\frac{Tr}{I_{wp}} \tag{6-20a}$$

式中 I_{wp}——角焊缝有效截面对其形心 O 点的极惯性矩（mm^4），$I_{wp}=I_{wx}+I_{wy}$，其中 I_{wx}、I_{wy} 分别为角焊缝有效截面对其 x、y 轴的惯性矩；

r——计算应力点到焊缝截面形心的距离（mm）。

由式（6-20a）可知，焊缝有效截面上距形心最远点 a 点和 a' 点由扭矩产生的应力最大。将 a 点处由扭矩 T 产生的应力 τ^{T} 分解为沿 x、y 轴方向的分应力 τ_{fa}^{T}、σ_{fa}^{T}：

x 轴方向

$$\tau_{fa}^{T}=\frac{Tr}{I_{wp}}\cdot\frac{r_y}{r}=\frac{Tr_y}{I_{wp}} \tag{6-20b}$$

y 轴方向

$$\sigma_{fa}^{T}=\frac{Tr}{I_{wp}}\cdot\frac{r_x}{r}=\frac{Tr_x}{I_{wp}} \tag{6-20c}$$

式中 r_x、r_y——分别为计算应力点到焊缝截面形心的 x 方向的距离和 y 方向的距离（mm）。

在剪力 V 作用下，假设焊缝有效截面上由 V 产生的应力均匀分布，则图 6-33 所示角焊缝在扭矩 T 和剪力 V 共同作用下，a 点和 a' 应力最大，对 a 点（或 a' 点）处焊缝强度进行验算：

$$\sqrt{\left(\frac{\sigma_f}{\beta_f}\right)^2+\tau_f^2}=\sqrt{\left(\frac{\sigma_{fa}^{T}+\sigma_{fa}^{V}}{\beta_f}\right)^2+(\tau_{fa}^{T})^2}\leqslant f_f^w \tag{6-20d}$$

式中，a 点（或 a' 点）由剪力产生的应力 $\sigma_{fa}^{V}=\dfrac{V}{A_w}=\dfrac{V}{\sum h_e l_w}$。

若当图 6-33 所示连接除作用剪力 V 和扭矩 T 外，还作用通过焊缝形心的轴向力 N，如图 6-34 所示。假设在轴力 N 作用下焊缝有效截面上的应力均匀分布，则在 T、V、N 共同作用下 a 点应力最大，a 点处焊缝强度验算公式如下：

$$\sqrt{\left(\frac{\sigma_f}{\beta_f}\right)^2+\tau_f^2}=\sqrt{\left(\frac{\sigma_{fa}^{T}+\sigma_{fa}^{V}}{\beta_f}\right)^2+(\tau_{fa}^{T}+\tau_{fa}^{N})^2}\leqslant f_f^w \tag{6-21}$$

式中，a 点由轴力产生的应力 $\tau_{fa}^{N}=\dfrac{N}{A_w}=\dfrac{N}{\sum h_e l_w}$。

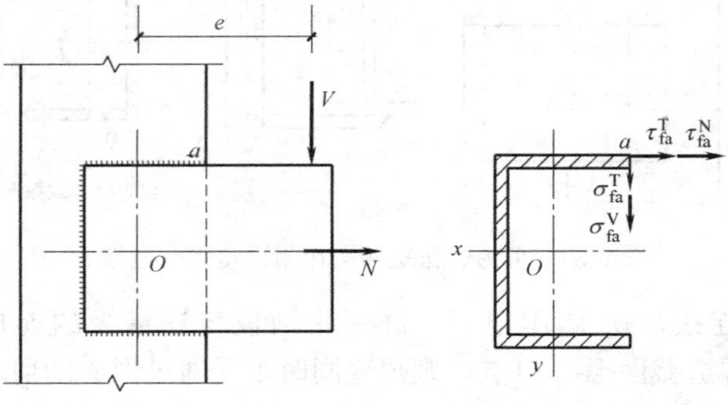

图 6-34 剪力、扭矩和轴力共同作用下角焊缝连接

【例 6-6】 如图 6-35 所示钢牛腿，承受静力荷载设计值 $P=250$kN，钢材为 Q235 钢，手工焊，E43 型焊条，焊脚尺寸 $h_f=8$mm，试验算牛腿与钢柱连接焊缝强度是否满足

要求。

【解】 ① 焊缝有效截面参数

焊缝截面有效厚度为：

$$h_e=0.7h_f=0.7\times8=5.6\text{mm}$$

焊缝有效截面面积为：

$$A_w=(142+5.6)\times5.6\times2+300\times5.6=3333.12\text{mm}^2$$

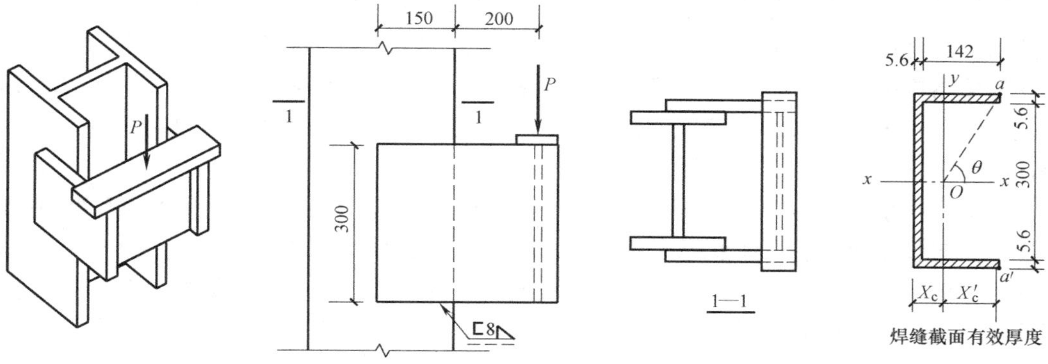

图 6-35 例 6-6 图

焊缝群形心位置：

$$X_c=\frac{300\times5.6\times2.8+147.6\times5.6\times73.8\times2}{3333.12}=38.01\text{mm}$$

$$X_c'=147.6-38.01=109.59\text{mm}$$

焊缝有效截面惯性矩：

$$I_{wx}=\frac{5.6\times300^3}{12}+\left(\frac{147.6\times5.6^3}{12}+147.6\times5.6\times152.8^2\right)\times2=5.12\times10^7\text{mm}^4$$

$$I_{wy}=\left[\frac{5.6\times147.6^3}{12}+5.6\times147.6\times\left(\frac{147.6}{2}-38.01\right)^2\right]\times2+$$

$$\frac{300\times5.6^3}{12}+300\times5.6\times(38.01-2.8)^2=7.21\times10^6\text{mm}^4$$

$$I_{wp}=I_{wx}+I_{wy}=5.84\times10^7\text{mm}^4$$

② 焊缝强度验算

焊缝所受剪力：$V=0.5P=125\text{kN}$

焊缝所受扭矩： $T=0.5Pe=125\times(0.2+0.11)=38.75\text{kN}\cdot\text{m}$

查附表 1-4 得 $f_f^w=160\text{N/mm}^2$。剪力和扭矩共同作用下，图中 a 点或a'点应力最大，对 a 点进行焊缝强度验算：

$$\sigma_{fa}^V=\frac{V}{A_W}=\frac{125\times10^3}{3333.12}=37.5\text{N/mm}^2$$

$$\tau_{fa}^T=\frac{Tr_y}{I_{wP}}=\frac{38.75\times10^6\times155.6}{5.84\times10^7}=103.24\text{N/mm}^2$$

$$\sigma_{fa}^T=\frac{Tr_x}{I_{wP}}=\frac{38.75\times10^6\times109.59}{5.84\times10^7}=72.72\text{N/mm}^2$$

$$\sqrt{\left(\frac{\sigma_{fa}^{V}+\sigma_{fa}^{T}}{\beta_f}\right)^2+(\tau_{fa}^{T})^2}=\sqrt{\left(\frac{37.5+72.72}{1.22}\right)^2+103.24^2}=137.19\text{N/mm}^2<f_f^w=160\text{N/mm}^2$$

焊缝强度满足要求。

6.5 焊接应力和焊接变形

焊接过程是一个对焊件局部加热然后再逐渐冷却的过程，施焊时，在焊件上产生不均匀的温度场将使焊件产生不均匀的变形，从而产生焊接应力。焊接残余应力是指焊接后残留在焊接结构中的应力，它是在没有荷载作用下的内应力，可在焊件内自相平衡。焊接残余应力的存在不影响结构的静力强度，但会使构件刚度减小，降低受压构件的稳定承载力，增加了钢材在低温下的脆断倾向。

焊接后残余在结构中的变形称为焊接残余变形，常见的焊接残余变形主要有纵向收缩变形、横向收缩变形、弯曲变形、角变形、波浪状的变形、扭曲变形等，如图 6-36 所示。当焊接变形超过《钢结构工程施工质量验收规范》GB 50205—2001 的规定时，必须进行校正，以免影响构件的承载能力。

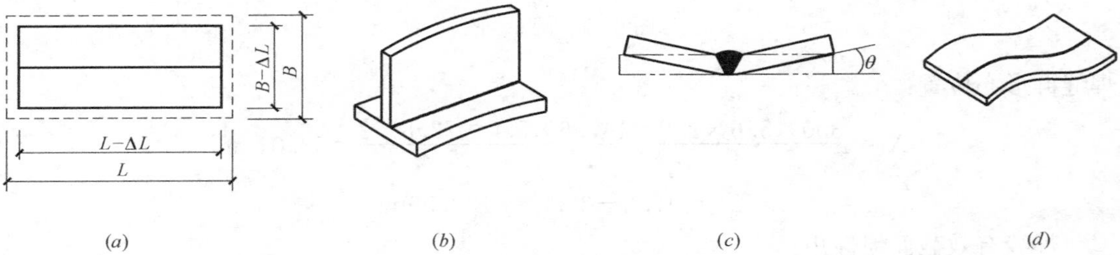

图 6-36　焊接残斜变形

(*a*) 纵向及横向收缩变形；(*b*) 弯曲变形；(*c*) 角变形；(*d*) 波浪变形

在设计和施工制造阶段，应采取措施尽量减小钢结构的焊接残余应力和变形。

(1) 设计措施

① 选用合适的焊缝尺寸。对角焊缝连接进行设计时，在满足最小焊脚尺寸的条件下，尽可能选择较小的焊脚尺寸 h_f。

② 合理布置焊缝位置。焊缝不宜过分集中并应尽量对称布置，尽量避免三向焊缝相交。当三向焊缝相交时，可将次要焊缝中断而使主要焊缝贯通。如图 6-37 (*a*) 所示工字形截面焊接组合梁，为使翼缘与腹板连接焊缝连续贯通，应将横向加劲肋端部进行切角。

③ 合理选用焊缝形式。对图 6-37 (*b*) 所示受力较大的 T 形接头或十字形接头中，在保证相同强度条件下，采用开坡口的对接与角接组合焊缝比采用角焊缝的尺寸小，可减小焊接残余应力，节省焊条。

④ 应考虑施焊的可能性及方便性。如采用手工焊时，须保证焊接工作面所需的操作净空和焊条角度，同时应尽可能避免仰焊等。

(2) 工艺措施

① 选择合理的施焊顺序。例如对图 6-37 (*c*) 所示焊接工字形截面采用对角跳焊；对图 6-37 (*d*) 所示厚焊缝采用分层焊；对图 6-37 (*e*) 所示钢板对接采用分段退焊；图 6-37

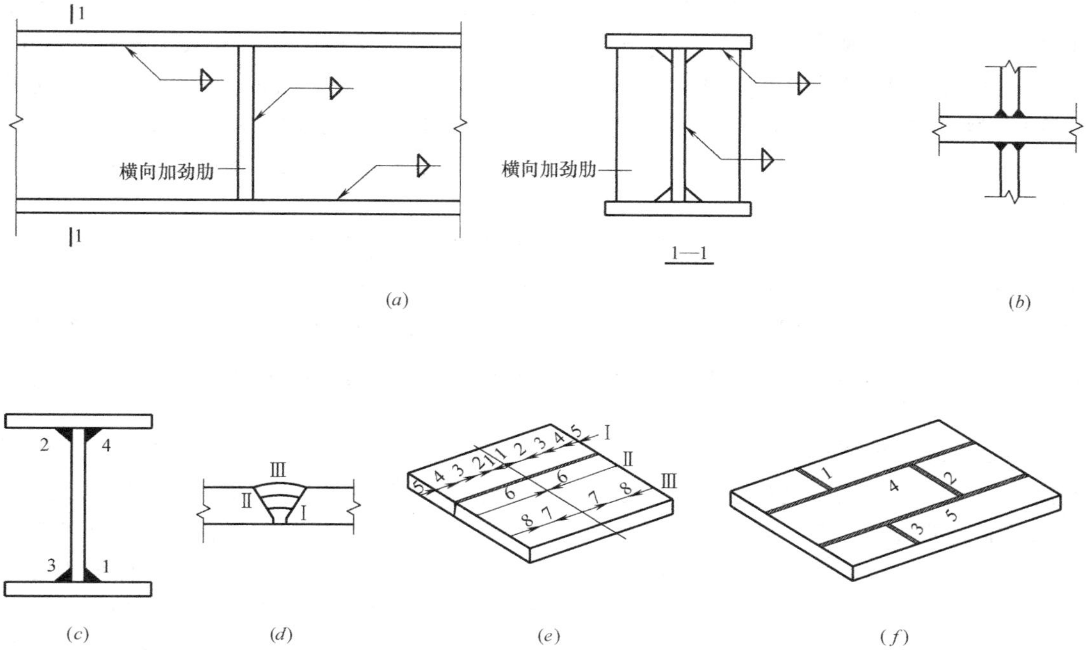

图 6-37　减小焊接残余应力和变形的措施

(*a*) 工字形截面焊接组合梁；(*b*) 对接与角接组合焊缝；(*c*) 对角跳焊；
(*d*) 分层焊；(*e*) 分段退焊；(*f*) 钢板分块拼接的施焊顺序

(*f*) 所示钢板拼接，施焊时先焊错开的短焊缝 1、2、3，再焊长焊缝 4、5。

② 采用反变形法。在施焊前给焊件一个与焊接变形相反的变形，使其与焊接后的变形相抵消，从而达到减小焊接变形的目的。

③ 其他措施。对于小尺寸焊件，可采用焊前局部加热法，也可采用焊后整体回火法或局部回火法，来减小焊接残余应力。刚性固定法是在施焊前对焊件进行固定，从而限制了焊接变形，但在焊接接头处的焊接残余应力较大。机械矫正法和火焰矫正法均可矫正变形。

6.6　螺栓连接的排列和构造

6.6.1　螺栓的种类

钢结构连接用的螺栓分为普通螺栓和高强度螺栓两大类。

(1) 普通螺栓

普通螺栓可分为 A、B、C 三级，其中 A、B 级为精制螺栓，C 级为粗制螺栓。按材料性能等级可分为 4.6、4.8、5.6、8.8 级，其中 4.6 级和 4.8 级为 C 级普通螺栓，5.6 级和 8.8 级为 A 级或 B 级普通螺栓。常用的螺栓直径有 12mm、14mm、16mm、18mm、20mm 等。螺栓性能等级的含义，以 4.6 级为例，表示螺栓材料的抗拉强度不小于 $400N/mm^2$，屈服强度与抗拉强度之比为 0.6，即屈服强度不小于 $240N/mm^2$。

C级普通螺栓一般由普通碳素钢Q235B钢制成，对螺栓孔的制作要求较低，要求Ⅱ类孔（指一次冲成或不用钻模钻成设计孔径的孔），孔径较螺栓公称直径大1.0～1.5mm。C级普通螺栓宜用于沿杆轴方向受拉的连接，由于螺栓杆和孔壁之间有较大间隙，承受剪力作用时将会产生较大的剪切滑移，仅在下列情况下可用于受剪连接：①承受静力荷载或间接承受动力荷载的结构中的次要连接；②承受静力荷载的可拆卸结构连接；③临时固定构件的安装连接。

A、B级精制螺栓，对成孔质量要求高，孔径较螺栓公称直径大0.2～0.5mm。其中A级螺栓是指螺杆公称直径$d \leqslant 24$mm和螺杆公称长度$l \leqslant 10d$或$l \leqslant 150$mm（按较小值）时的螺栓，否则为B级螺栓。A、B级螺栓的受力性能优于C级螺栓，但其制造、安装都比较复杂，费用较高，因此一般钢结构中很少采用，主要用于机械设备。

（2）高强度螺栓

高强度螺栓性能等级有8.8级和10.9级。高强度螺栓连接分为摩擦型连接和承压型连接。摩擦型连接是通过被连接件接触面间的摩擦力来传递剪力，以摩擦力被克服作为连接承载能力的极限状态。而承压型连接则允许被连接板件间发生相对滑移，以栓杆被剪坏或孔壁承压破坏作为连接承载能力的极限状态。高强度螺栓承压型连接由于在摩擦力被克服后将产生一定的滑移变形，因而只能用于承受静力荷载或间接承受动力荷载的结构中。

高强度螺栓承压型连接的螺栓孔采用标准圆孔，摩擦型连接可采用标准圆孔、大圆孔和槽孔，孔型尺寸可按表6-6采用。采用扩大孔连接时，同一连接面只能在盖板和芯板其中之一的板上采用大圆孔或槽孔，其余仍采用标准孔。

高强度螺栓连接的孔型尺寸匹配（mm） **表6-6**

螺栓公称直径			M12	M16	M20	M22	M24	M27	M30
孔型	标准孔	直径	13.5	17.5	22	24	26	30	33
	大圆孔	直径	16	20	24	28	30	35	38
	槽孔	短向	13.5	17.5	22	24	26	30	33
		长向	22	30	37	40	45	50	55

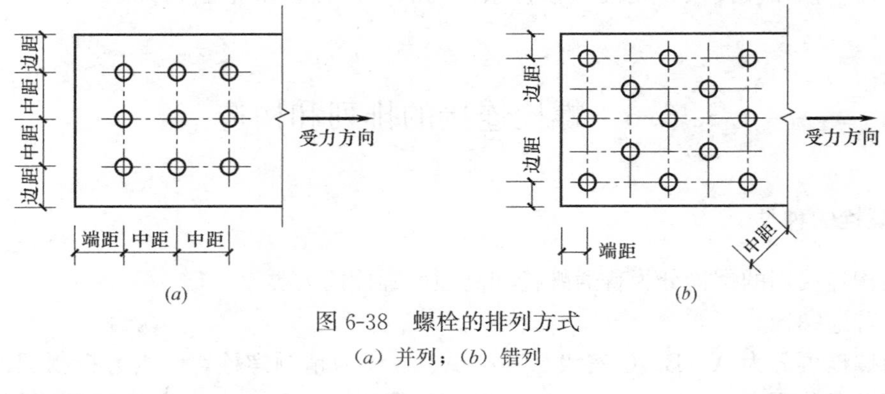

图6-38　螺栓的排列方式

（a）并列；（b）错列

6.6.2　螺栓的排列

螺栓的排列通常分为并列和错列两种，如图6-38所示。并列布置紧凑，所用拼接板的尺寸小，但螺栓孔对截面的削弱大。错列布置对构件截面削弱小，但拼接板尺寸大。

螺栓的中距、边距和端距容许值 **表 6-7**

<table>
<tr><th>名　称</th><th colspan="3">位置和方向</th><th>最大容许距离
（取两者较小值）</th><th>最小容许距离</th></tr>
<tr><td rowspan="5">中心
间距</td><td colspan="3">外排（垂直内力方向或顺内力方向）</td><td>$8d_0$或 $12t$</td><td rowspan="5">$3d_0$</td></tr>
<tr><td rowspan="3">中间排</td><td colspan="2">垂直内力方向</td><td>$16d_0$或 $24t$</td></tr>
<tr><td rowspan="2">顺内力方向</td><td>构件受压力</td><td>$12d_0$或 $18t$</td></tr>
<tr><td>构件受拉力</td><td>$16d_0$或 $24t$</td></tr>
<tr><td colspan="3">沿对角线方向</td><td>—</td></tr>
<tr><td rowspan="4">中心至
构件边
缘距离</td><td colspan="3">顺内力方向</td><td rowspan="4">$4d_0$或 $8t$</td><td>$2d_0$</td></tr>
<tr><td rowspan="3">垂直内
力方向</td><td colspan="2">剪切边或手工切割边</td><td rowspan="2">$1.5d_0$</td></tr>
<tr><td rowspan="2">轧制边、自动气
割或锯割边</td><td>高强度螺栓</td></tr>
<tr><td>其他螺栓或铆钉</td><td>$1.2d_0$</td></tr>
</table>

注：1. d_0为螺栓孔的孔径，对槽孔为短向尺寸；t 为外层较薄板件的厚度；

2. 钢板边缘与刚性构件（如角钢、槽钢等）相连的高强度螺栓的最大间距，可按中间排的数值采用。

排列螺栓时主要考虑以下要求：①受力要求。端距过小，构件的端部易被剪坏；对于受拉构件，各排螺栓的中距和边距过小，会使螺栓周围应力集中相互影响，且构件的截面削弱过多，会降低其承载力；对于受压构件，中距过大时，两螺栓中心间的板件容易发生鼓曲现象。②构造要求。端距过大，端部的板件易翘起。中距和边距过大，连接板件间不能紧密贴合，潮气入侵缝隙易使钢材锈蚀。③施工要求。螺栓的布置应保证足够的空间便于转动螺栓扳手。

综合考虑以上要求，《钢结构设计标准》GB 50017—2017 规定：①钢板上螺栓的最大最小容许距离，见表 6-7；②热轧角钢上螺栓的线距 e（如图 6-39a～c 所示）和最大孔径，见表 6-8：当角钢肢宽 b<125mm 时，一般采用单排螺栓；当 b≥125mm 时，可采用双排错列；当 b≥160mm，可采用双排并列；③热轧普通工字钢、热轧槽钢上螺栓的线距（如图 6-39d 所示）和最大孔径，见表 6-9、表 6-10。

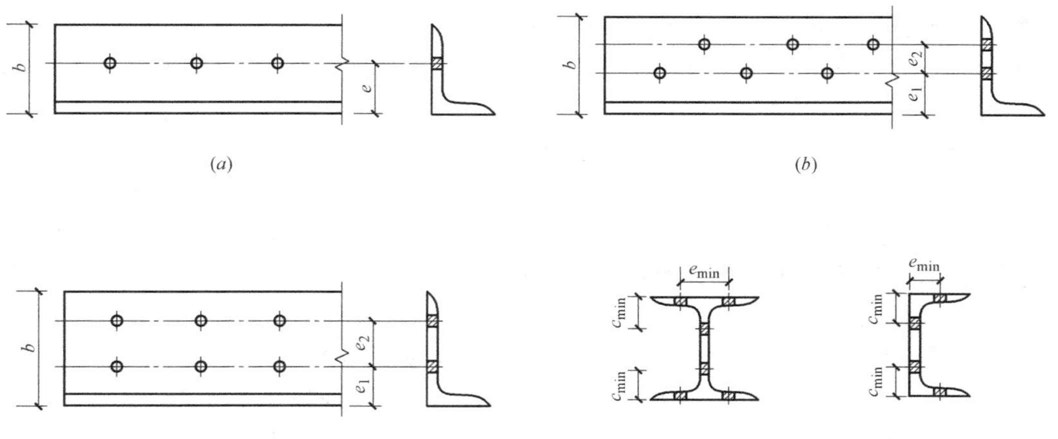

图 6-39　热轧角钢、工字钢、槽钢上螺栓排列要求

（a）角钢 b<125mm 时单行排列；（b）角钢 b≥125mm 时双行错列；（c）角钢 b≥160mm 时双行并列；（d）工字钢和槽钢螺栓排列要求

热轧角钢上的螺栓线距和最大孔径（mm） **表 6-8**

单行排列	角钢肢宽	40	45	50	56	63	70	75	80	90	100	110	125
	线距 e	25	25	30	30	35	40	40	45	50	55	60	70
	最大孔径	11.5	13.5	13.5	15.5	17.5	20	22	22	24	24	26	26
双行错列	角钢肢宽	125	140	160	180	200	双行并列	角钢肢宽			160	180	200
	线距 e_1	55	60	70	70	80		线距 e_1			60	70	80
	线距 e_2	90	100	120	140	160		线距 e_2			130	140	140
	最大孔径	24	24	26	26	26		最大孔径			24	24	26

热轧工字钢上的螺栓线距和最大孔径（mm） **表 6-9**

工字钢型号	10	12.6	14	16	18	20	22	25	28	32	36	40
e_{min}	36	42	44	44	50	54	54	64	64	70	74	80
c_{min}	35	35	40	45	50	50	50	60	60	65	65	70
翼缘最大孔径	11	11	13	15	17	17	19	21.5	21.5	23.5	23.5	25.5
腹板最大孔径	9	11	13	15	17	17	19	21.5	21.5	23.5	23.5	25.5

热轧槽钢上的螺栓线距和最大孔径（mm） **表 6-10**

槽钢型号	10	12.6	14	16	18	20	22	25	28	32	36	40
e_{min}	28	30	35	35	40	45	45	50	50	50	60	60
c_{min}	35	45	45	50	55	55	60	60	65	70	75	75
翼缘最大孔径	13	17	17	21.5	21.5	21.5	21.5	21.5	25.5	25.5	25.5	25.5
腹板最大孔径	11	13	17	21.5	21.5	21.5	21.5	21.5	25.5	25.5	25.5	25.5

6.6.3 螺栓的构造

（1）对直接承受动力荷载的普通螺栓连接应采用双螺帽或其他能防止螺帽松动的有效措施，例时采用弹簧垫圈或将螺帽和螺杆焊死等方法。

（2）每一杆件在节点上以及拼接接头的一端，永久性螺栓的数量不宜少于 2 个。对组合构件的缀条，其端部连接可采用 1 个螺栓。

（3）在下列情况的连接中，螺栓的数量应予增加：

① 一个构件借助填板或其他中间板件与另一构件连接的螺栓（摩擦型连接高强度螺栓除外），应按计算增加 10%。如图 6-40（a）所示两块厚度不等的钢板通过盖板采用螺栓进行连接，在右侧薄板处需设填板，因填板一侧的螺栓受力后易弯曲，工作状况较左侧差，则该侧螺栓数目应增加 10%。

② 当采用搭接或拼接板的单面连接传递轴心力，如图 6-40（b）所示，因偏心连接部位易发生弯曲，螺栓（摩擦型连接的高强度螺栓除外）数量应按计算增加 10%。

③ 在构件的端部连接中，当利用短角钢连接型钢（角钢或槽钢）的外伸肢以缩短连接长度时，在短角钢两肢中的一肢上，所用的螺栓数目应按计算增加 50%。如图 6-40（c）所示，为缩短角钢构件与节点板的连接长度，在角钢构件上保留所需 6 个螺栓中的 4 个，其余 2 个螺栓则利用短角钢与节点板相连。可以在短角钢的外伸肢上安放 2 个螺栓，

则在短角钢的连接肢上应放 2×1.5=3 个螺栓；或是在短角钢的连接肢上安放 2 个螺栓，则在短角钢的外伸肢上应放 2×1.5=3 个螺栓，视方便而定。

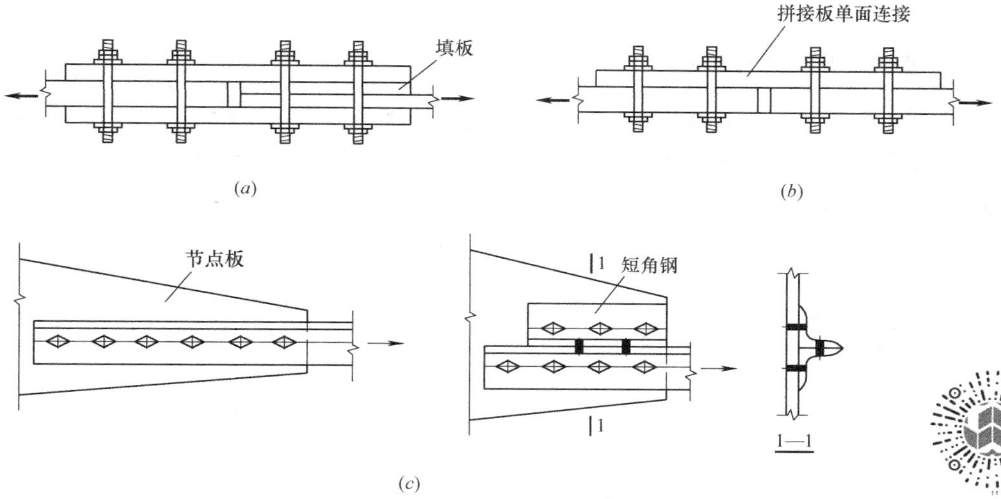

图 6-40 螺栓的构造

(a) 用填板的对接接头；(b) 单面拼接板连接；(c) 利用短角钢连接

11. 图 6-40 相关动画

6.6.4 螺栓、螺栓孔图例

在钢结构施工图中，螺栓及螺栓孔的表示方法通常如表 6-11 所示。

螺栓及螺栓孔的表示方法 **表 6-11**

序号	名称	图例	说明
1	永久螺栓	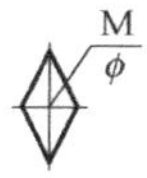	
2	安装螺栓	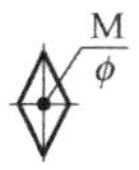	
3	高强度螺栓	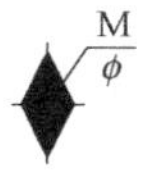	(1)细"+"线表示定位线； (2)M 表示螺栓型号； (3)ϕ 表示螺栓孔直径
4	圆形螺栓孔	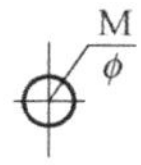	
5	椭圆形螺栓孔	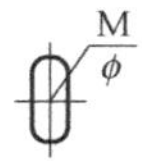	

6.7 螺栓连接的工作性能和计算

6.7.1 普通螺栓连接的工作性能

根据螺栓的传力方式，可将普通螺栓连接分为抗剪螺栓连接和抗拉螺栓连接。当外力垂直于螺栓杆时，该螺栓为抗剪螺栓，如图 6-41（*a*）所示；当外力沿螺栓杆长度方向时，该螺栓为抗拉螺栓，如图 6-41（*b*）所示。

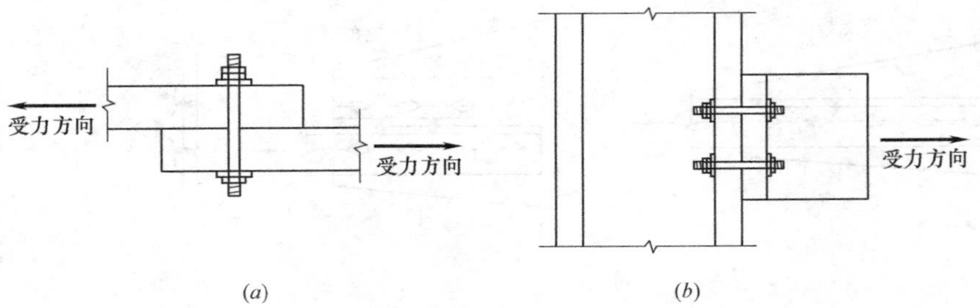

图 6-41 抗剪螺栓和抗拉螺栓
（*a*）抗剪螺栓；（*b*）抗拉螺栓

（1）抗剪螺栓连接的工作性能

抗剪螺栓连接在受力以后，最初依靠构件之间的摩擦力来传递外力，螺栓杆与孔壁之间的间隙保持不变。若外力增大且超过板件间的摩擦力后，板件间将产生相对滑移，当滑移量超过螺栓杆与螺栓孔壁间的间隙后，孔壁受到挤压。

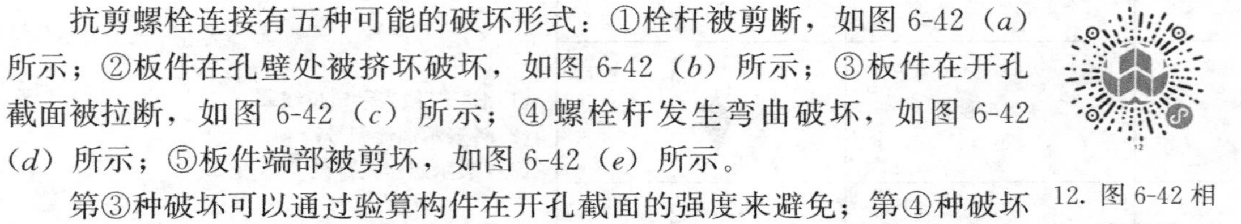

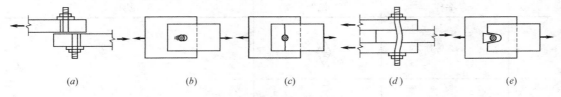

图 6-42 抗剪螺栓连接的破坏形式

抗剪螺栓连接有五种可能的破坏形式：①栓杆被剪断，如图 6-42（*a*）所示；②板件在孔壁处被挤坏破坏，如图 6-42（*b*）所示；③板件在开孔截面被拉断，如图 6-42（*c*）所示；④螺栓杆发生弯曲破坏，如图 6-42（*d*）所示；⑤板件端部被剪坏，如图 6-42（*e*）所示。

12. 图 6-42 相关动画

第③种破坏可以通过验算构件在开孔截面的强度来避免；第④种破坏是由于板叠厚度$\sum t$ 过大而引起的，可以通过限制$\sum t \leqslant 5d$ 来避免；第⑤种破坏主要是由于螺栓端距太小导致，只需要使螺栓端距$\geqslant 2d_0$ 就可以避免板件端部剪坏。普通螺栓抗剪连接计算主要是保证螺栓杆不被剪断、保证构件孔壁不发生承压破坏。

在普通螺栓的受剪连接中，一个螺栓的受剪承载力设计值和承压承载力设计值按下列公式计算。

受剪承载力设计值：

$$N_v^b = n_v \frac{\pi d^2}{4} f_v^b \qquad (6\text{-}22a)$$

承压承载力设计值：

$$N_c^b = d(\sum t) f_c^b \qquad (6\text{-}22b)$$

式中 n_v——螺栓受剪面数目：单剪 $n_v=1$，如图 6-43（a）所示；双剪 $n_v=2$，如图 6-43（b）所示；四剪 $n_v=4$，如图 6-43（c）所示；

d——螺栓杆直径（mm）；

$\sum t$——同一受力方向承压构件总厚度的较小值（mm）；

f_v^b、f_c^b——分别为螺栓的抗剪和承压强度设计值（N/mm^2），查附表 1-5 确定。

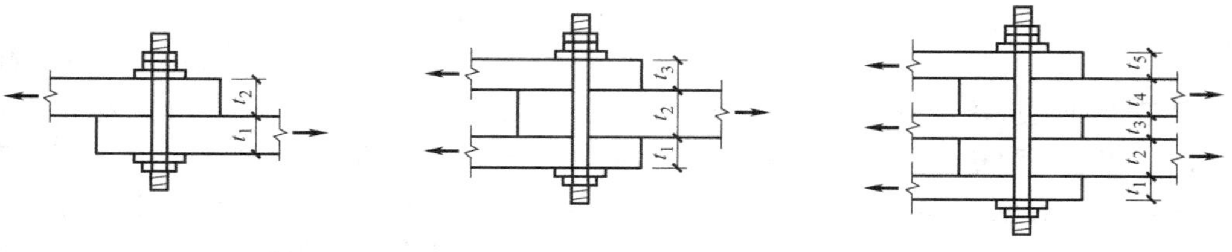

(a) (b) (c)

图 6-43 抗剪螺栓的受剪面数目

（2）抗拉螺栓连接的工作性能

在抗拉螺栓连接中，外力使被连接板件的接触面有脱离开的趋势，从而使螺栓受拉，最后螺栓杆被拉断而破坏。一个抗拉螺栓的承载力设计值为：

$$N_t^b = \frac{\pi d_e^2}{4} f_t^b \qquad (6\text{-}23)$$

式中 d_e——螺栓在螺纹处的有效直径（mm），查附表 4-1 确定；

f_t^b——普通螺栓的抗拉强度设计值（N/mm^2），查附表 1-5 确定。

6.7.2 普通螺栓连接的计算

（1）轴心力作用下普通螺栓抗剪连接计算

试验表明，外力通过螺栓群形心且使螺栓受剪时，在弹性阶段沿长度方向各螺栓受力不相等，两端受力大，中间受力小。随着外力的增加，进入弹塑性阶段，内力发生重分布，螺栓群中各螺栓受力逐渐均匀。则在轴心力作用下，假设所有螺栓受力相等，则所需螺栓数目为：

$$n = \frac{N}{\eta N_{min}^b} \qquad (6\text{-}24)$$

式中 N——作用于螺栓群的轴心力设计值（N）；

N_{min}^b——单个螺栓受剪时的承载力设计值（N），取 N_v^b 和 N_c^b 中的较小值；

η——螺栓承载力折减系数。

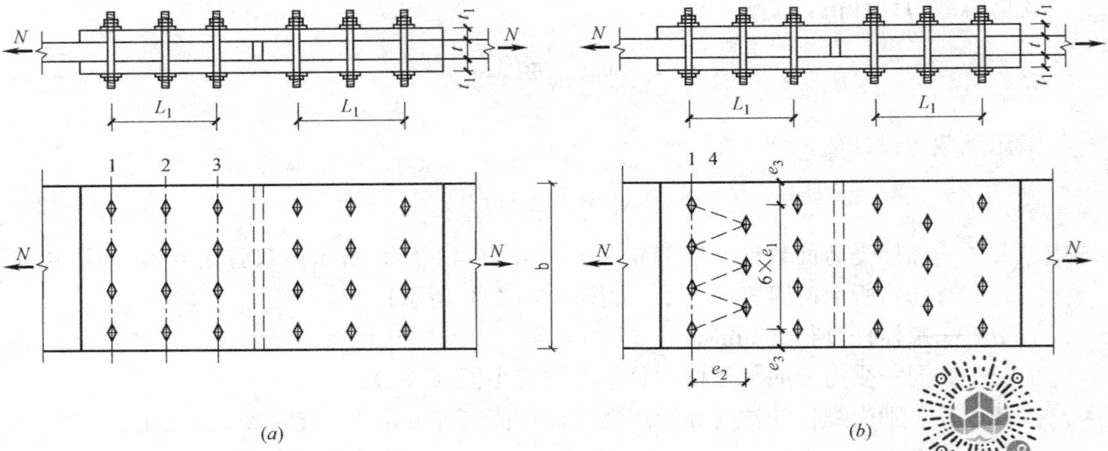

图 6-44　轴向力作用下普通螺栓抗剪连接

13. 图 6-44 相关动画

构件节点处或拼接接头的一端沿轴向力方向螺栓连接长度 $l_1>15d_0$（d_0 为螺栓孔的孔径）时，当进入弹塑性阶段后，各螺栓所受内力不易均匀，端部螺栓受力最大，因而最先发生破坏，随后依次向内发展逐个破坏。因此，为防止端部螺栓提前破坏，当 $l_1>15d_0$时，螺栓的抗剪承载力设计值应乘以折减系数 η 予以降低：即当 $l_1\leqslant15d_0$时，$\eta=1.0$；当 $l_1>60d_0$时，$\eta=0.7$；当 $15d_0<l_1\leqslant60d_0$时：

$$\eta=1.1-\frac{l_1}{150d_0} \tag{6-25}$$

同时，为了防止构件在开孔截面被拉断，须验算构件开孔截面的强度：

$$\sigma=\frac{N}{A_{\mathrm{n}}}\leqslant0.7f_{\mathrm{u}} \tag{6-26}$$

式中　A_{n}——构件的净截面面积（mm^2），当构件多个截面有孔时，取最不利的截面（计算螺栓孔引起的截面削弱时螺栓孔径取 $d+4\mathrm{mm}$ 和 d_0中的较大者）；

f_{u}——钢材的抗拉强度最小值（$\mathrm{N/mm^2}$），查附表 1-1。

当螺栓为如图 6-44（*a*）所示并列排列时，对于板件而言，截面 1-1、2-2、3-3 净截面面积相同，均为 $A_{\mathrm{n}}=bt-n_1d_0t$，受力大小分别为 N、$N-Nn_1/n$ 和 $N-N(n_1+n_2)/n$。即 1-1 截面受力最大，因此对板件 1-1 截面按式（6-26）进行净截面强度验算。同理，对于拼接板而言，截面 1-1、2-2、3-3 受力分别为 Nn_1/n、$N(n_1+n_2)/n$ 和 N，即 3-3 截面受力最大，因此对拼接板 3-3 截面按式（6-26）进行净截面强度验算，净截面面积 $A_{\mathrm{n}}=2bt_1-2n_3d_0t_1$。其中 n_1、n_2、n_3分别为 1-1、2-2、3-3 截面处螺栓个数，n 为连接一侧螺栓总个数。

当螺栓为如图 6-44（*b*）所示错列排列时，对于板件而言，不仅需要考虑截面 1-1 破坏的可能性，还需考虑沿折线截面 4-4 破坏的可能性，此时，4-4 截面净截面面积 $A_{\mathrm{n}}=t[2e_3+(n_4'-1)\sqrt{e_1^2+e_2^2}-n_4'd_0]$，其中 n_4'为折线截面 4-4 上的螺栓个数。对于拼接板也如此。

【例 6-7】　附图 7-1 所示的单层厂房中柱间支撑与柱的连接节点如图 6-45 所示，交叉支撑杆件采用双角钢 2L90×6，Q235 钢材，与柱腹板通过连接板相连，支撑与连接板间采用C级普通螺栓连接。若支撑所受轴向拉力设计值 $N=120\text{kN}$，螺栓规格为 M18（4.6 级），螺栓孔径 $d_0=19.5\text{mm}$，请验算：①柱间支撑与连接板间的连接螺栓承载力是否足够；②柱间支撑开孔截面强度是否满足要求。

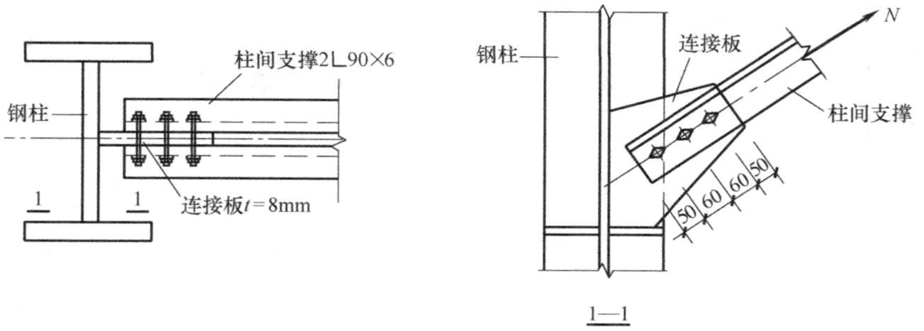

图 6-45　例 6-7 图

【解】 查附表 1-5 得：$f_v^b=140\text{N/mm}^2$，$f_c^b=305\text{N/mm}^2$。

① 一个普通螺栓的承载力设计值

由式（6-22a）计算一个螺栓的抗剪承载力设计值：

$$N_v^b=n_v\frac{\pi d^2}{4}f_v^b=2\times\frac{3.14\times18^2}{4}\times140=71251\text{N}=71.25\text{kN}$$

由式（6-22b）计算一个螺栓的承压承载力设计值：

$$N_c^b=d\sum t f_c^b=18\times8\times305=43920\text{N}=43.92\text{kN}$$

② 螺栓承载力验算

在轴向力 N 作用下，每个螺栓所受剪力相等，一个螺栓所受的剪力为：

$$N_1=\frac{N}{n}=\frac{120}{3}=40\text{kN}<\min(N_v^b,N_c^b)=43.92\text{kN}$$

螺栓承载力满足要求。

③ 柱间支撑构件开孔截面强度验算

查附表 2-4 得：支撑截面积 $A=1064\times2=2128\text{mm}^2$，查附表 1-1 得：$f_u=370\text{N/mm}^2$。

计算螺栓孔引起的截面削弱时，螺栓孔径取 $d+4\text{mm}$ 和 $d_0=19.5\text{mm}$ 中的较大者，则由式（6-26）得：

$$\sigma=\frac{N}{A_n}=\frac{120\times10^3}{2128-22\times6\times2}=64.38\text{N/mm}^2<0.7f_u=0.7\times370=259\text{N/mm}^2$$

柱间支撑构件开孔截面强度满足要求。

（2）扭矩 T 作用下普通螺栓抗剪连接计算

如图 6-46 所示，在扭矩 T 作用下，螺栓群中每个螺栓均受剪，计算时假定：①被连接构件是刚性的；②在扭矩 T 作用下，各个螺栓绕螺栓群形心 O 点旋转，各螺栓所受力大小与该螺栓中心到螺栓群形心 O 点的距离 r_i 成正比，方向与 r_i 垂直。

若在扭矩 T 作用下各个螺栓所受剪力分别为 N_i^T，由平衡条件得：

$$T=N_1^T r_1+N_2^T r_2+N_3^T r_3+\cdots+N_n^T r_n=\sum N_i^T r_i \tag{6-27a}$$

由于各螺栓所受力大小与该螺栓中心到螺栓群形心 O 点的距离 r_i 成正比，则：

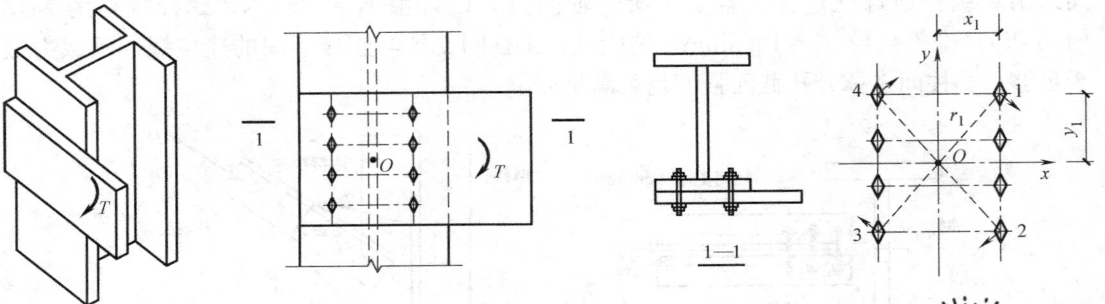

图 6-46　扭矩作用下普通螺栓抗剪连接

$$\frac{N_1^{\mathrm{T}}}{r_1}=\frac{N_2^{\mathrm{T}}}{r_2}=\frac{N_3^{\mathrm{T}}}{r_3}=\cdots=\frac{N_{\mathrm{n}}^{\mathrm{T}}}{r_{\mathrm{n}}} \tag{6-27b}$$

14. 图 6-46　相关动画

若求 1 号螺栓在扭矩 T 作用下所受的剪力，由式（6-27b）可得：$N_2^{\mathrm{T}}=\dfrac{N_1^{\mathrm{T}}r_2}{r_1}$，$N_3^{\mathrm{T}}=\dfrac{N_1^{\mathrm{T}}r_3}{r_1}$，…，$N_n^{\mathrm{T}}=\dfrac{N_1^{\mathrm{T}}r_n}{r_1}$，代入式（6-27$a$）得：

$$T=\left(\frac{N_1^{\mathrm{T}}}{r_1}\right)r_1^2+\left(\frac{N_1^{\mathrm{T}}}{r_1}\right)r_2^2+\cdots+\left(\frac{N_1^{\mathrm{T}}}{r_1}\right)r_n^2=\left(\frac{N_1^{\mathrm{T}}}{r_1}\right)\sum r_i^2 \tag{6-27c}$$

$$N_1^{\mathrm{T}}=\frac{Tr_1}{\sum r_i^2}=\frac{Tr_1}{\sum x_i^2+\sum y_i^2} \tag{6-27d}$$

同理可得任一螺栓在扭矩 T 作用下所受的剪力 N_i^{T}：

$$N_i^{\mathrm{T}}=\frac{Tr_i}{\sum r_i^2}=\frac{Tr_i}{\sum x_i^2+\sum y_i^2} \tag{6-27e}$$

设计时，螺栓群中受力最大的螺栓所受剪力应不大于螺栓抗剪承载力设计值 $N_{\min}^{\mathrm{b}}$。由图 6-46 所知，四个角点处螺栓受力最大，其承载力应满足：

$$N_1^{\mathrm{T}}=\frac{Tr_1}{\sum r_i^2}=\frac{Tr_1}{\sum x_i^2+\sum y_i^2}\leqslant N_{\min}^{\mathrm{b}} \tag{6-27f}$$

当螺栓群布置成狭长带时，如 $y_1>3x_1$ 时，为简化计算，可取 $x_i=0$，则式（6-27f）可简化为：

$$N_1^{\mathrm{T}}=\frac{Ty_1}{\sum y_i^2}\leqslant N_{\min}^{\mathrm{b}} \tag{6-27g}$$

（3）扭矩 T、剪力 V、轴心力 N 共同作用下普通螺栓抗剪连接计算

如图 6-47（a）所示螺栓群受竖向偏心力 V 和通过螺栓群形心的水平方向轴向力 N 作用，将偏心力 V 移至螺栓群形心处，则螺栓群受扭矩 $T=Ve$、剪力 V 和轴心力 N 共同作用，如图 6-47（b）所示。

在剪力 V 和轴力 N 单独作用下，各螺栓所受剪力相等，则：

$$N_1^{\mathrm{V}}=\frac{V}{n} \tag{6-28a}$$

$$N_1^{\mathrm{N}}=\frac{N}{n} \tag{6-28b}$$

在扭矩 T 作用下，四个角点处螺栓所受剪力最大，均为 $N_1^{\mathrm{T}}=\frac{Tr_1}{\sum r_i^2}=\frac{Tr_1}{\sum x_i^2+\sum y_i^2}$，则在扭矩 T、剪力 V 和轴力 N 共同作用下，螺栓 1 所受剪力最大。

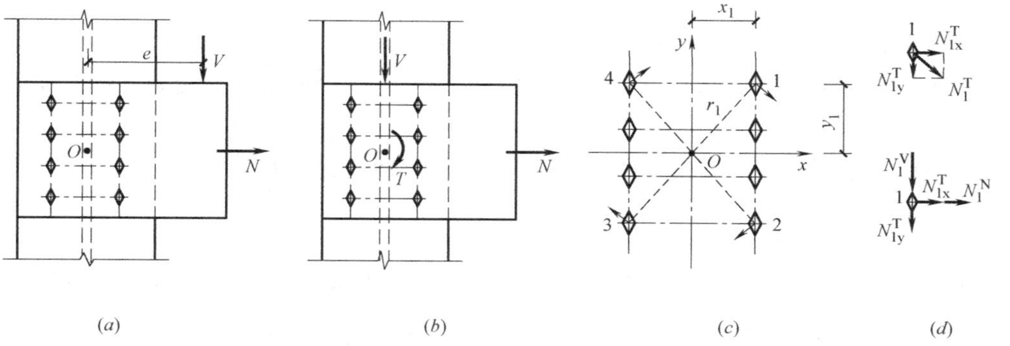

图 6-47　扭矩、剪力、轴力共同作用下普通螺栓抗剪连接

如图 6-47（d）所示，将 N_1^{T} 沿 x 轴和 y 轴方向进行分解后，计算螺栓 1 在扭矩 T、剪力 V、轴力 N 共同作用下产生的剪力 N_1，验算其是否满足 $N_1 \leqslant N_{\min}^{\mathrm{b}}$，即：

$$N_{1x}^{\mathrm{T}}=N_1^{\mathrm{T}}\frac{y_1}{r_1}=\frac{Ty_1}{\sum x_i^2+\sum y_i^2} \tag{6-28c}$$

$$N_{1y}^{\mathrm{T}}=N_1^{\mathrm{T}}\frac{x_1}{r_1}=\frac{Tx_1}{\sum x_i^2+\sum y_i^2} \tag{6-28d}$$

$$N_1=\sqrt{(N_{1x}^{\mathrm{T}}+N_1^{\mathrm{N}})^2+(N_{1y}^{\mathrm{T}}+N_1^{\mathrm{V}})^2}\leqslant N_{\min}^{\mathrm{b}} \tag{6-28e}$$

【例 6-8】 若例 6-6 中牛腿与钢柱采用 M22 的普通 A 级螺栓连接，如图 6-48 所示。螺栓孔径 $d_0=22.5$mm，性能等级为 5.6 级，钢材为 Q235，承受静力荷载设计值 $P=250$kN，请验算该牛腿与柱螺栓连接承载力是否足够。

【解】 查附表 1-5 得 $f_{\mathrm{v}}^{\mathrm{b}}=190\mathrm{N/mm^2}$，$f_{\mathrm{c}}^{\mathrm{b}}=405\mathrm{N/mm^2}$。

① 一个螺栓的承载力设计值

由式（6-22a）计算一个螺栓的抗剪承载力设计值：

$$N_{\mathrm{v}}^{\mathrm{b}}=n_{\mathrm{v}}\frac{\pi d^2}{4}f_{\mathrm{v}}^{\mathrm{b}}=1\times\frac{3.14\times22^2}{4}\times190=72225\mathrm{N}=72.23\mathrm{kN}$$

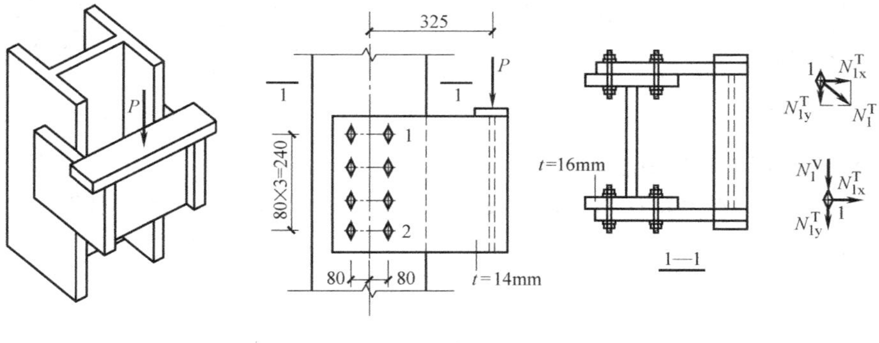

图 6-48　例 6-8 图

由式（6-22b）计算一个螺栓的承压承载力设计值：

$$N_c^b = d\sum t f_c^b = 22\times14\times405 = 124740\text{N} = 124.74\text{kN}$$

② 螺栓承载力验算

螺栓所受竖向剪力：$V=0.5P=125\text{kN}$

螺栓所受扭矩：$T=Ve=125\times0.325=40.63\text{kN}\cdot\text{m}$

在剪力V和扭矩T共同作用下，图6-48中1、2号螺栓所受剪力最大，对1号螺栓承载力进行验算。

剪力V作用下，每个螺栓所受剪力相等，1号螺栓所受剪力为：

$$N_{1y}^V = \frac{V}{n} = \frac{125}{8} = 15.63\text{kN}$$

由式（6-28c）、式（6-28d）计算T作用下，1号螺栓所受剪力在x方向、y方向的分力：

$$N_{1y}^T = \frac{Tx_1}{\sum x_i^2+\sum y_i^2} = \frac{40.63\times0.08}{0.08^2\times8+0.04^2\times4+0.12^2\times4} = 28.22\text{kN}$$

$$N_{1x}^T = \frac{Ty_1}{\sum x_i^2+\sum y_i^2} = \frac{40.63\times0.12}{0.08^2\times8+0.04^2\times4+0.12^2\times4} = 42.32\text{kN}$$

由式（6-28e）验算螺栓承载力：

$$N_1 = \sqrt{(N_{1y}^V+N_{1y}^T)^2+(N_{1x}^T)^2} = \sqrt{(15.63+28.22)^2+42.32^2} = 60.94\text{kN}$$

1号螺栓所受剪力$N_1=60.94\text{kN}<\min(N_v^b, N_c^b)=72.23\text{kN}$，故该螺栓连接承载力满足要求。

（4）轴心力N作用下普通螺栓抗拉连接计算

如图6-49所示，在通过螺栓群形心的轴心力N作用下，螺栓受拉，假设所有螺栓受力相等，则螺栓承载力应满足：

$$N_1 = \frac{N}{n} \leqslant N_t^b \tag{6-29}$$

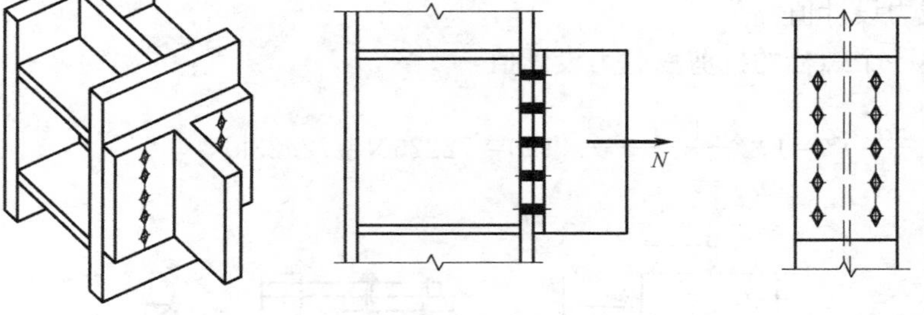

图6-49　轴力作用下普通螺栓抗拉连接

15. 图6-49相关动画

（5）弯矩M作用下普通螺栓抗拉连接计算

如图6-50所示，在弯矩作用下，假设连接绕最下排螺栓中心旋转，则所有螺栓受拉。各螺栓受力大小与该螺栓中心到最下排螺栓中心线间的距离y_i成正比，由平衡条件得：

$$M = N_1^M y_1 + N_2^M y_2 + N_3^M y_3 + \cdots + N_n^M y_n = \sum_{i=1}^{n} N_i^M y_i \tag{6-30a}$$

又因为：

$$\frac{N_1^{\mathrm{M}}}{y_1}=\frac{N_2^{\mathrm{M}}}{y_2}=\frac{N_3^{\mathrm{M}}}{y_3}=\cdots=\frac{N_n^{\mathrm{M}}}{y_n} \tag{6-30b}$$

由式（6-30a）、式（6-30b）可得弯矩作用下任意螺栓所受的拉力为：

$$N_i^{\mathrm{M}}=\frac{My_i}{\sum y_i^2} \tag{6-30c}$$

由图 6-50 可知，最上排螺栓所受拉力最大，其承载力应满足以下条件：

$$N_1^{\mathrm{M}}=\frac{My_1}{\sum y_i^2}\leqslant N_{\mathrm{t}}^{\mathrm{b}} \tag{6-30d}$$

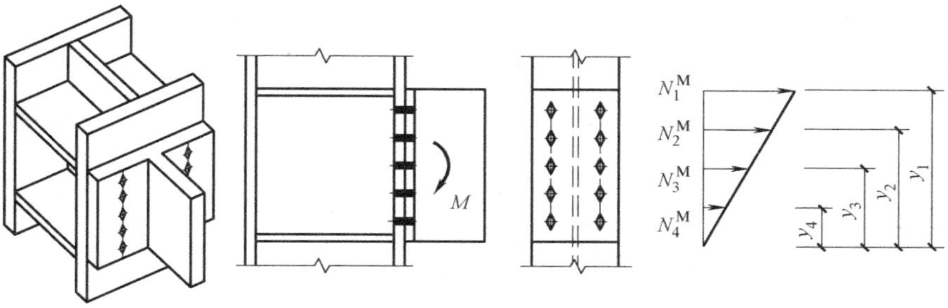

图 6-50　弯矩作用下普通螺栓抗拉连接　　16. 图 6-50 相关动画

(6) 偏心拉力作用下普通螺栓抗拉连接计算

螺栓群承受偏心拉力 N 作用，将 N 移至螺栓群形心，则螺栓受弯矩 $M=Ne$ 和轴力 N 共同作用，如图 6-51 所示。根据偏心距的大小可能出现小偏心受拉和大偏心受拉两种情况。

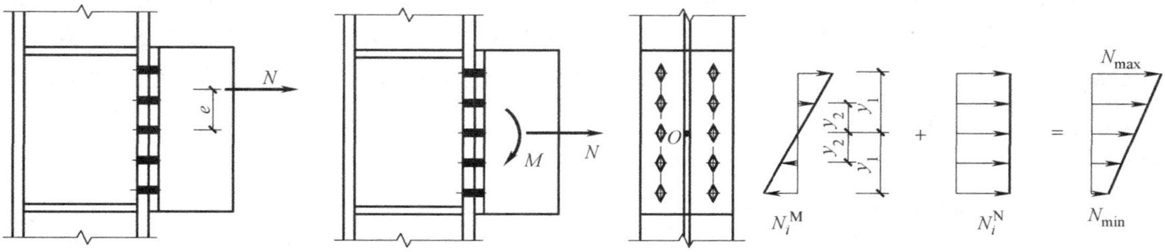

图 6-51　小偏心受拉时的螺栓抗拉连接

① 小偏心受拉

当偏心距较小，螺栓群受力后端板绕螺栓群的形心 O 转动。

在弯矩 M 作用下，各螺栓所受力为：

$$N_i^{\mathrm{M}}=\frac{My_i}{\sum y_i^2}=\frac{Ney_i}{\sum y_i^2} \tag{6-31a}$$

在轴力 N 作用下，各螺栓所受拉力大小相等，即：

$$N_i^{\mathrm{N}}=\frac{N}{n} \tag{6-31b}$$

在弯矩 M 和轴力 N 共同作用下，受力最大、最小的螺栓所受力分别为：

$$N_{\max}=\frac{N}{n}+\frac{My_1}{\sum y_i^2} \tag{6-31c}$$

$$N_{\min}=\frac{N}{n}-\frac{My_1}{\sum y_i^2} \tag{6-31d}$$

当 $N_{\min}\geqslant 0$，说明螺栓群中所有螺栓均受拉，则端板绕螺栓群形心 O 转动，受拉力最大的螺栓其承载力应满足：

$$N_{\max}=\frac{N}{n}+\frac{My_1}{\sum y_i^2}\leqslant N_t^b \tag{6-31e}$$

② 大偏心受拉

当 $N_{\min}<0$，此时在端板底部将出现受压区，端板将不绕螺栓群形心转动。为了计算简便，假设端板绕最下排螺栓的中心线转动，如图 6-52 所示。在弯矩 $M=Ne'$ 作用下（e' 为 N 至最下排螺栓中心的距离），最上排螺栓受力最大，验算其受拉承载力：

$$N_{\max}=\frac{Ne'y_1}{\sum y_i^2}\leqslant N_t^b \tag{6-32}$$

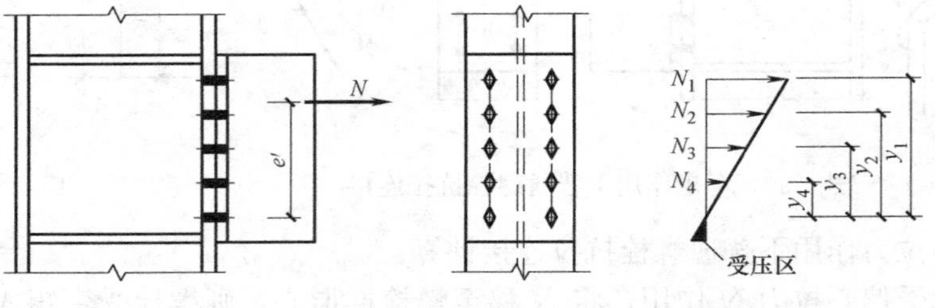

图 6-52 大偏心受拉时的螺栓抗拉连接

【例 6-9】 如附图 7-1 所示单层厂房梯形钢屋架与柱刚接，其屋架下弦端部连接节点如图 6-53 所示，端板与柱翼缘采用规格为 M20 的 C 级普通螺栓连接，端板下端与支托刨平顶紧，假设屋架的竖向反力 R 由支托承受，螺栓只承受屋架端部的水平反力 H 及 H 对螺栓群形心偏心所产生的力矩 M。若 $H=150\text{kN}$，验算屋架下弦端板与柱的螺栓连接承载力是否满足要求。

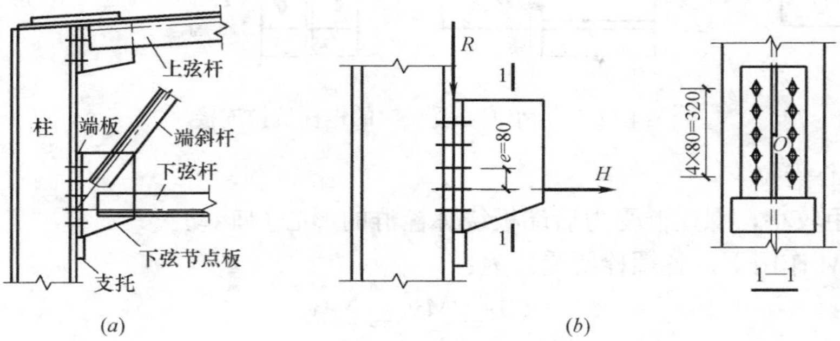

图 6-53 例 6-9 图

（a）屋架与柱刚接示意；（b）屋架下弦端部连接节点

【解】 查附表 1-5 得：$f_t^b=170\text{N/mm}^2$，由附录 4-1 得：M20 螺栓的有效截面面积 $A_e=244.8\text{mm}^2$。

由式（6-23）得一个螺栓的抗拉承载力设计值为：

$$N_t^b=\frac{\pi d_e^2}{4}f_t^b=244.8\times170=41616\text{N}=41.62\text{kN}$$

螺栓群所受轴向拉力：$N=H=150\text{kN}$

螺栓群所受弯矩：$M=He=150\times0.08=12\text{kN}\cdot\text{m}$

先按小偏心受拉假设，螺栓群受力后端板绕螺栓群形心转动，最上排螺栓受力最小，由式（6-31d）得：

$$N_{\min}=\frac{N}{n}-\frac{My_1}{\sum y_i^2}=\frac{150}{10}-\frac{12\times0.16}{2\times2\times(0.08^2+0.16^2)}=15-15=0$$

$N_{\min}=0$，说明螺栓群中所有螺栓均受拉，属小偏心受拉，最下排螺栓受力最大，由式（6-31c）得：

$$N_{\max}=\frac{N}{n}+\frac{My_1}{\sum y_i^2}=\frac{150}{10}+\frac{12\times0.16}{2\times2\times(0.08^2+0.16^2)}=15+15=30\text{kN}$$

按式（6-31e）验算螺栓承载力：

$$N_{\max}=30\text{kN}<N_t^b=41.62\text{kN}$$

螺栓承载力满足要求。

【例 6-10】 若例 6-9 中水平力 $H=120\text{kN}$，且 H 对螺栓群形心的偏心距为 $e=120\text{mm}$，如图 6-54 所示，其余条件不变，验算屋架下弦端板与柱的螺栓连接承载力是否满足要求。

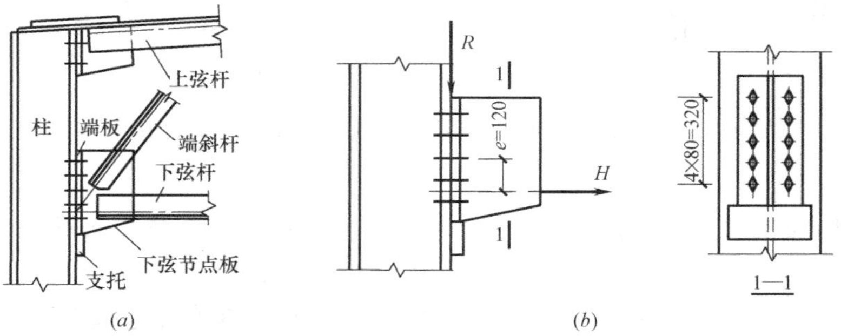

图 6-54 例 6-10 图

（a）屋架与柱刚接示意；（b）屋架下弦端部连接节点

【解】 由例 6-9 可知一个螺栓的抗拉承载力设计值为 $N_t^b=41.62\text{kN}$。

螺栓群所受轴向拉力：$N=H=120\text{kN}$

螺栓群所受弯矩：$M=He=120\times0.12=14.4\text{kN}\cdot\text{m}$

先按小偏心受拉假设，螺栓群受力后端板绕螺栓群形心转动，最上排螺栓受力最小，由式（6-31d）得：

$$N_{\min}=\frac{N}{n}-\frac{My_1}{\sum y_i^2}=\frac{120}{10}-\frac{14.4\times0.16}{2\times2\times(0.08^2+0.16^2)}=15-18=-3\text{kN}$$

$N_{\min}<0$，此时端板上部出现受压区，应按大偏心受拉进行计算，此时假设螺栓群受力后端板绕最上排螺栓中心转动，最下排螺栓受力最大，由式（6-32）得：

$$N_{\max}=\frac{Ne'y_1}{\sum y_i^2}=\frac{120\times0.28\times0.32}{2\times(0.08^2+0.16^2+0.24^2+0.32^2)}=28\text{kN}$$

$$N_{max}=28\text{kN}<N_t^b=41.62\text{kN}$$

螺栓承载力满足要求。

(7) 剪力 V、轴心拉力 N、弯矩 M 共同作用下普通螺栓连接计算

如图 6-55 所示螺栓群承受剪力 V、轴心拉力 N、弯矩 M 共同作用。当设置支托时，剪力 V 由支托承受，螺栓只受轴心拉力 N 和弯矩 M 作用，螺栓的承载力按式（6-31）或式（6-32）计算。当不设置支托时，螺栓在剪力 V、轴心拉力 N、弯矩 M 共同作用下同时受拉和受剪，其承载力按下式验算：

$$\sqrt{\left(\frac{N_v}{N_v^b}\right)^2+\left(\frac{N_t}{N_t^b}\right)^2}\leqslant 1 \tag{6-33a}$$

$$N_v=\frac{V}{n}\leqslant N_c^b \tag{6-33b}$$

式中，在弯矩 M 和轴力 N 作用下螺栓中的最大拉力 N_t 按式（6-31）或式（6-32）计算。

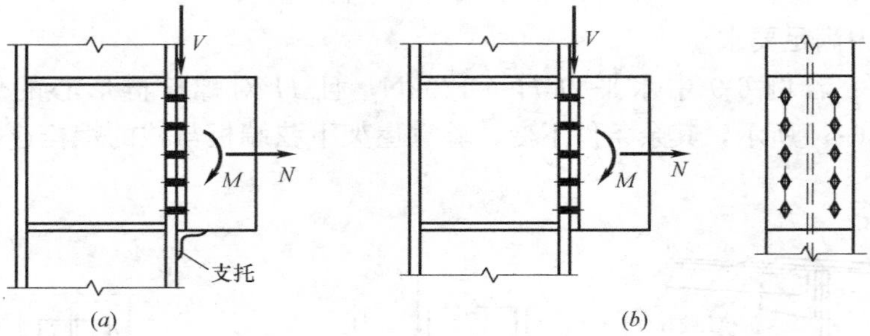

图 6-55　剪力、轴力和弯矩共同作用下普通螺栓连接

(*a*) 设支托；(*b*) 不设支托

【例 6-11】　如图 6-56 所示牛腿与钢柱翼缘采用 M20 的 A 级普通螺栓（5.6 级）连接，螺栓孔径 $d_0=20.5\text{mm}$，钢材为 Q235。牛腿承受荷载设计值 $P=150\text{kN}$，荷载 P 作用点至柱翼缘板外表面距离 $e=250\text{mm}$，请验算牛腿与柱翼缘螺栓连接承载力是否足够。

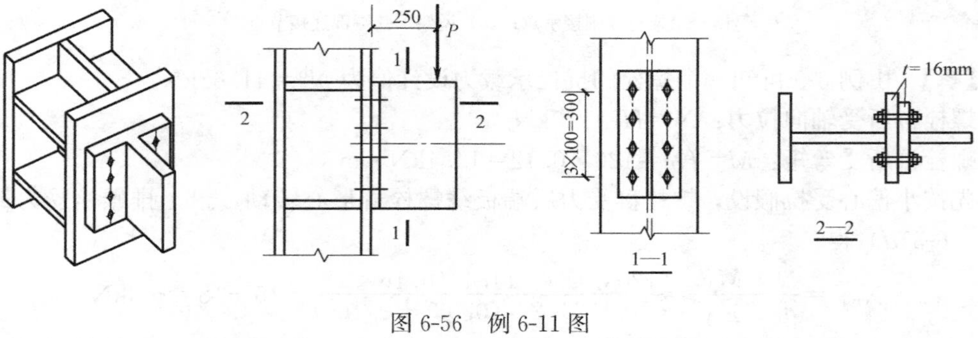

图 6-56　例 6-11 图

【解】　查附表 1-5 得 $f_v^b=190\text{N/mm}^2$，$f_c^b=405\text{N/mm}^2$，$f_t^b=210\text{N/mm}^2$。

① 一个螺栓的承载力设计值

由式（6-22*a*）得一个螺栓的抗剪承载力设计值为：

$$N_v^b = n_v \frac{\pi d^2}{4} f_v^b = 1 \times \frac{3.14 \times 20^2}{4} \times 190 = 59690\text{N} = 59.69\text{kN}$$

由式（6-22b）得一个螺栓的承压承载力设计值为：

$$N_c^b = d \sum t f_c^b = 20 \times 16 \times 405 = 129600\text{N} = 129.6\text{kN}$$

由式（6-23）得一个螺栓的抗拉承载力设计值为：

$$N_t^b = \frac{\pi d_e^2}{4} f_t^b = A_e f_t^b = 244.8 \times 210 = 51408\text{N} = 51.41\text{kN}$$

② 螺栓受力分析

螺栓群所受剪力：$V = P = 150\text{kN}$

螺栓群所受弯矩：$M = Pe = 150 \times 0.25 = 37.5\text{kN} \cdot \text{m}$

在剪力 V 作用下螺栓受剪，每个螺栓所受剪力相等，一个螺栓所受剪力为：

$$N_v = \frac{V}{n} = \frac{150}{8} = 18.75\text{kN}$$

在弯矩 M 作用下螺栓受拉，且最上排螺栓受力最大，由式（6-30c）得：

$$N_t = \frac{My_1}{\sum y_i^2} = \frac{37.5 \times 0.3}{2 \times (0.1^2 + 0.2^2 + 0.3^2)} = 40.18\text{kN}$$

③ 螺栓承载力验算

按式（6-33a）、式（6-33b）验算螺栓承载力：

$$\sqrt{\left(\frac{N_V}{N_V^b}\right)^2 + \left(\frac{N_t}{N_t^b}\right)^2} = \sqrt{\left(\frac{18.75}{59.69}\right)^2 + \left(\frac{40.18}{51.41}\right)^2} = 0.84 < 1$$

$$N_v = 18.75\text{kN} < N_c^b = 129.6\text{kN}$$

该螺栓连接承载力满足要求。

6.7.3 高强度螺栓连接的工作性能

高强度螺栓安装时需用特制的扳手拧紧螺母，使螺杆中产生规定的预拉力，从而夹紧被连接的板件。高强度螺栓可分为大六角头型和扭剪型两种，对大六角头高强度螺栓可采用扭矩法和转角法来控制预拉力，对扭剪型高强度螺栓，可通过拧断螺栓尾部的梅花头来控制预拉力。

① 扭矩法：一般采用可直接显示或控制扭矩的特定扭矩扳手，通过控制拧紧力矩来实现控制预拉力。拧紧力矩可由试验确定，施工时控制的预拉力为设计预拉力的 1.1 倍（表 6-12）。为了克服板件和垫圈等的变形，基本消除板件间的间隙，使拧紧力矩系数有较好的线性度，从而提高施工控制预拉力值的准确度，在安装大六角头高强度螺栓时，应先按拧紧力矩的 50%进行初拧，然后再按 100%拧紧力矩进行终拧。对于大型节点，在初拧后还应按初拧力矩进行复拧，然后再进行终拧。

一个高强度螺栓的预拉力设计值 P（单位：kN） **表 6-12**

螺栓的性能等级	螺栓公称直径(mm)					
	M16	M20	M22	M24	M27	M30
8.8 级	80	125	150	175	230	280
10.9 级	100	155	190	225	290	355

② 转角法：先用普通扳手进行初拧，使被连接板件相互紧密贴合，再以初拧位置为起点，按终拧角度，用长扳手或风动扳手旋转螺母，拧至该角度值时，螺栓的拉力即达到施工控制预拉力。

构件间的摩擦阻力与摩擦面的抗滑移系数 μ 有关，μ 的大小与被连接板件的钢材牌号及其接触面的处理方法有关。常用的处理方法及对应的抗滑移系数 μ 的取值见表 6-13。

钢材摩擦面的抗滑移系数　　表 6-13

连接处构件接触面的处理方法	构件的钢材牌号		
	Q235 钢	Q345 钢或 Q390 钢	Q420 钢或 Q460 钢
喷硬质石英砂或铸钢棱角砂	0.45	0.45	0.45
抛丸(喷砂)	0.4	0.40	0.40
钢丝刷清除浮锈或未经处理的干净轧制面	0.30	0.35	—

注：1. 钢丝刷除锈方向应与受力方向垂直；
2. 当连接构件采用不同钢材牌号时，μ 按相应较低强度者取值；
3. 采用其他方法处理时，其处理工艺及抗滑移系数值均需要试验确定。

（1）高强度螺栓摩擦型连接的承载力

① 抗剪承载力设计值 N_v^b

高强度螺栓摩擦型连接是以构件接触面的摩擦力被克服作为承载能力的极限状态，摩擦力与螺栓的预拉力 P、接触面的抗滑移系数 μ、传力摩擦面数目 n_f 等因素有关。在受剪的高强度螺栓摩擦型连接中，每个螺栓的抗剪承载力设计值 N_v^b 按下式计算：

$$N_v^b = 0.9kn_f\mu P \tag{6-34}$$

式中 k——孔型系数，标准孔取 1.0；大圆孔取 0.85；内力与槽孔长向垂直时取 0.7；内力与槽孔长向平行时取 0.6；

n_f——传力摩擦面数目；

P——高强度螺栓的预拉力设计值（N），按表 6-12 取值；

μ——摩擦面的抗滑移系数，按表 6-13 取值。

② 抗拉承载力设计值 N_t^b

试验证明，当外拉力 N_t 过大时，螺栓将产生松弛现象，对连接的抗剪性能会产生不利影响，故《钢结构设计标准》GB 50017—2017 规定，在螺栓杆轴方向受拉的连接中，每个高强度螺栓的抗拉承载力设计值 N_t^b 为：

$$N_t^b = 0.8P \tag{6-35}$$

③ 同时承受剪力和拉力作用时的承载力

当高强度螺栓摩擦型连接同时承受剪力 N_v 和沿螺栓杆轴方向的外拉力 N_t 作用时，其承载力可采用直线相关公式，即：

$$\frac{N_v}{N_v^b} + \frac{N_t}{N_t^b} \leqslant 1.0 \tag{6-36}$$

式中 N_v、N_t——分别为外力作用下一个高强度螺栓所受的剪力和拉力（N）；

N_v^b、N_t^b——分别为单个摩擦型连接高强度螺栓的抗剪、抗拉承载力设计值（N），按式（6-34）、式（6-35）计算。

(2) 高强度螺栓承压型连接的承载力

高强度螺栓承压型连接是以螺栓杆被剪断或连接板被挤压破坏作为承载能力的极限状态，其破坏形式与普通螺栓相同，因此其计算方法和普通螺栓相同。①在抗剪连接中，一个承压型连接高强度螺栓的抗剪承载力设计值取 N_v^b和 N_c^b中的较小值，N_v^b和 N_c^b分别按式(6-22a)、式(6-22b)计算，但当剪切面在螺纹处时，其受剪承载力设计值应按螺纹处的有效面积计算（普通螺栓是按螺栓杆的全面积进行计算）；②在沿杆轴方向受拉的连接中，一个承压型连接高强度螺栓的承载力设计值 N_t^b按式(6-23)计算；③对同时承受剪力 N_v和沿杆轴方向拉力 N_t的承压型连接高强度螺栓，其承载力应符合下列要求：

$$\sqrt{\left(\frac{N_v}{N_v^b}\right)^2+\left(\frac{N_t}{N_t^b}\right)^2}\leqslant 1.0 \tag{6-37a}$$

$$N_v\leqslant\frac{N_c^b}{1.2} \tag{6-37b}$$

式中　N_v^b、N_t^b、N_c^b——分别为单个承压型连接高强度螺栓的抗剪、抗拉、承压承载力设计值。

高强度螺栓承压型连接中，由于预拉力作用使板层间产生挤压力，在剪力单独作用下当板件接触面间的摩擦力被克服、螺栓杆与孔壁接触后，在板件孔前区形成三向压应力场，故其承压强度设计值 N_c^b比普通螺栓高。当施加沿螺栓杆轴方向的外拉力后，板件间的挤压力随外拉力的增大而减小，故其承压强度设计值 N_c^b也随之降低，因此在式(6-37b)中引入折减系数1.2，考虑由于螺栓杆轴方向的外拉力使孔壁承压强度设计值降低的影响。

承压型连接的高强度螺栓预拉力 P 与摩擦型连接的高强度螺栓相同。连接处构件接触面应清除油污及浮锈，仅承受拉力的高强度螺栓连接，不要求对接触面进行抗滑移处理。

6.7.4 高强度螺栓连接计算

(1) 轴心力作用下高强度螺栓抗剪连接计算

如图6-57所示高强度螺栓连接，在通过螺栓群形心的轴心力 N 作用下，螺栓受剪，假设每个螺栓所承受的剪力 N_v相等，则：

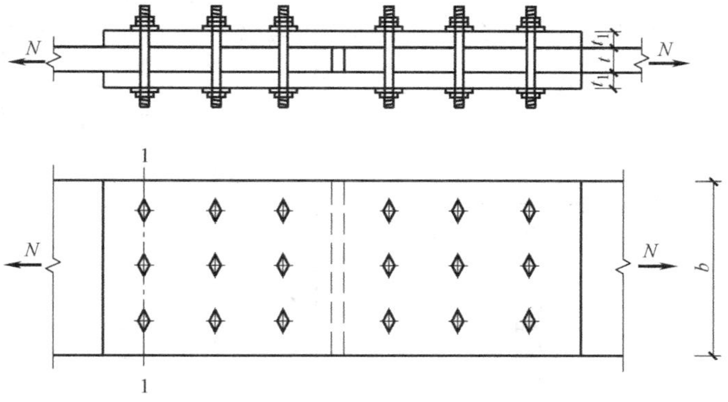

图6-57　轴心力作用下高强度螺栓连接

$$N_v=\frac{N}{n} \tag{6-38}$$

式中　n——连接一侧螺栓的个数。

则螺栓的承载力应满足：①对高强度螺栓承压型连接，应满足：$N_v \leqslant N_{min}^b$，N_{min}^b取N_v^b和N_c^b中的较小值，N_v^b和N_c^b分别按式（6-22a）、式（6-22b）计算；②对高强度螺栓摩擦型连接，应满足：$N_v \leqslant N_v^b$，N_v^b按式（6-34）计算。

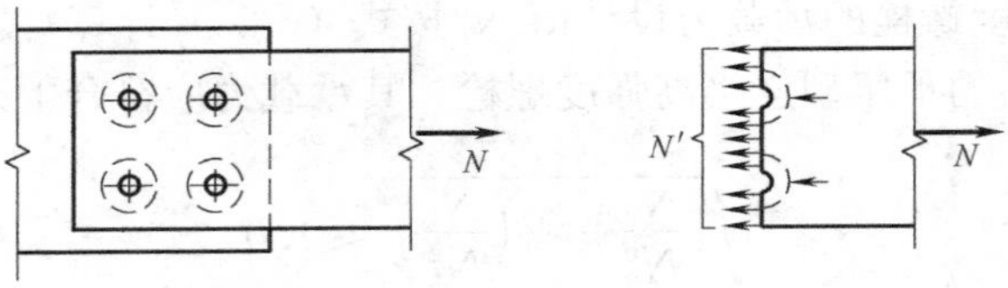

图 6-58　高强度螺栓的孔前传力

此外，为了防止构件在开孔截面被拉断，还需验算构件在开孔截面的净截面强度：①对高强度螺栓承压型连接，验算方法同普通螺栓；②对高强度螺栓摩擦型连接，由于连接是通过被连接构件接触面间的摩擦力来传递剪力的，如图 6-58 所示，假设每个螺栓所传递的剪力相等，且摩擦阻力均匀分布在每个螺栓中心附近的有效截面上，则一部分剪力已由孔前接触面传递，孔前传力系数取 0.5，则图 6-57 所示 1-1 截面所受力为：

$$N'=N-0.5\frac{N}{n}n_1=\left(1-0.5\frac{n_1}{n}\right)N \tag{6-39a}$$

则 1-1 截面构件净截面强度应满足：

$$\sigma=\frac{N'}{A_n}=\left(1-0.5\frac{n_1}{n}\right)\frac{N}{A_n}\leqslant 0.7f_u \tag{6-39b}$$

式中　n_1——计算截面（最外列螺栓处）的螺栓数目。

（2）扭矩 T、剪力 V、轴力 N 作用下高强度螺栓抗剪连接计算

高强度螺栓在扭矩 T、剪力 V、轴力 N 作用下的抗剪计算，与普通螺栓的计算方法相同，仍按式（6-28a）～式（6-28e）进行计算，仅将式（6-28e）中的 N_{min}^b 换成一个高强度螺栓的抗剪承载力设计值即可。

（3）轴力 N 作用下高强度螺栓抗拉连接计算

高强度螺栓在轴力 N 作用下的抗拉连接计算，与普通螺栓的计算方法相同，仍按式（6-29）进行计算，仅将式中的 N_t^b 换成一个高强度螺栓的抗拉承载力设计值即可。

（4）弯矩 M 作用下高强度螺栓抗拉连接计算

如图 6-59 所示高强度螺栓连接，在弯矩 M 作用下，由于高强度螺栓的预拉力值很

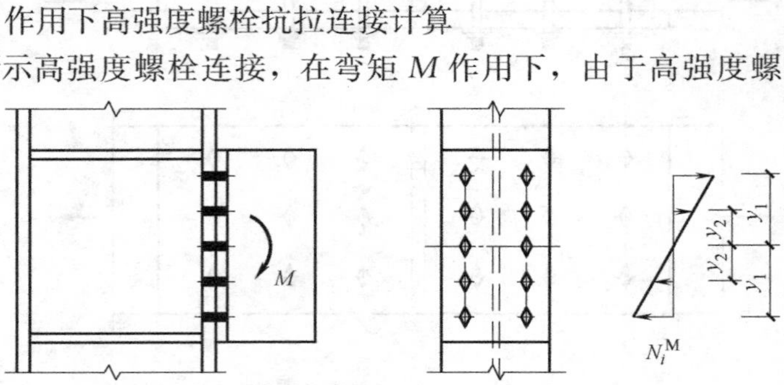

图 6-59　弯矩作用下的高强度螺栓连接

大，一般大于外拉力，被连接构件的接触面一直保持紧密贴合。因此，可以认为中和轴就在螺栓群的形心轴上，即螺栓群绕形心转动，最外排螺栓受力最大，其承载力应满足：

$$N_1^{\mathrm{M}}=\frac{My_1}{\sum y_i^2}\leqslant N_{\mathrm{t}}^{\mathrm{b}} \tag{6-40}$$

（5）弯矩 M 和轴心力 N 共同作用下高强度螺栓抗拉连接计算

在弯矩 M 和轴心力 N 共同作用下，螺栓的最大拉力不超过 $0.8P$，能够保证被连接板件始终保持紧密贴合不被拉开，因此可认为在弯矩 M 作用下螺栓群绕其形心转动。如图 6-60 所示高强度螺栓连接，在弯矩 M 和轴力 N 共同作用下，受力最大的螺栓其承载力应满足：

$$N_{\max}=\frac{N}{n}+\frac{My_1}{\sum y_i^2}\leqslant N_{\mathrm{t}}^{\mathrm{b}} \tag{6-41}$$

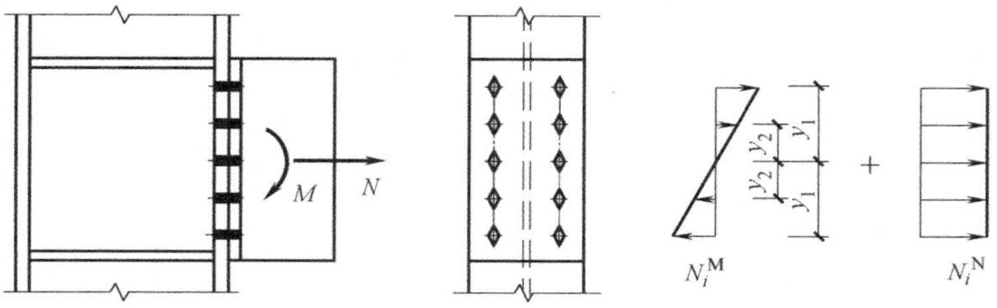

图 6-60　弯矩和轴心力共同作用下的高强度螺栓连接

（6）同时受拉和受剪时的高强度螺栓连接计算

如图 6-61 所示高强度螺栓连接同时承受弯矩 M、轴心力 N 和剪力 V 的共同作用，螺栓同时受拉和受剪。

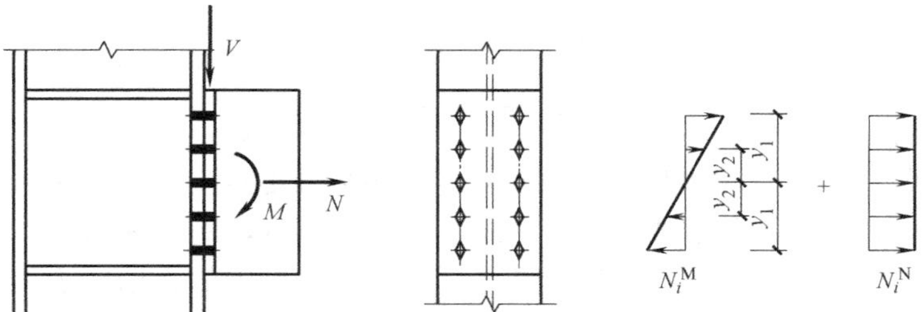

图 6-61　弯矩、剪力和轴心力共同作用下的高强度螺栓连接

在剪力 V 作用下，所有螺栓所受剪力相等，$N_i^{\mathrm{V}}=\dfrac{V}{n}$；在弯矩 M 作用下，螺栓群绕形心转动，各螺栓所受拉力为 $N_i^{\mathrm{M}}=\dfrac{My_i}{\sum y_i^2}$；在轴力 N 作用下，各螺栓受拉力大小相等，$N_i^{\mathrm{N}}=\dfrac{N}{n}$。则在弯矩 M 和轴力 N 共同作用下，最上排螺栓所受拉力最大 $N_{t,\max}=\dfrac{N}{n}+\dfrac{My_1}{\sum y_i^2}$。在弯矩 M、轴力 N、剪力 V 共同作用下，最上排螺栓受力最不利，其承载力应满

足：①对摩擦型连接的高强度螺栓，其承载力应满足式（6-36）的要求；②对承压型连接的高强度螺栓，其承载力应满足式（6-37a）、式（6-37b）的要求。

复习思考题

6-1　焊接连接形式有哪几种？焊缝形式有哪几种？

6-2　常见焊缝质量缺陷有哪些？对不同等级的焊缝质量检测要求是什么？

6-3　减少焊接应力和变形的措施有哪些？

6-4　受剪普通螺栓有哪些破坏形式？如何防止？

6-5　如图6-62所示两块钢板采用对接焊缝进行拼接，Q235钢，E43型焊条，手工焊。钢板横截面尺寸 $b \times t = 200\text{mm} \times 12\text{mm}$，承受轴心拉力设计值 $N = 490\text{kN}$，施焊时采用引弧板，焊缝质量等级为三级，验证焊缝强度是否满足要求。

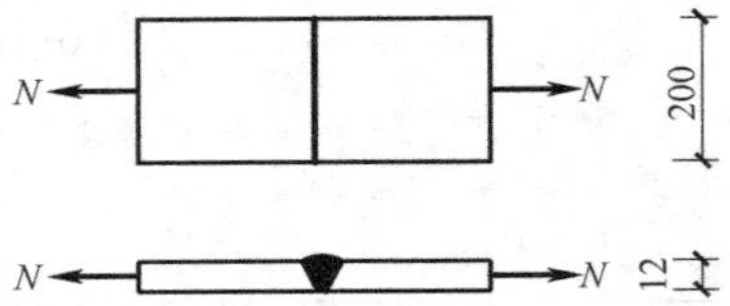

图6-62　复习思考题6-5图

6-6　如图6-63所示某焊接工字形截面简支梁，跨度 $L = 12\text{m}$，Q345钢，承受均布荷载设计值 $p = 120\text{kN/m}$（已包括梁自重）。该梁在距左支座4m处采用对接焊缝进行拼接，E50型焊条，手工焊，施焊时采用引弧板，焊缝质量等级为三级，验算拼接处焊缝强度是否满足要求。

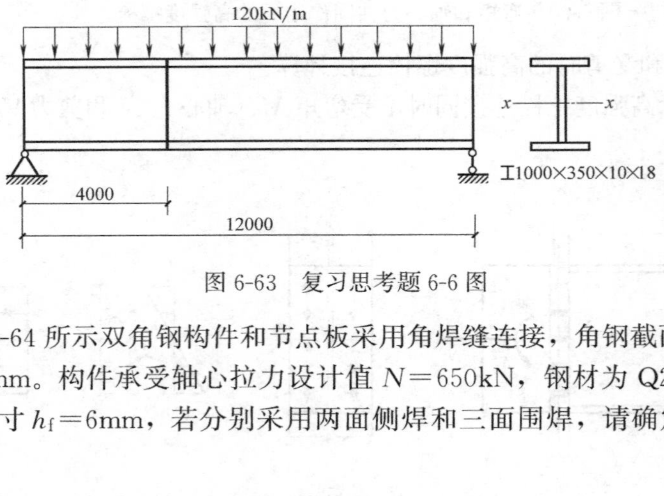

图6-63　复习思考题6-6图

6-7　如图6-64所示双角钢构件和节点板采用角焊缝连接，角钢截面为2∟100×8，节点板厚度 $t = 12\text{mm}$。构件承受轴心拉力设计值 $N = 650\text{kN}$，钢材为Q235，焊条E43型，手工焊，焊脚尺寸 $h_f = 6\text{mm}$，若分别采用两面侧焊和三面围焊，请确定两种情况下所需的焊缝长度。

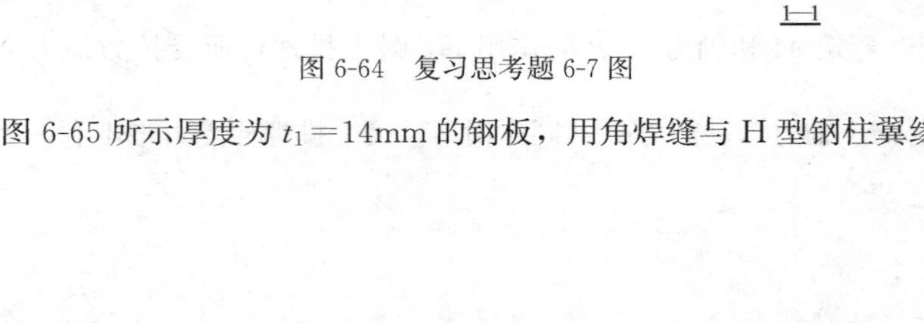

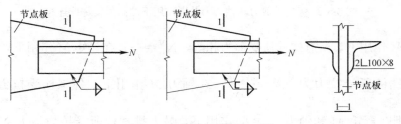

图6-64　复习思考题6-7图

6-8　如图6-65所示厚度为 $t_1 = 14\text{mm}$ 的钢板，用角焊缝与H型钢柱翼缘焊接，柱翼

缘板厚 $t_2=20$mm，钢板承受轴心力设计值 $N=500$kN。Q235 钢，E43 型焊条，手工焊，焊脚尺寸 $h_f=8$mm。验算该焊缝强度是否满足要求。

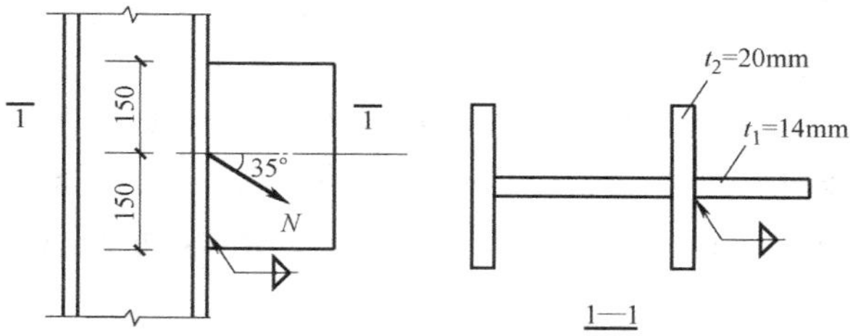

图 6-65　复习思考题 6-8 图

6-9　如图 6-66 所示工字形截面牛腿与柱采用角焊缝连接，承受静力荷载设计值 $P=500$kN，偏心距 $e=200$mm，焊脚尺寸 $h_f=8$mm，Q345 钢，E50 型焊条，手工焊，验算该连接焊缝强度是否满足要求。

6-10　如图 6-67 所示钢板与柱翼缘搭接连接，采用角焊缝（三面围焊），承受静力荷载设计值 $P=200$kN，钢材为 Q235，E43 型焊条，手工焊，焊脚尺寸 $h_f=10$mm。验算连接焊缝强度是否满足要求。

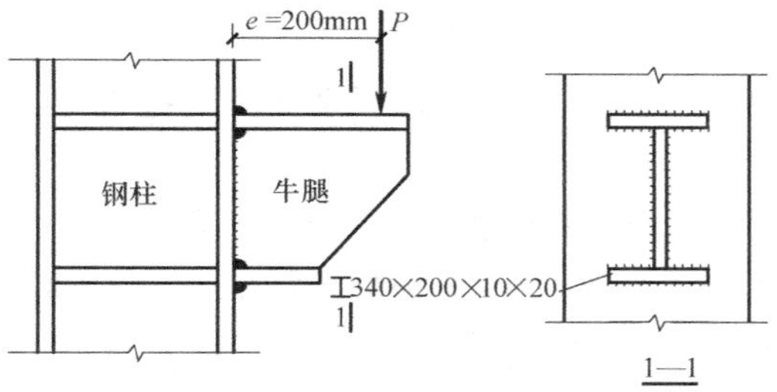

图 6-66　复习思考题 6-9 图

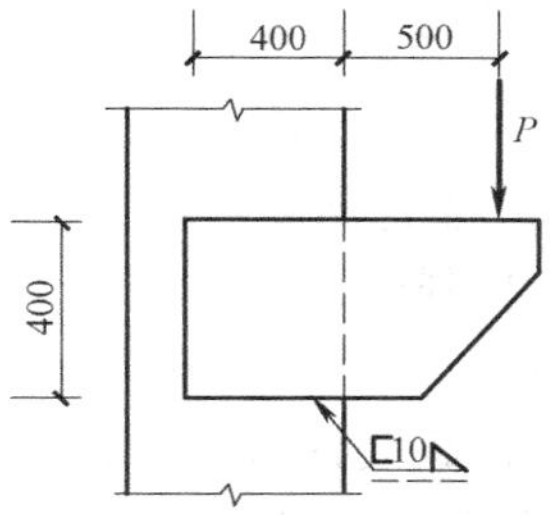

图 6-67　复习思考题 6-10 图

6-11　图 6-68 中，柱间支撑 2∟100×80×8（长肢相并）通过连接板和端板连接于钢柱翼缘，钢材 Q235，承受静力荷载设计值 $N=200$kN，连接板厚 $t_1=14$mm，端板厚 $t_2=20$mm。若支撑杆件与连接板间采用规格为 M20 的 C 级普通螺栓连接（图中螺栓仅为示意），螺栓性能等级为 4.6 级，螺栓孔径 $d_0=21.5$mm，试对支撑杆件与连接板间的螺栓

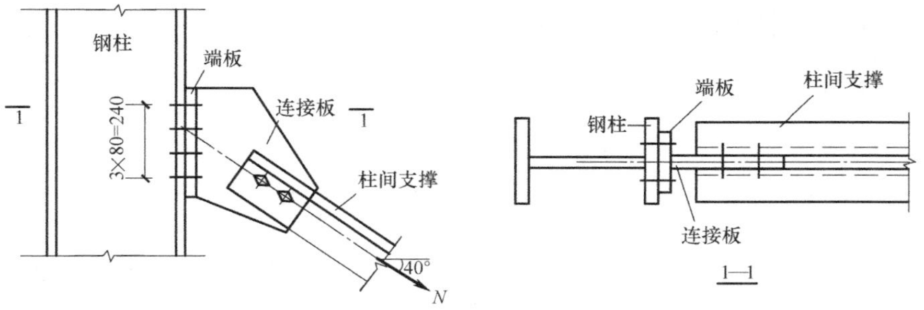

图 6-68　复习思考题 6-11、6-12 图

连接进行设计。

6-12　条件同复习思考题 6-11，若端板与柱翼缘间采用规格为 M22 的 C 级普通螺栓连接，螺栓性能等级为 4.6 级，螺栓孔径 $d_0=23.5$mm，螺栓排列如图 6-68 所示，验算端板与柱翼缘间的螺栓连接强度是否满足要求。

6-13　如图 6-69 所示 T 形截面牛腿，与钢柱翼缘用 C 级普通螺栓连接，柱翼缘厚度为 10mm。牛腿承受竖向荷载设计值 $P=180$kN，偏心距 $e=200$mm。若螺栓规格为 M20，螺栓孔径 $d_0=21.5$mm，数量 $n=10$，排列如图 6-69 所示，钢材为 Q235，验算该螺栓连接强度是否满足要求。

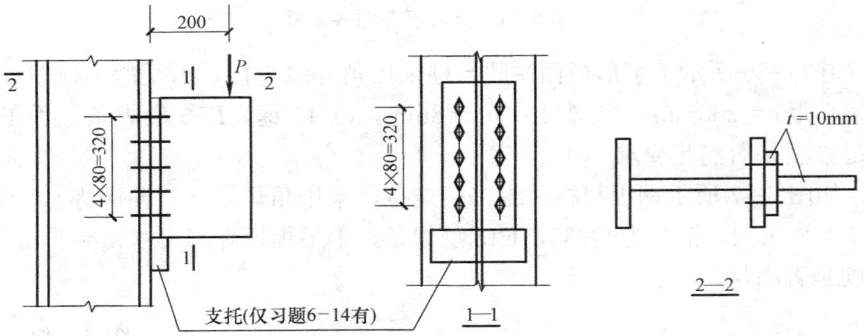

图 6-69　复习思考题 6-13、6-14 图

6-14　条件同复习思考题 6-13，若牛腿下设置支托，且假设剪力由支托承受，验算该螺栓的连接强度。

6-15　T 形截面牛腿与钢柱翼缘用高强度螺栓摩擦型连接，螺栓布置如图 6-70 所示，承受竖向荷载设计值 $P=200$kN，偏心距 $e=250$mm，水平荷载设计值 $N=100$kN。钢材 Q235，螺栓规格 M20，采用标准孔，孔径 $d_0=22$mm，性能等级 10.9 级，接触面采用喷砂处理，验算该螺栓连接是否安全。

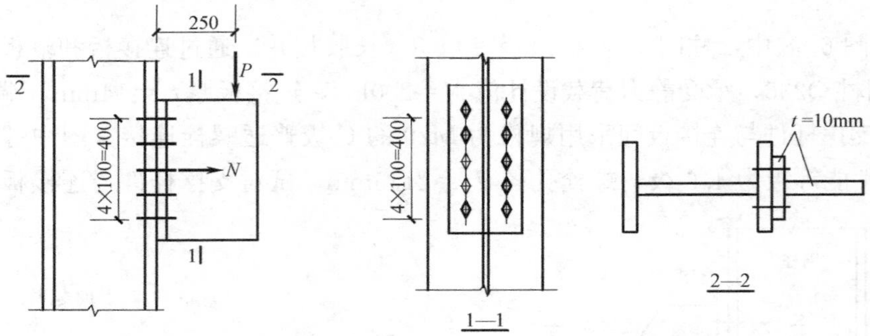

图 6-70　复习思考题 6-15、6-16 图

6-16　若复习思考题 6-15 中 T 形截面牛腿与钢柱翼缘用高强度螺栓承压型连接，柱翼缘厚度为 10mm，其余条件不变，验算该螺栓连接是否安全。

附　录

附录 1　钢材和连接强度设计值

钢材的设计用强度指标（单位：N/mm²）　　**附表 1-1**

钢材牌号		钢材厚度或直径(mm)	强度设计值			屈服强度 f_y	抗拉强度 f_u
			抗拉、抗压、抗弯 f	抗剪 f_v	端面承压（刨平顶紧）f_{ce}		
碳素结构钢	Q235	≤16	215	125	320	235	370
		>16,≤40	205	120		225	
		>40,≤100	200	115		215	
低合金高强度结构钢	Q345	≤16	305	175	400	345	470
		>16,≤40	295	170		335	
		>40,≤63	290	165		325	
		>63,≤80	280	160		315	
		>80,≤100	270	155		305	
	Q390	≤16	345	200	415	390	490
		>16,≤40	330	190		370	
		>40,≤63	310	180		350	
		>63,≤100	295	170		330	
	Q420	≤16	375	215	440	420	520
		>16,≤40	355	205		400	
		>40,≤63	320	185		380	
		>63,≤100	305	175		360	
	Q460	≤16	410	235	470	460	550
		>16,≤40	390	225		440	
		>40,≤63	355	205		420	
		>63,≤100	340	195		400	

注：1. 表中直径指实芯棒材，厚度指计算点的钢材或钢管壁厚度，对轴心受拉和轴心受压构件指截面中较厚板件的厚度；

2. 冷弯型材和冷弯钢管，其强度设计值应按现行有关国家标准的规定采用。

建筑结构用钢板的设计用强度指标（单位：N/mm²） **附表 1-2**

建筑结构用钢板	钢材厚度或直径（mm）	强度设计值			屈服强度 f_y	抗拉强度 f_u
		抗拉、抗压、抗弯 f	抗剪 f_v	端面承压（刨平顶紧）f_{ce}		
Q345GJ	>16,≤50	325	190	415	345	490
	>50,≤100	300	175		335	

结构设计用无缝钢管的强度指标（单位：N/mm²） **附表 1-3**

钢管钢材牌号	壁厚（mm）	强度设计值			屈服强度 f_y	抗拉强度 f_u
		抗拉、抗压和抗弯 f	抗剪 f_v	端面承压（刨平顶紧）f_{ce}		
Q235	≤16	215	125	320	235	375
	>16,≤30	205	120		225	
	>30	195	115		215	
Q345	≤16	305	175	400	345	470
	>16,≤30	290	170		325	
	>30	260	150		295	
Q390	≤16	345	200	415	390	490
	>16,≤30	330	190		370	
	>30	310	180		350	
Q420	≤16	375	220	445	420	520
	>16,≤30	355	205		400	
	>30	340	195		380	
Q460	≤16	410	240	470	460	550
	>16,≤30	390	225		440	
	>30	355	205		420	

焊缝强度设计指标（单位：N/mm²） **附表 1-4**

焊接方法和焊条型号	构件钢材		对接焊缝强度设计值				角焊缝强度设计值	对接焊缝抗拉强度 f_u^w	角焊缝抗拉、抗压和抗剪强度 f_u^f
	牌号	厚度或直径（mm）	抗压 f_c^w	焊缝质量为下列等级时，抗拉 f_t^w		抗剪 f_v^w	抗拉、抗压和抗剪 f_f^w		
				一级、二级	三级				
自动焊、半自动焊和 E43 型焊条手工焊	Q235	≤16	215	215	185	125	160	415	240
		>16,≤40	205	205	175	120			
		>40,≤100	200	200	170	115			

续表

焊接方法和焊条型号	构件钢材		对接焊缝强度设计值				角焊缝强度设计值	对接焊缝抗拉强度 f_u^w	角焊缝抗拉、抗压和抗剪强度 f_u^f
	牌号	厚度或直径（mm）	抗压 f_c^w	焊缝质量为下列等级时，抗拉 f_t^w		抗剪 f_v^w	抗拉、抗压和抗剪 f_f^w		
				一级、二级	三级				
自动焊、半自动焊和E50、E55型焊条手工焊	Q345	≤16	305	305	260	175	200	480(E50) 540(E55)	280(E50) 315(E55)
		>16，≤40	295	295	250	170			
		>40，≤63	290	290	245	165			
		>63，≤80	280	280	240	160			
		>80，≤100	270	270	230	155			
	Q390	≤16	345	345	295	200	200(E50) 220(E55)		
		>16，≤40	330	330	280	190			
		>40，≤63	310	310	265	180			
		>63，≤100	295	295	250	170			
自动焊、半自动焊和E55、E60型焊条手工焊	Q420	≤16	375	375	320	215	220(E55) 240(E60)	540(E55) 590(E60)	315(E55) 340(E60)
		>16，≤40	355	355	300	205			
		>40，≤63	320	320	270	185			
		>63，≤100	305	305	260	175			
	Q460	≤16	410	410	350	235	220(E55) 240(E60)	540(E55) 590(E60)	315(E55) 340(E60)
		>16，≤40	390	390	330	225			
		>40，≤63	355	355	300	205			
		>63，≤100	340	340	290	195			
自动焊、半自动焊和E50、E55型焊条手工焊	Q345GJ	>16，≤35	310	310	265	180	200	480(E50) 540(E55)	280(E50) 315(E55)
		>35，≤50	290	290	245	170			
		>50，≤100	285	285	240	165			

注：1. 手工焊用焊条、自动焊和半自动焊所采用的焊丝和焊剂，应保证其熔敷金属的力学性能不低于母材的性能；
2. 焊缝质量等级应符合现行国家标准《钢结构焊接规范》GB50661 的规定，其检验方法应符合现行国家标准《钢结构工程施工质量验收规范》GB50205 的规定。其中厚度小于 6mm 钢材的对接焊缝，不应采用超声波探伤确定焊缝质量等级；
3. 对接焊缝在受压区的抗弯强度设计值取 f_c^w，在受拉区的抗弯强度设计值取 f_t^w；
4. 表中直径指实芯棒材，厚度指计算点的钢材厚度，对轴心受拉和轴心受压构件指截面中较厚板件的厚度；
5. 计算下列情况的连接时，上表规定的强度设计值应乘以相应的折减系数几种情况同时存在时，其折减系数应连乘。
1）施工条件较差的高空安装焊缝应乘以系数 0.9；
2）进行无垫板的单面施焊对接焊缝的连接计算应乘折减系数 0.85。

螺栓连接的强度指标（单位：N/mm^2） **附表 1-5**

螺栓的性能等级、锚栓和构件钢材的牌号		强度设计值										高强度螺栓的抗拉强度 f_u^b
		普通螺栓						锚栓	承压型连接或网架用高强度螺栓			
		C级螺栓			A级、B级螺栓							
		抗拉 f_t^b	抗剪 f_v^b	承压 f_c^b	抗拉 f_t^b	抗剪 f_v^b	承压 f_c^b	抗拉 f_t^b	抗拉 f_t^b	抗剪 f_v^b	承压 f_c^b	
普通螺栓	4.6级、4.8级	170	140	—	—	—	—	—	—	—	—	—
	5.6级	—	—	—	210	190	—	—	—	—	—	—
	8.8级	—	—	—	400	320	—	—	—	—	—	—
锚栓	Q235	—	—	—	—	—	—	140	—	—	—	—
	Q345	—	—	—	—	—	—	180	—	—	—	—
	Q390	—	—	—	—	—	—	185	—	—	—	—
承压型连接高强度螺栓	8.8级	—	—	—	—	—	—	—	400	250	—	830
	10.9级	—	—	—	—	—	—	—	500	310	—	1040
螺栓球节点高强度螺栓	9.8级	—	—	—	—	—	—	—	385	—	—	—
	10.9级	—	—	—	—	—	—	—	430	—	—	—
构件钢材牌号	Q235	—	—	305	—	—	405	—	—	—	470	—
	Q345	—	—	385	—	—	510	—	—	—	590	—
	Q390	—	—	400	—	—	530	—	—	—	615	—
	Q420	—	—	425	—	—	560	—	—	—	655	—
	Q460	—	—	450	—	—	595	—	—	—	695	—
	Q345GJ	—	—	400	—	—	530	—	—	—	615	—

注：1. A级螺栓用于$d \leqslant 24mm$和$L \leqslant 10d$或$L \leqslant 150mm$（按较小值）的螺栓；B级螺栓用于$d > 24mm$和$L > 10d$或$L > 150mm$（按较小值）的螺栓；d为公称直径，L为螺栓公称长度；

2. A、B级螺栓孔的精度和孔壁表面粗糙度，C级螺栓孔的允许偏差和孔壁表面粗糙度，均应符合现行国家标准《钢结构工程施工质量验收规范》GB 50205的要求；

3. 用于螺栓球节点网架的高强度螺栓，M12～M36为10.9级，M39～M64为9.8级。

附录2 型 钢 表

普通工字钢 **附表 2-1**

符号 h—高度
b—翼缘宽度
t_w—腹板厚度
t—翼缘平均厚度
I—惯性矩
W—截面模量

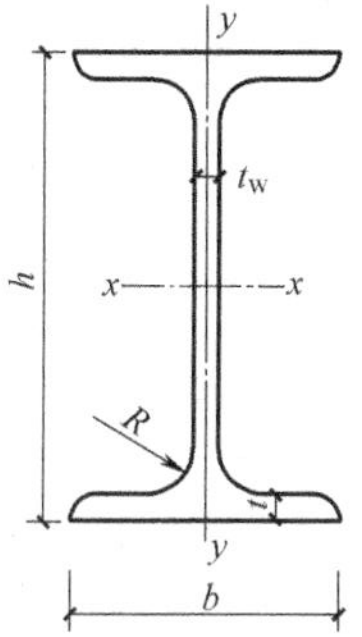

i—回转半径
S—半截面的面积矩
长度：型号 10～18，长 5～19m
型号 20～63，长 6～19m

型号	尺寸					截面积	质量	x-x 轴				y-y 轴		
	h	b	t_w	t	R	A	q	I_x	W_x	i_x	I_x/S_x	I_y	W_y	i_y
	mm					cm^2	kg/m	cm^4	cm^3	cm		cm^4	cm^3	cm
10	100	68	4.5	7.6	6.5	14.3	11.2	245	49	4.14	8.69	33	9.6	1.51
12.6	126	74	5.0	8.4	7.0	18.1	14.2	488	77	5.19	11.0	47	12.7	1.61
14	140	80	5.5	9.1	7.5	21.5	16.9	712	102	5.57	12.2	64	16.1	1.73
16	160	88	6.0	9.9	8.0	26.1	20.5	1127	141	6.57	13.9	93	21.1	1.89
18	180	94	6.5	10.7	8.5	30.7	24.1	1699	185	7.37	15.4	123	26.2	2.00
20^a_b	220	100	7.0	11.4	9.0	35.5	27.9	2369	237	8.16	17.4	158	31.6	2.11
		102	9.0			39.5	31.1	2502	250	7.95	17.1	169	33.1	2.07
22^a_b	220	110	7.5	12.3	9.5	42.1	33.0	3406	310	8.99	19.2	226	41.1	2.32
		112	9.5			46.5	36.5	3583	326	8.78	18.9	240	42.9	2.27
25^a_b	250	116	8.0	13.0	10.0	48.5	38.1	5017	401	10.2	21.7	280	48.4	2.40
		118	10.0			53.5	42.0	5278	422	9.93	21.4	297	50.4	2.36
28^a_b	280	122	8.5	13.7	10.5	48.5	43.5	7115	508	11.3	24.3	344	56.4	2.49
		124	10.5			61.0	47.9	7481	534	11.1	24.0	364	58.7	2.44

续表

型号	尺寸					截面积	质量	x-x 轴				y-y 轴		
	h	b	t_w	t	R	A	q	I_x	W_x	i_x	I_x/S_x	I_y	W_y	i_y
	mm					cm^2	kg/m	cm^4	cm^3	cm		cm^4	cm^3	cm
a		130	9.5			67.1	52.7	11080	692	12.8	27.7	459	70.6	2.62
32b	320	132	11.5	15.0	11.5	73.5	57.7	11626	727	12.6	27.3	484	73.3	2.57
c		134	13.5			79.9	62.7	12173	761	12.3	26.9	510	76.1	2.53
a		136	10.0			76.4	60.0	15796	878	14.4	31.0	555	81.6	2.69
36b	360	138	12.0	15.8	12.0	83.6	65.6	16574	921	14.1	30.6	584	84.6	2.64
c		140	14.0			90.8	71.3	17351	964	13.8	30.2	614	87.8	2.60
a		142	10.5			86.1	67.6	21714	1086	15.9	34.4	660	92.9	2.77
40b	400	144	12.5	16.5	12.5	94.1	73.8	22780	1139	15.6	33.9	693	96.2	2.71
c		146	14.5			102	80.1	23847	1192	15.3	33.5	727	99.7	2.67
a		150	11.5			102	80.4	32241	1143	17.7	38.5	855	114	2.89
45b	450	152	13.5	18.0	13.5	111	87.4	33759	1500	17.4	38.1	895	118	2.84
c		154	15.5			120	94.5	35278	1568	17.1	37.6	938	122	2.79
a		158	12.0			119	93.6	46472	1859	19.7	42.9	1122	142	2.07
50b	500	160	14.0	20	14	129	101	48556	1942	19.4	42.3	1171	146	3.01
c		162	16.0			139	109	50639	2026	19.1	41.9	1224	151	2.96
a		166	12.5			135	106	65576	2342	22.0	47.9	1366	165	3.18
56b	560	168	14.5	21	14.5	147	115	68503	2447	21.6	47.3	1424	170	3.12
c		170	16.5			158	124	71430	2551	21.3	46.8	1458	175	3.07
a		176	13.0			155	122	94004	2984	24.7	53.8	1702	194	3.32
63b	630	178	15.0	22	15	167	131	98171	3117	24.2	53.2	1771	199	3.25
c		180	17.0			180	141	102339	3249	23.9	52.6	1842	205	3.20

H 型钢和 T 型钢

附表 2-2

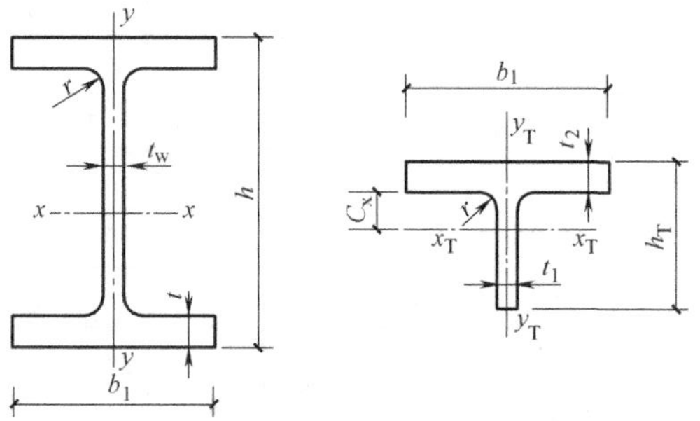

符号：

H 型钢：H—截面高度；b_1—翼缘宽度；t_w—腹板厚度；t—翼缘厚度；W—截面模量；i—回转半径；S—半截面的面积矩；I—惯性矩；

T 型钢：h_T—截面高度；A_T—截面面积；q_T—质量；I_{yT}—惯性矩等于相应 H 型钢的 1/2；

HW、HM、HN—分别代表宽翼缘、中翼缘、窄翼缘 H 型钢；

TW、TM、TN—分别代表各自 H 型钢剖分的 T 型钢。

类别	H 型钢	截面积	质量	r	x-x 轴			y-y 轴			重心	x_T-x_T轴		T 型钢规格	类别
	$h\times b_1\times t_w\times t$	A	q		I_x	W_x	i_x	I_y	W_y	i_y、i_{yT}	C_x	i_{xT}	I_{xT}	$h_T\times b_1\times t_1\times t_2$	
	mm	cm^2	kg/m	mm	cm^4	cm^3	cm	cm^4	cm^3	cm	cm	cm^4	cm	mm	
HW	100×100×6×8	21.90	17.2	10	383	76.5	4.18	134	26.7	2.47	1.00	16.1	1.21	50×100×6×8	TW
	125×125×6.5×9	30.31	23.8	10	847	136	5.29	294	49.0	3.11	1.19	35.0	1.52	62.5×125×7×10	
	150×150×7×10	40.55	31.9	13	1660	221	6.39	564	75.1	3.73	1.37	66.4	1.81	75×150×7×10	
	175×175×7.5×11	51.43	40.3	13	2900	331	7.50	954	112	4.37	1.55	115	2.11	87.5×175×7.5×11	
	200×200×8×12	64.28	50.5	16	4770	477	8.61	1600	160	4.99	1.73	185	2.40	100×200×8×12	
	#200×204×12×12	72.28	56.7	16	5030	503	8.35	1700	167	4.85	2.09	256	2.66	#100×204×12×12	
	250×250×9×14	92.18	72.4	16	10800	857	10.8	3650	292	6.29	2.08	412	2.99	125×250×9×14	
	#250×255×14×14	104.7	82.2	16	11500	919	10.5	3880	304	6.09	2.58	589	3.36	#125×255×14×14	
	#294×302×12×12	108.3	85.0	20	17000	1160	12.5	5520	365	7.14	2.83	858	3.98	#417×302×12×12	
	300×300×10×15	120.4	94.5	20	20500	1370	13.1	6760	450	7.49	2.47	798	3.64	150×300×10×15	
	300×305×15×15	135.4	106	20	21600	1440	12.6	7100	466	7.24	3.02	1110	4.05	150×305×15×15	
	#344×348×10×16	146.0	115	20	33300	1940	15.1	11 200	646	8.78	2.67	1230	4.11	#172×348×10×16	
	350×350×12×19	173.9	137	20	40300	2300	15.2	13 600	776	8.84	2.86	1520	4.18	175×350×12×19	

续表

类别	H型钢	截面积	质量	r	x-x 轴			y-y 轴			重心	x_T-x_T轴		T型钢规格	类别
	$h \times b_1 \times t_w \times t$	A	q		I_x	W_x	i_x	I_y	W_y	i_y、i_{yT}	C_x	I_{xT}	i_{xT}	$h_T \times b_1 \times t_1 \times t_2$	
	mm	cm^2	kg/m	mm	cm^4	cm^3	cm	cm^4	cm^3	cm	cm	cm^4	cm	mm	
HW	#388×402×15×15	179.2	141	24	49200	2540	16.6	16300	809	9.52	369	2480	5.26	#194×402×15×15	TW
	#394×398×11×18	187.6	147	24	56400	2860	17.3	18900	951	10.0	3.01	2050	4.67	#197×398×11×18	
	400×400×13×21	219.5	197	24	71100	3560	16.8	23800	1170	9.73	4.07	3650	5.39	200×400×13×21	
	#400×408×21×21	251.5	197	24	71100	3560	16.8	23800	1170	9.73	4.07	3650	5.39	200×408×21×21	
	#414×405×18×28	296.2	233	24	93000	4490	17.7	31000	1530	10.2	3.68	3620	4.95	#207×405×18×28	
	#428×407×20×35	361.4	284	24	119000	5580	18.2	39400	1930	10.4	3.90	4380	4.92	#214×407×20×35	
HM	148×100×6×9	27.25	21.4	13	1040	140	6.17	151	30.2	2.35	1.55	51.7	1.95	74×100×6×9	TM
	194×150×6×9	39.76	31.2	16	2740	283	8.30	508	67.7	3.57	1.78	125	2.50	97×150×6×9	
	244×175×7×11	56.24	44.1	16	6120	502	10.4	958	113	4.18	2.27	289	3.20	122×175×7×11	
	294×200×8×12	73.03	57.3	20	11400	779	12.5	1600	160	4.69	2.82	572	3.96	147×200×8×12	
	340×250×9×14	101.5	79.7	20	21700	1280	14.6	3650	292	6.00	3.09	1020	4.48	170×250×9×17	
	390×300×10×16	136.7	107	24	38900	2000	16.9	7210	481	7.26	3.40	1730	5.03	195×300×10×16	
	440×300×11×18	157.4	124	24	56100	2550	18.9	8110	541	7.18	4.05	2680	5.84	220×300×11×18	
	482×300×11×15	146.4	115	28	60800	2520	20.4	3770	451	6.80	4.90	3420	6.83	241×300×11×15	
	488×300×11×18	146.4	129	28	71400	2930	20.8	8120	541	703	4.65	3620	6.64	244×300×11×18	
	582×300×12×17	174.5	137	28	103000	3530	24.3	7670	511	6.63	6.39	6360	8.54	291×300×12×17	
	588×300×12×20	192.5	151	28	118000	4020	24.8	9020	601	6.85	6.08	6710	8.35	294×300×12×20	
	#594×302×14×23	222.4	175	28	137000	4620	24.9	10600	701	6.90	6.22	7920	8.44	#297×302×14×23	
HN	100×50×5×7	12.16	9.54	10	192	38.5	3.98	14.9	5.96	1.11	1.27	11.9	1.40	50×50×5×7	TN
	125×60×6×8	17.01	13.3	10	417	66.8	4.95	29.3	9.75	1.31	1.63	27.5	1.80	62.5×60×6×8	
	150×75×5×7	18.16	14.3	10	679	90.6	6.12	49.6	13.2	1.65	1.78	42.7	2.17	75×75×5×7	
	175×90×5×8	23.21	18.2	10	1220	140	7.26	97.6	21.7	2.05	1.92	70.7	2.47	87.5×90×5×8	

续表

类别	H型钢	截面积	质量	r	x-x 轴			y-y 轴			重心	x_T-x_T 轴		T型钢规格	类别
	$h \times b_1 \times t_w \times t$	A	q		I_x	W_x	i_x	I_y	W_y	i_y、i_{yT}	C_x	I_{xT}	i_{xT}	$h_T \times b_1 \times t_1 \times t_2$	
	mm	cm^2	kg/m	mm	cm^4	cm^3	cm	cm^4	cm^3	cm	cm	cm^4	cm	mm	
HN	198×99×4.5×7	23.59	18.5	13	1610	163	8.27	114	23.0	2.20	2.13	94.0	2.82	99×99×4.5×7	TN
	200×100×5.5×8	27.57	21.7	13	1880	188	8.25	134	26.8	2.21	2.27	115	2.88	100×100×5.5×8	
	248×124×5×8	32.89	25.8	13	3560	287	10.4	255	41.1	2.78	2.62	208	3.56	124×124×5×8	
	250×125×6×9	37.87	29.7	13	7080	326	10.4	294	47.0	2.79	2.78	249	3.62	125×125×6×9	
	298×149×5.5×8	41.55	32.6	16	6460	433	12.4	443	59.4	3.26	3.22	395	4.36	149×149×5.5×8	
	300×150×6.5×9	47.53	37.3	16	7350	490	12.4	508	67.7	3.27	3.38	465	4.42	150×150×6.5×9	
	346×174×6×9	53.19	41.8	16	11200	649	14.5	792	91.0	3.86	3.68	681	5.06	173×174×6×9	
	350×175×7×11	63.66	50.0	16	13700	782	14.7	985	113	3.93	3.74	816	5.06	175×175×7×11	
	#400×150×8×13	71.13	55.8	16	18800	942	16.3	734	97.9	3.21	—	—	—	—	
	396×199×7×11	72.16	56.7	16	20000	1010	16.7	1450	145	4.48	4.17	1190	5.76	198×199×7×11	
	400×200×8×13	84.12	66.0	16	23700	1190	16.8	1740	174	4.54	4.23	1400	5.76	200×200×8×13	
	#450×150×9×14	83.41	65.5	20	27100	1200	18.0	793	106	3.08	—	—	—	—	
	446×199×8×12	84.95	66.7	20	29000	1300	18.5	1580	159	4.31	5.07	1880	6.62	223×199×8×12	
	450×200×9×14	97.41	76.5	20	33700	1500	18.6	1870	187	4.38	5.13	2160	6.66	225×200×9×14	
	500×150×10×16	98.23	77.1	20	28500	1540	19.8	907	121	3.04	—	—	—	—	
	496×199×9×14	101.3	79.5	20	41900	1690	20.3	1840	185	4.27	5.90	2840	7.49	248×199×9×14	
	#500×200×10×16	114.2	89.6	20	47800	1910	20.5	2140	214	4.33	5.96	3210	7.49	250×200×10×16	
	#506×201×11×19	131.3	103	20	56500	2230	20.8	2580	257	4.43	5.95	3670	7.48	#253×201×11×19	
	596×199×10×15	121.2	95.1	24	69300	2330	23.9	1980	199	4.04	7.76	5200	9.27	298×199×10×19	
	600×200×11×17	135.2	106	24	78200	2610	24.1	2280	228	4.11	7.81	5820	9.28	300×200×11×17	
	#606×201×12×20	153.3	120	24	91000	3000	24.4	2720	271	4.21	7.76	6580	9.26	#303×201×12×20	
	#692×300×13×20	211.5	166	28	172000	4980	28.6	9020	602	6.53	—	—	—	—	
	700×300×13×24	235.5	185	28	201000	5760	29.3	10800	722	6.75	—	—	—	—	

注“#”表示的规格为非常用规格。

普通槽钢

附表 2-3

符号：同普通工字型钢，但 W_y 为对应于翼缘肢尖的截面模量。

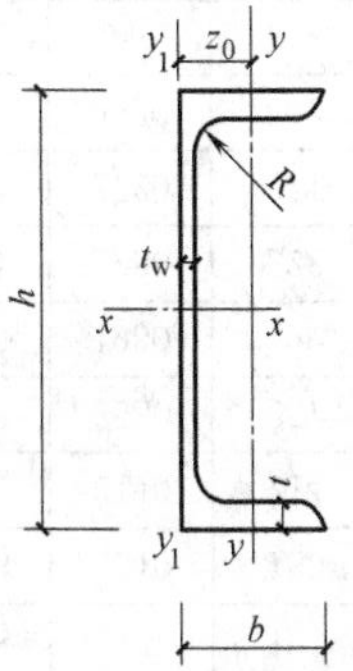

长度：型号 5～8，长 5～12m；
型号 10～18，长 5～19m；
型号 20～40，长 6～19m。

型号	尺寸					截面积	质量	x-x 轴			y-y 轴			y_1-y_1 轴	Z_0
	h	b	t_w	t	R	A	q	I_x	W_x	i_x	I_y	W_y	i_y	I_{y1}	
	mm					cm^2	kg/m	cm^4	cm^3	cm	cm^4	cm^3	cm	cm^4	cm
5	50	37	4.5	7.0	7.0	6.92	5.44	26	10.4	1.94	8.3	3.5	1.10	20.9	1.35
6.3	63	40	4.8	7.5	7.5	8.45	6.63	51	16.3	2.46	11.9	4.6	1.19	28.3	1.39
8	80	43	5.0	8.0	8.0	10.24	8.04	101	25.3	3.14	16.6	5.8	1.27	37.4	1.42
10	100	48	5.3	8.5	8.5	12.74	10.00	198	39.7	3.94	25.6	7.8	1.42	54.9	1.52
12.6	126	53	5.5	9.0	9.0	15.69	12.31	389	61.7	4.98	38.0	10.3	1.56	77.8	1.59
14 a	140	58	6.0	9.5	9.5	18.51	14.53	564	80.5	5.52	53.2	13.0	1.70	107.2	1.71
14 b		60	8.0	9.5	9.5	21.31	16.73	609	87.1	5.35	61.2	14.1	1.69	120.6	1.67
16 a	160	63	6.5	10.0	10.0	21.95	17.23	866	108.3	6.28	73.4	16.3	1.83	144.1	1.79
16 b		63	8.5	10.0	10.0	25.15	19.75	935	116.8	6.10	83.4	17.6	1.82	160.8	1.75
18 a	180	68	7.0	10.5	10.5	25.69	20.17	1273	141.4	7.04	98.6	20.0	1.96	189.7	1.88
18 b		70	9.0	10.5	10.5	29.29	22.99	1370	152.2	6.84	111.0	21.5	1.95	210.1	1.84

续表

型号	尺寸					截面积	质量	x-x 轴			y-y 轴			y_1-y_1 轴	Z_0
	h	b	t_w	t	R	A	q	I_x	W_x	i_x	I_y	W_y	i_y	I_{y1}	
	mm					cm^2	kg/m	cm^4	cm^3	cm	cm^4	cm^3	cm	cm^4	cm
20a	200	73	7.0	11.0	11.0	28.83	22.63	1780	178.0	7.86	128.0	24.2	2.11	244.0	2.01
20b		75	9.0	11.0	11.0	32.83	25.77	1914	191.4	7.64	143.6	25.9	2.09	268.4	1.95
22a	220	77	7.0	11.5	11.5	31.84	24.99	2394	217.6	8.67	157.8	28.2	2.23	298.2	2.10
22b		79	9.0	11.5	11.5	36.24	28.45	2571	233.8	8.42	176.5	30.1	2.21	326.3	2.03
a	250	78	7.0	12.0	12.0	34.91	27.4	3359	268.7	9.81	175.9	30.7	2.24	324.8	2.07
25b		80	9.0	12.0	12.0	39.91	31.33	3619	289.6	9.52	196.4	32.7	2.22	355.1	1.99
c		82	11.0	12.0	12.0	44.91	35.25	3880	310.4	9.30	215.9	34.6	2.19	388.6	1.96
a	280	82	7.5	12.5	12.5	40.02	31.42	4753	339.5	10.90	217.9	35.7	2.33	393.3	2.09
28b		84	9.5	12.5	12.5	45.62	35.81	5118	365.6	10.59	241.5	37.9	2.30	428.5	2.02
c		86	11.5	12.5	12.5	51.22	40.21	5484	391.7	10.35	264.1	40.0	2.27	467.3	1.99
a	320	88	8.0	14.0	14.0	48.50	38.07	7511	469.4	12.44	304.7	46.4	2.51	547.5	2.24
32b		90	10.0	14.0	14.0	54.90	43.10	8057	503.5	12.11	335.6	49.1	2.47	292.9	2.16
c		92	12.0	14.0	14.0	61.30	48.12	8603	537.7	11.85	365.0	51.6	2.44	642.7	2.13
a	360	96	9.0	16.0	16.0	60.89	47.80	11874	659.7	13.96	455.0	63.6	2.73	818.5	2.44
36b		98	11.0	16.0	16.0	68.01	53.45	12652	702.9	13.63	496.7	66.9	2.70	880.5	2.37
c		100	13.0	16.0	16.0	75.29	59.10	13429	746.1	13.36	536.6	70.0	2.67	948.0	2.34
a	400	100	10.5	18.0	18.0	75.04	58.91	17578	878.9	15.30	592.0	78.8	2.81	1057.9	2.49
40b		102	12.5	18.0	18.0	83.04	65.19	18644	932.2	14.98	640.6	92.6	2.78	135.8	2.44
c		104	14.5	18.0	18.0	91.04	71.47	19711	985.6	14.71	687.8	86.2	2.75	1220.3	2.42

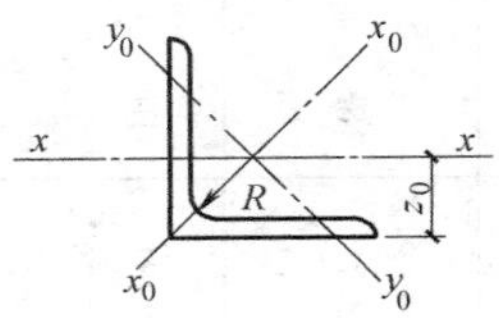

单角钢

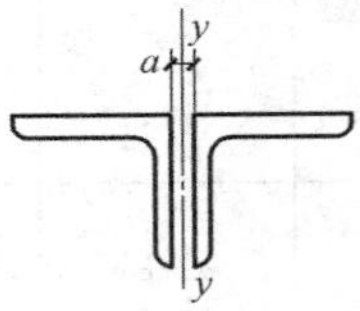

双角钢

角钢型号	圆角	重心距	截面积	质量	惯性矩	截面模量		回转半径			i_y，当 a 为下列数值				
	R	Z_0	A	q	I_x	W_x^{max}	W_x^{min}	i_x	i_{x0}	i_{y0}	6mm	8mm	10mm	12mm	14mm
	mm		cm^2	kg/m	cm^4	cm^3		cm			cm				
∟20×3	3.5	6.0	1.13	0.89	0.40	0.66	0.29	0.59	0.75	0.39	1.08	1.17	1.25	1.34	1.43
4		6.4	1.46	1.15	0.50	0.78	0.36	0.58	0.73	0.38	1.11	1.19	1.28	1.37	1.46
∟25×3	3.5	7.3	1.43	1.12	0.82	1.12	0.46	0.76	0.95	0.49	1.27	1.36	1.44	1.53	1.61
4		7.6	1.86	1.46	1.03	1.34	0.59	0.74	0.93	0.48	1.30	1.38	1.47	1.55	1.64
∟30×3	4.5	8.5	1.75	1.37	1.46	1.72	0.68	0.91	1.15	0.59	1.47	1.55	1.63	1.71	1.80
4		8.9	2.28	1.79	1.84	2.08	0.87	0.90	1.13	0.58	1.49	1.57	1.65	1.74	1.82
3		10.0	2.11	1.66	2.58	2.59	0.99	1.11	1.39	0.71	1.70	1.78	1.86	1.94	2.03
∟36×4	4.5	10.4	2.76	2.16	3.29	3.18	1.28	1.09	1.38	0.70	1.73	1.80	1.89	1.97	2.05
5		10.7	3.38	2.65	3.95	3.68	1.56	1.08	1.36	0.70	1.75	1.83	1.91	1.99	2.08
3		10.9	2.36	1.85	3.59	3.28	1.23	1.23	1.55	0.79	1.86	1.94	2.01	2.09	2.18
∟40×4	5	11.3	3.09	2.42	4.60	4.08	1.60	1.22	1.54	0.79	1.88	1.96	2.04	2.12	2.20
5		11.7	3.79	2.98	5.53	4.72	1.96	1.21	1.52	0.78	1.90	1.98	2.06	2.14	2.23
3		12.2	2.66	2.09	5.17	4.25	1.58	1.39	1.76	0.90	2.06	2.14	2.21	2.29	2.37
∟45×4	5	12.6	3.49	2.74	6.65	5.29	2.08	1.38	1.74	0.89	2.08	2.16	2.24	2.32	2.40
5		13.0	4.29	3.37	8.04	6.20	2.51	1.37	1.72	0.88	2.10	2.18	2.26	2.34	2.42
6		13.3	5.08	3.99	9.33	6.99	2.95	1.36	1.71	0.88	2.12	2.20	2.28	2.36	2.44
3		13.4	2.97	2.33	7.18	5.36	1.96	1.55	1.96	1.00	2.26	2.33	2.41	2.48	2.56
∟50×4	5.5	13.8	3.90	3.06	9.26	6.70	2.56	1.54	1.94	0.99	2.28	2.36	2.43	2.51	2.59
5		14.2	4.80	3.77	11.21	7.90	3.13	1.53	1.92	0.98	2.30	2.38	2.45	2.53	2.61
6		14.6	5.69	4.46	13.05	8.95	3.68	1.51	1.91	0.98	2.32	2.40	2.48	2.56	2.64
3		14.8	3.34	2.62	10.19	6.86	2.48	1.75	2.20	1.13	2.50	2.57	2.64	2.72	2.80
∟56×4	6	15.3	4.39	3.45	13.18	8.63	3.24	1.73	2.18	1.11	2.52	2.59	2.67	2.74	2.82
5		15.7	5.42	4.25	16.02	10.22	3.97	1.72	2.17	1.10	2.54	2.61	2.69	2.77	2.85
8		16.8	8.37	6.57	23.63	14.06	6.03	1.68	2.11	1.09	2.60	2.67	2.75	2.83	2.91
4		17.0	4.98	3.91	19.03	11.22	4.13	1.96	2.46	1.26	2.79	2.87	2.94	3.02	3.09
5		17.4	6.14	4.82	23.17	13.33	5.08	1.94	2.45	1.25	2.82	2.89	2.96	3.04	3.12
∟63×6	7	17.8	7.29	5.72	27.12	15.26	6.00	1.93	2.43	1.24	2.83	2.91	2.98	3.06	3.14
8		18.5	9.51	7.47	34.45	18.59	7.75	1.90	2.39	1.23	2.87	2.95	3.03	3.10	3.18
10		19.3	11.66	9.15	41.09	21.34	9.39	1.88	2.36	1.22	2.91	2.99	3.07	3.15	3.23
4		18.6	5.57	4.37	26.39	14.16	5.14	2.18	2.74	1.40	3.07	3.14	3.21	3.29	3.36
5		19.1	6.88	5.40	32.21	16.89	6.32	2.16	2.73	1.39	3.09	3.16	3.24	3.31	3.39
∟70×6	8	19.5	8.16	6.41	37.77	19.39	7.48	2.15	2.71	1.38	3.11	3.18	3.26	3.33	3.41
7		19.9	9.42	7.40	43.09	21.68	8.59	2.14	2.69	1.38	3.13	3.20	3.28	3.36	3.43
8		20.3	10.67	8.37	48.17	23.79	9.68	2.13	2.68	1.37	3.15	3.22	3.30	3.38	3.46

续表

角钢型号	圆角	重心距	截面积	质量	惯性矩	截面模量		回转半径			i_y，当 a 为下列数值				
	R	Z_0	A	q	I_x	W_x^{max}	W_x^{min}	i_x	i_{x0}	i_{y0}	6mm	8mm	10mm	12mm	14mm
	mm		cm^2	kg/m	cm^4	cm^3		cm			cm				
5		20.3	7.41	5.82	39.96	19.73	7.30	2.32	2.92	1.50	3.29	3.36	3.43	3.50	3.58
6		20.7	8.80	6.91	46.91	22.69	8.63	2.31	2.91	1.49	3.31	3.38	3.45	3.53	3.60
L75×7	9	21.2	10.16	7.98	53.57	25.42	9.93	2.30	2.89	1.48	3.33	3.40	3.47	3.55	3.63
8		21.5	11.50	9.03	59.96	27.93	11.20	2.28	2.87	1.47	3.35	3.42	3.50	3.57	3.65
10		22.2	14.13	11.09	71.98	32.40	13.64	2.26	2.84	1.46	3.38	3.46	3.54	3.61	3.69
5		21.5	7.91	6.21	48.79	22.70	8.34	2.48	3.13	1.60	3.49	3.56	3.63	3.71	3.78
6		21.9	9.40	7.38	57.35	26.16	9.87	2.47	3.11	1.59	3.51	3.58	3.65	3.73	3.80
L80×7	9	22.3	10.86	8.53	65.58	29.38	11.37	2.46	3.10	1.58	3.53	3.60	3.67	3.75	3.83
8		22.7	12.30	9.66	73.50	32.36	12.83	2.44	3.08	1.57	3.55	3.62	3.70	3.77	3.85
10		23.5	15.13	11.87	88.43	37.68	15.64	2.42	3.04	1.56	3.58	3.66	3.74	3.81	3.89
6		24.4	10.64	8.35	82.77	33.99	12.61	2.79	3.51	1.80	3.91	3.98	4.05	4.12	4.20
7		24.8	12.30	9.66	94.83	38.28	14.54	2.78	3.50	1.78	3.93	4.00	4.07	4.14	4.22
L90×8	10	25.2	13.94	10.95	106.3	42.30	16.42	2.76	3.48	1.78	3.95	4.02	4.09	4.17	4.24
10		25.9	17.17	13.48	128.6	49.57	20.07	2.74	3.45	1.76	3.98	4.06	4.13	4.21	4.28
12		26.7	20.31	15.94	149.2	55.93	23.57	2.71	3.41	1.75	4.02	4.09	4.17	4.25	4.32
6		26.7	11.93	9.37	115.0	43.04	15.68	3.10	3.91	2.00	4.30	4.37	4.44	4.51	4.58
7		27.1	13.80	10.83	131.9	48.57	18.10	3.09	3.89	1.99	4.32	4.39	4.46	4.53	4.61
8		27.6	15.64	12.28	148.2	53.78	20.47	3.08	3.88	1.98	4.34	4.41	4.48	4.55	4.63
L100×10	12	28.4	19.26	15.12	179.5	63.29	25.06	3.05	3.84	1.96	4.38	4.45	4.52	4.60	4.67
12		29.1	22.80	17.90	208.9	71.72	29.47	3.03	3.81	1.95	4.41	4.49	4.56	4.64	4.71
14		29.9	26.26	20.61	236.5	79.19	33.73	3.00	3.77	1.94	4.45	4.53	4.60	4.68	4.75
16		30.6	29.63	23.26	262.5	85.81	37.82	2.98	3.74	1.93	4.49	4.56	4.64	4.72	4.80
7		29.6	15.20	11.93	177.2	59.78	22.05	3.41	4.30	2.20	4.72	4.79	4.86	4.94	5.01
8		30.1	17.24	13.53	199.5	66.36	24.95	3.40	4.28	2.19	4.74	4.81	4.88	4.96	5.03
L110×10	12	30.9	21.26	16.69	242.2	78.48	30.60	3.38	4.25	2.17	4.78	4.85	4.92	5.00	5.07
12		31.6	25.20	19.78	282.6	89.34	36.05	3.35	4.22	2.15	4.82	4.89	4.96	5.04	5.11
14		32.4	29.06	22.81	320.7	99.07	41.31	3.32	4.18	2.14	4.85	4.93	5.00	5.08	5.15
8		33.7	19.75	15.50	297.0	88.20	32.52	3.88	4.88	2.50	5.34	5.41	5.48	5.55	5.62
L125×10	14	34.5	24.37	19.13	361.7	104.8	39.97	3.85	4.85	2.48	5.38	5.45	5.52	5.59	5.66
12		35.3	28.91	22.70	423.2	119.9	47.17	3.83	4.82	2.46	5.41	5.48	5.56	5.63	5.70
14		36.1	33.37	26.19	481.7	133.6	54.16	3.80	4.78	2.45	5.45	5.52	5.59	5.67	5.74
10		38.2	27.37	21.49	514.7	134.6	50.58	4.34	5.46	2.78	5.98	6.05	6.12	6.20	6.27
L140×12	14	39.0	32.51	25.52	603.7	154.6	29.80	4.31	5.43	2.77	6.02	6.09	6.16	6.23	6.31
14		39.8	37.57	29.49	688.8	173.0	68.75	4.28	5.40	2.75	6.06	6.13	6.20	6.27	6.34
16		40.6	42.54	33.39	770.2	189.9	77.46	4.26	5.36	2.74	6.09	6.16	6.23	6.31	6.38
10		43.1	31.50	24.73	779.5	180.8	66.70	4.97	6.27	3.20	6.78	6.85	6.92	6.99	7.06
L160×12	16	43.9	37.44	29.39	916.6	208.6	78.98	4.95	6.24	3.18	6.82	6.89	6.96	7.03	7.10
14		44.7	43.30	33.99	1048	234.4	90.95	4.92	6.20	3.16	6.86	6.93	7.00	7.07	7.14
16		45.5	49.07	38.52	1175	258.3	102.6	4.89	6.17	3.14	6.89	6.96	7.03	7.10	7.18
12		48.9	42.24	33.16	1321	270.0	100.8	5.59	7.05	3.58	7.63	7.70	7.77	7.84	7.91
L180×14	16	49.7	48.90	38.38	1514	304.6	116.3	5.57	7.02	3.57	7.67	7.74	7.81	7.88	7.95
16		50.5	55.47	43.54	1701	336.9	131.4	5.54	6.98	3.55	7.70	7.77	7.84	7.91	7.98
18		51.3	61.95	48.63	1881	367.1	146.1	5.51	6.94	3.53	7.73	7.80	7.87	7.92	8.02
14		54.6	54.64	42.89	2104	385.1	144.7	6.20	7.82	3.98	8.47	8.54	8.61	8.67	8.75
16		55.4	62.01	48.68	2366	427.0	163.7	6.18	7.79	3.96	8.50	8.57	8.64	8.71	8.78
L200×18	18	56.2	69.30	54.40	2621	466.5	182.2	6.15	7.75	3.94	8.53	8.60	8.67	8.75	8.82
20		56.9	76.50	60.06	2867	503.6	200.4	6.12	7.72	3.93	8.57	8.64	8.71	8.78	8.85
24		58.4	90.66	71.17	3338	571.5	235.8	6.07	7.64	3.90	8.63	8.71	8.78	8.85	8.92

不等肢角钢

附表 2-5

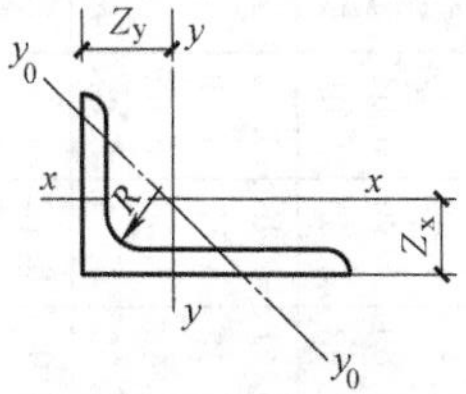

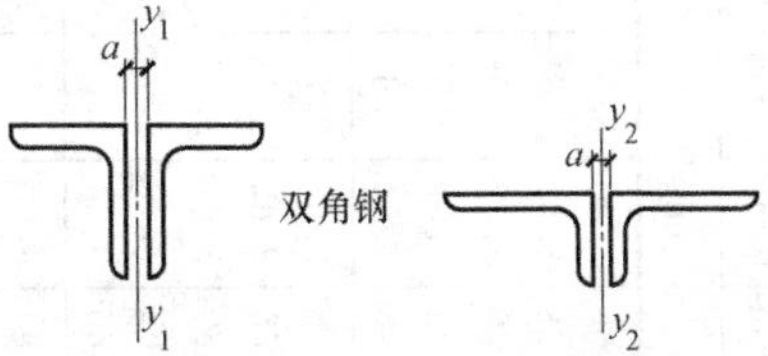

角钢型号 $B\times b\times t$	圆角	重心距	重心距	面积	质量	回转半径			i_{y1}，当 a 为下列数值				i_{y2}，当 a 为下列数值			
	R	z_x	z_y	A	q	i_x	i_y	i_{y0}	6mm	8mm	10mm	12mm	6mm	8mm	10mm	12mm
	mm			cm^2	kg/m	cm			cm				cm			
L25×16×3	3.5	4.2	8.6	1.16	0.91	0.44	0.78	0.34	0.84	0.93	1.02	1.11	1.40	1.48	1.57	1.66
L25×16×4		4.6	9.0	1.50	1.18	0.43	0.77	0.34	0.87	0.93	1.05	1.14	1.42	1.51	1.60	1.68
L40×25×3		4.9	10.8	1.49	1.17	0.55	1.01	0.43	0.97	1.05	1.14	1.23	1.71	1.79	1.88	1.96
L40×25×4		5.3	11.2	1.94	1.52	0.54	1.00	0.43	0.99	1.08	1.16	1.25	1.74	1.82	1.90	1.99
L32×20×3	4	5.9	13.2	1.89	1.48	0.70	1.28	0.54	1.13	1.21	1.30	1.38	2.07	2.14	2.23	2.31
L32×20×4		63.3	13.7	2.47	1.94	0.69	1.26	0.54	1.16	1.24	1.32	1.41	2.09	2.17	2.25	2.34
L45×28×3	5	6.4	14.7	2.15	1.69	0.79	1.44	0.61	1.23	1.31	1.39	1.47	2.28	2.36	2.44	2.52
L45×28×4		6.8	15.1	2.81	2.20	0.78	1.43	0.60	1.25	1.33	1.41	1.50	2.31	2.39	2.47	2.55
L50×32×3	5.5	7.3	16.0	2.43	1.91	0.91	1.60	0.70	1.38	1.45	1.53	1.61	2.49	2.56	2.64	2.75
L50×32×4		7.7	16.5	3.18	2.49	0.90	1.59	0.69	1.40	1.47	1.55	1.64	2.51	2.59	2.67	2.75
L56×36×3	6	8.0	17.8	2.74	2.15	1.03	1.80	0.79	1.51	1.59	1.66	1.74	2.75	2.82	2.90	2.98
L56×36×4		8.5	18.2	3.59	2.82	1.02	1.79	0.78	1.53	1.61	1.69	1.77	2.77	2.85	2.93	3.01
L56×36×5		8.8	18.7	4.42	3.47	1.01	1.77	0.78	1.56	1.63	1.71	1.79	2.80	2.88	2.96	3.04
L63×40×4	7	9.2	20.4	4.06	3.19	1.14	2.02	0.88	1.66	1.74	1.81	1.89	3.09	3.16	3.24	3.32
L63×40×5		9.5	20.8	4.99	3.92	1.12	2.00	0.87	1.68	1.76	1.84	1.92	3.11	3.19	3.27	3.35
L63×40×6		9.9	21.2	5.91	4.64	1.11	1.99	0.86	1.71	1.78	1.86	1.94	3.13	3.21	3.29	3.37
L63×40×7		10.3	21.6	6.80	5.34	1.10	1.97	0.86	1.73	1.81	1.89	1.97	3.16	3.24	3.32	3.40
L70×45×4	7.5	10.2	22.3	4.55	3.57	1.29	2.25	0.99	1.84	1.91	1.99	2.07	3.39	3.46	3.54	3.62
L70×45×5		10.6	22.8	5.61	4.40	1.28	2.23	0.98	1.86	1.94	2.01	2.09	3.41	3.49	3.57	3.64
L70×45×6		11.0	23.2	6.64	5.22	1.26	2.22	0.97	1.88	1.96	2.04	2.11	3.44	3.51	3.59	3.67
L70×45×7		11.3	23.6	7.66	6.01	1.25	2.20	0.97	1.90	1.98	2.06	2.14	3.46	3.54	3.61	3.69

续表

角钢型号 $B \times b \times t$	圆角 R	重心距 z_x	重心距 z_y	面积 A	质量 q	回转半径 i_x	回转半径 i_y	回转半径 i_{y0}	i_{y1}，当 a 为下列数值 6mm	8mm	10mm	12mm	i_{y2}，当 a 为下列数值 6mm	8mm	10mm	12mm
		mm		cm²	kg/m	cm			cm				cm			
L75×50×5	8	11.7	24.0	6.13	4.81	1.43	2.39	1.09	2.06	2.13	2.20	2.28	3.60	3.68	3.76	3.83
L75×50×6		12.1	24.4	7.26	5.70	1.42	2.38	1.08	2.08	2.15	2.23	2.30	2.63	3.70	3.78	3.86
L75×50×8		12.9	25.2	9.47	7.43	1.40	2.35	1.07	2.12	2.19	2.27	2.35	3.67	3.75	3.83	3.91
L75×50×10		13.6	26.0	11.6	9.10	1.38	2.33	1.06	2.16	2.24	2.31	2.40	3.71	3.79	3.87	3.95
L80×50×5		11.4	26.0	6.38	5.00	1.42	2.57	1.10	2.02	2.09	2.17	2.24	3.88	3.95	4.03	4.10
L80×50×6		11.8	26.5	7.56	5.93	1.41	2.55	1.09	2.04	2.11	2.19	2.27	3.90	3.98	4.05	4.13
L80×50×7		12.1	26.9	8.72	6.85	1.39	2.54	1.08	2.06	2.13	2.21	2.29	3.92	4.00	4.08	4.16
L80×50×8		12.5	27.3	9.87	7.75	1.38	2.52	1.07	2.08	2.15	2.23	2.31	3.94	4.02	4.10	4.18
L95×56×5	9	12.5	29.1	7.21	5.66	1.59	2.90	1.23	2.22	2.29	2.36	2.44	4.32	4.39	4.47	4.55
L95×56×6		12.9	29.5	8.56	6.72	1.58	2.88	1.22	2.24	2.31	2.39	2.46	4.34	4.42	4.50	4.57
L95×56×7		13.3	30.0	9.88	7.76	1.57	2.87	1.22	2.26	2.33	2.41	2.49	4.37	4.44	4.52	4.60
L95×56×8		13.6	30.4	11.2	8.78	1.56	2.85	1.21	2.28	2.35	2.43	2.51	4.39	4.47	4.54	4.62
L100×63×6	10	14.3	32.4	9.62	7.55	1.79	3.21	1.38	2.49	2.56	2.63	2.71	4.77	4.85	4.92	5.00
L100×63×7		14.7	32.8	11.1	8.72	1.78	3.20	1.37	2.51	2.58	2.65	2.73	4.80	4.87	4.95	5.03
L100×63×8		15.0	33.2	12.6	9.88	1.77	3.18	1.37	2.53	2.60	2.67	2.75	4.82	4.90	4.97	5.05
L100×63×10		15.8	34.0	15.5	12.1	1.75	3.15	1.35	2.57	2.64	2.72	2.79	4.86	4.94	5.02	5.10
L100×80×6		19.7	29.5	10.6	8.35	2.40	3.17	1.73	3.31	3.38	3.45	3.52	4.54	4.62	4.69	4.76
L100×80×7		20.1	30.0	12.3	9.66	2.39	3.16	1.71	3.32	3.39	3.47	3.54	4.57	4.64	4.71	4.79
L100×80×8		20.5	30.4	13.9	10.9	2.37	3.15	1.71	3.34	3.41	3.49	3.56	4.59	4.66	4.73	4.81
L100×80×10		21.3	31.2	17.2	13.5	2.35	3.12	1.69	3.38	3.45	3.53	3.60	4.63	4.70	4.78	4.85
L110×70×6		15.7	35.3	10.6	8.35	2.01	3.54	1.54	2.74	2.81	2.88	2.96	5.21	5.29	5.36	5.44
L110×70×7		16.1	35.7	12.3	9.66	2.00	3.53	1.53	2.76	2.83	2.90	2.98	5.24	5.31	5.39	5.46
L110×70×8		16.5	36.2	13.9	10.9	1.98	3.51	1.53	2.78	2.85	2.92	3.00	5.26	5.34	5.41	5.49
L110×70×10		17.2	37.0	17.2	13.5	1.96	3.48	1.51	2.82	2.89	2.96	3.04	5.30	5.38	5.46	5.53

续表

角钢型号 $B \times b \times t$	圆角	重心距	重心距	面积	质量	回转半径			i_{y1}，当 a 为下列数值				i_{y2}，当 a 为下列数值			
	R	z_x	z_y	A	q	i_x	i_y	i_{y0}	6mm	8mm	10mm	12mm	6mm	8mm	10mm	12mm
	mm			cm^2	kg/m	cm			cm				cm			
└125×80×7	11	18.0	40.1	14.1	11.1	2.30	4.02	1.76	3.13	3.18	3.25	3.33	5.90	5.97	6.04	6.12
└125×80×8		18.4	40.6	16.0	12.6	2.29	4.01	1.75	3.13	3.20	3.27	3.35	5.92	5.99	6.07	6.14
└125×80×10		19.2	41.4	19.7	15.5	2.26	3.98	1.74	3.17	3.24	3.31	3.39	5.96	6.04	6.11	6.19
└125×80×12		20.0	42.2	23.4	18.3	2.24	3.95	1.72	3.20	3.28	3.35	3.43	6.00	6.08	6.16	6.23
└140×90×8	12	20.4	45.0	18.0	14.2	2.59	4.50	1.98	3.49	3.56	3.63	3.70	6.58	6.65	6.73	6.80
└140×90×10		21.2	45.8	22.3	17.5	2.56	4.47	1.96	3.52	3.59	3.66	3.73	6.62	6.70	6.77	6.85
└140×90×12		21.9	46.6	26.4	20.7	2.54	4.44	1.95	3.56	3.63	3.70	3.77	6.66	6.74	6.81	6.89
└140×90×14		22.7	47.4	30.5	23.9	2.51	4.42	1.94	3.59	3.66	3.74	3.81	6.70	6.78	6.86	6.93
└160×100×10	13	22.8	52.4	25.3	19.9	2.85	5.14	2.19	3.84	3.91	3.98	4.05	7.55	7.63	7.70	7.78
└160×100×12		23.6	53.2	30.1	23.6	2.82	5.11	2.18	3.87	3.94	4.01	4.09	7.67	7.67	7.75	7.82
└160×100×14		24.3	54.0	34.7	27.2	2.80	5.08	2.16	3.91	3.98	4.05	4.12	7.64	7.71	7.79	7.86
└160×100×16		25.1	54.8	39.3	30.8	2.77	5.05	2.15	3.94	4.02	4.09	4.16	7.68	7.75	7.83	7.90
└180×110×10	14	24.4	58.9	28.4	22.3	3.13	5.81	2.42	4.16	4.23	4.30	4.36	8.49	8.56	8.63	8.71
└180×110×12		25.2	59.8	33.7	26.5	3.10	5.78	2.40	4.19	4.26	4.33	4.40	8.53	8.60	8.68	8.75
└180×110×14		25.9	60.6	39.0	30.6	3.08	5.75	2.39	4.23	4.30	4.37	4.44	8.57	8.64	8.72	8.79
└180×110×16		26.7	61.4	44.1	34.6	3.05	5.72	2.37	4.26	4.33	4.40	4.47	8.61	8.68	8.76	8.84
└200×125×12		28.3	65.4	37.9	29.8	3.57	6.44	2.75	4.75	4.82	4.88	4.95	9.39	9.47	9.54	9.62
└200×125×14		29.1	66.2	43.9	34.4	3.54	6.41	2.73	4.78	4.85	4.92	4.99	9.43	9.51	9.58	9.66
└200×125×16		29.9	67.0	49.7	39.0	3.52	6.38	2.71	4.81	4.88	4.95	5.02	9.47	9.55	9.62	9.70
└200×125×18		30.6	67.8	55.5	43.6	3.49	6.35	2.70	4.85	4.92	4.99	5.06	9.51	9.59	9.66	9.74

注：一个角钢的惯性矩 $I_x=Ai_x^2$，$I_y=Ai_y^2$；一个角钢的截面模量 $W_x^{max}=I_x/z_x$，$W_x^{min}=I/(b-z_x)$，$W_x^{max}=I_x/z_y$，$W_y^{min}=I_y/(b-z)$。

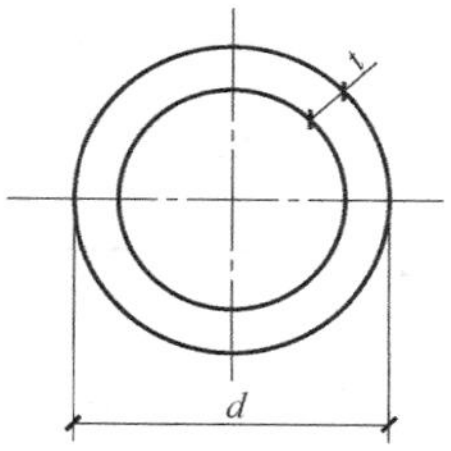

I—截面惯性矩；
W—截面模量；
i—截面回转半径。

结构用无缝钢管的规格及截面特性 附表 2-6

尺寸(mm)		截面面积	重量 $(kg \cdot m^{-1})$	截面特性		
d	*t*	$A(cm^2)$		$I(cm^4)$	$W(cm^3)$	$i(cm)$
32	2.5	2.32	1.82	2.54	1.59	1.05
	3.0	2.73	2.15	2.90	1.82	1.03
	3.5	3.13	2.46	3.23	2.02	1.02
	4.0	3.52	2.76	3.52	2.20	1.00
38	2.5	2.79	2.19	4.14	2.32	1.26
	3.0	3.30	2.59	5.09	2.68	1.24
	3.5	3.79	2.98	5.70	3.00	1.23
	4.0	4.27	3.35	6.26	3.29	1.21
42	2.5	3.10	2.44	6.07	2.89	1.40
	3.0	3.68	2.89	7.03	3.35	1.38
	3.5	4.23	3.32	7.91	3.77	1.37
	4.0	4.78	3.75	8.71	4.15	1.35
45	2.5	3.34	2.62	7.56	3.36	1.51
	3.0	3.96	3.11	8.77	3.90	1.49
	3.5	4.56	3.58	9.89	4.40	1.47
	4.0	5.15	4.04	10.93	4.86	1.46
50	2.5	3.73	2.93	10.55	4.22	1.68
	3.0	4.43	3.48	12.28	4.91	1.67
	3.5	5.11	4.01	13.90	4.56	1.65
	4.0	5.78	4.54	15.41	6.16	1.63
	4.5	6.43	5.05	16.81	6.72	1.62
	5.0	7.07	5.55	18.11	7.25	1.60
54	3.0	4.81	3.77	15.68	5.81	1.81
	3.5	5.55	4.36	17.79	6.59	1.79
	4.0	6.28	4.93	19.76	7.32	1.77
	4.5	7.00	5.49	21.61	8.00	1.76
	5.0	7.70	6.04	23.34	8.64	1.74
	5.5	8.38	6.58	24.96	9.24	1.73
	6.0	9.05	7.10	26.46	9.80	1.71
57	3.0	5.09	4.00	18.61	6.53	1.91
	3.5	5.88	4.62	21.24	7.42	1.90
	4.0	6.66	5.23	23.52	8.25	1.88
	4.5	7.42	5.83	25.76	9.04	1.86
	5.0	8.17	6.41	27.86	9.78	1.85
	5.5	8.90	6.99	29.84	10.47	1.83
	6.0	9.61	7.55	31.69	11.12	1.82

尺寸(mm)		截面面积	重量 $(kg \cdot m^{-1})$	截面特性		
d	*t*	$A(cm^2)$		$I(cm^4)$	$W(cm^3)$	$i(cm)$
60	3.0	5.37	4.22	21.88	7.29	2.02
	3.5	6.21	4.88	24.88	8.29	2.00
	4.0	7.04	5.52	27.73	9.24	1.98
	4.5	7.85	6.16	30.41	10.14	1.97
	5.0	8.64	6.78	32.94	10.98	1.95
	5.5	9.42	7.39	35.32	11.77	1.94
	6.0	10.18	7.99	37.56	12.52	1.92
63.5	3.0	5.70	4.48	26.15	8.24	2.14
	3.5	6.60	5.18	29.79	9.38	2.12
	4.0	7.48	5.87	33.24	10.47	2.11
	4.5	8.34	6.55	36.50	11.50	2.09
	5.0	9.19	7.21	39.60	12.47	2.08
	5.5	10.02	7.87	42.52	13.39	2.06
	6.0	10.84	8.51	45.28	14.26	2.04
68	3.0	6.13	4.81	32.42	9.54	2.30
	3.5	7.09	5.57	36.99	10.88	2.28
	4.0	8.04	6.31	41.34	12.16	2.27
	4.5	8.98	7.05	45.47	13.37	2.25
	5.0	9.90	7.77	49.41	14.53	2.23
	5.5	10.80	8.48	53.14	15.63	2.22
	6.0	11.69	9.17	56.68	16.67	2.20
70	3.0	6.31	4.96	35.50	10.14	2.37
	3.5	7.31	5.74	40.53	11.58	2.35
	4.0	8.29	6.51	45.33	12.95	2.34
	4.5	9.26	7.27	49.89	14.26	2.32
	5.0	10.21	8.01	54.24	15.50	2.30
	5.5	11.14	8.75	58.38	16.68	2.29
	6.0	12.06	9.47	62.31	17.80	2.27
73	3.0	6.60	5.18	40.48	11.09	2.48
	3.5	7.64	6.00	46.26	12.67	2.46
	4.0	8.67	6.81	51.78	14.19	2.44
	4.5	9.68	7.60	57.04	15.63	2.43
	5.0	10.68	8.38	62.07	17.01	2.41
	5.5	11.66	9.16	66.87	18.32	2.39
	6.0	12.63	9.91	71.43	19.57	2.38

续表

尺寸(mm)		截面面积 A(cm^2)	重量(kg·m^{-1})	截面特性		
d	t			I(cm^4)	W(cm^3)	i(cm)
76	3.0	6.88	5.40	45.91	12.08	2.58
	3.5	7.97	6.26	52.50	13.82	2.57
	4.0	9.05	7.10	58.81	15.48	2.55
	4.5	10.11	7.93	64.85	17.07	2.53
	5.0	11.15	8.75	70.62	18.59	2.52
	5.5	12.18	9.56	76.14	20.04	2.50
	6.0	13.19	10.36	81.41	21.42	2.48
83	3.5	8.74	6.86	69.19	16.67	2.81
	4.0	9.93	7.79	77.64	18.71	2.80
	4.5	11.10	8.71	85.76	20.67	2.78
	5.0	12.25	9.62	93.56	22.54	2.76
	5.5	13.39	10.51	101.04	24.35	2.75
	6.0	14.51	11.39	108.22	26.08	2.73
	6.5	15.62	12.26	115.10	27.74	2.71
	7.0	16.71	13.12	121.69	29.32	2.70
89	3.5	9.40	7.38	86.05	19.34	3.03
	4.0	10.68	8.38	96.68	21.73	3.01
	4.5	11.95	9.38	106.92	24.03	2.99
	5.0	13.19	10.36	116.79	26.24	2.98
	5.5	14.43	11.33	126.29	28.38	2.96
	6.0	15.65	12.28	135.43	30.43	2.94
	6.5	16.85	13.22	144.22	32.41	2.93
	7.0	18.03	14.16	152.67	34.31	2.91
95	3.5	10.06	7.90	105.45	22.20	3.24
	4.0	11.44	8.89	118.60	24.97	3.22
	4.5	12.79	10.04	131.31	27.64	3.20
	5.0	14.14	11.10	143.58	30.23	3.19
	5.5	15.46	12.14	155.43	32.72	3.17
	6.0	16.78	13.17	166.86	35.13	3.15
	6.5	18.07	14.19	177.89	37.45	3.14
	7.0	19.35	15.19	188.51	39.69	3.12
102	3.5	10.83	8.50	131.52	25.79	3.48
	4.0	12.32	9.67	148.09	29.04	3.47
	4.5	13.78	10.82	164.14	32.18	3.45
	5.0	15.24	11.96	179.68	35.23	3.43
	5.5	16.67	13.09	194.72	38.18	3.42
	6.0	18.10	14.21	209.28	41.03	3.40
	6.5	19.50	15.31	223.35	43.79	3.38
	7.0	20.89	16.40	236.96	46.46	3.37
108	4.0	13.06	10.26	177.00	32.78	3.68
	4.5	14.62	11.49	196.35	36.36	3.66
	5.0	16.17	12.70	215.12	39.84	3.65
	5.5	17.70	13.90	233.32	43.21	3.63
	6.0	19.32	15.09	250.97	46.48	3.61
	6.5	20.72	16.27	268.08	49.64	3.60
	7.0	22.20	17.44	284.65	52.71	3.58
	7.5	23.67	18.59	300.71	55.69	3.56
	8.0	25.12	19.73	316.25	58.57	3.55

尺寸(mm)		截面面积 A(cm^2)	重量(kg·m^{-1})	截面特性		
d	t			I(cm^4)	W(cm^3)	i(cm)
114	4.0	13.8/2	10.85	209.35	36.73	3.89
	4.5	15.48	12.15	232.41	40.77	3.87
	5.0	17.12	13.44	254.81	44.70	3.86
	5.5	17.75	14.72	276.58	48.52	3.84
	6.0	20.36	15.98	297.73	52.23	3.82
	6.5	21.95	17.23	318.26	55.84	3.81
	7.0	23.53	18.47	338.19	59.33	3.79
	7.5	25.09	19.70	357.58	62.73	3.77
	8.0	26.64	20.91	376.30	66.02	3.76
121	4.0	14.70	11.54	251.87	41.63	4.14
	4.5	16.47	12.93	279.83	46.25	4.12
	5.0	18.22	14.30	307.05	50.75	4.11
	5.5	19.96	15.67	333.54	55.13	4.09
	6.0	21.68	17.02	359.32	59.39	4.07
	6.5	23.38	18.35	384.40	63.54	4.05
	7.0	258.07	19.68	408.80	67.57	4.04
	7.5	26.74	20.99	432.51	71.49	4.02
	8.0	28.40	22.29	455.57	75.30	4.01
127	4.0	15.46	12.13	292.61	46.08	4.35
	4.5	17.32	13.59	325.29	51.23	4.33
	5.0	19.16	15.04	357.14	56.24	4.32
	5.5	20.99	16.48	388.19	61.13	4.30
	6.0	22.81	17.90	418.44	65.90	4.28
	6.5	24.61	19.32	447.92	70.54	4.27
	7.0	26.39	20.72	476.63	75.06	4.25
	7.5	28.16	22.10	504.58	79.46	4.23
	8.0	29.91	23.48	531.80	83.75	4.22
133	4.0	16.21	12.73	337.53	50.76	4.56
	4.5	18.17	14.26	375.42	56.45	4.55
	5.0	20.11	15.78	412.40	62.02	4.53
	5.5	22.03	17.29	448.50	67.44	4.51
	6.0	23.94	18.79	483.72	72.74	4.50
	6.5	25.83	20.28	518.07	77.91	4.48
	7.0	27.71	21.75	551.58	82.94	4.46
	7.5	29.57	23.21	584.25	87.86	4.45
	8.0	31.42	24.66	616.11	92.65	4.43
140	4.5	19.16	15.04	440.12	62.87	4.79
	5.0	21.21	16.65	483.76	69.11	4.78
	5.5	23.24	18.24	526.40	75.20	4.76
	6.0	25.26	19.83	568.06	81.15	4.74
	6.5	27.26	21.40	608.76	86.97	4.73
	7.0	29.25	22.96	648.51	92.64	4.71
	7.5	31.22	24.51	687.32	98.19	4.69
	8.0	33.18	26.04	725.21	103.60	4.68
	9.0	37.04	29.08	798.29	114.04	4.64
	10	40.84	32.06	867.86	123.98	4.61

续表

尺寸(mm)		截面面积 $A(cm^2)$	重量 $(kg\cdot m^{-1})$	截面特性		
d	t			$I(cm^4)$	$W(cm^3)$	$i(cm)$
146	4.5	20.00	15.70	501.16	68.65	5.01
	5.0	22.15	17.39	551.10	75.49	4.99
	5.5	24.28	19.06	599.95	82.19	4.97
	6.0	26.39	20.72	647.73	88.73	4.95
	6.5	28.49	22.36	694.44	95.13	4.94
	7.0	30.57	24.00	740.12	101.39	4.92
	7.5	32.63	25.62	784.77	107.50	4.90
	8.0	34.68	27.23	828.41	113.48	4.89
	9.0	38.74	30.41	912.71	125.03	4.85
	10	42.73	33.54	993.16	136.05	4.82
152	4.5	20.85	16.37	567.61	74.69	5.22
	5.0	23.09	18.13	624.43	82.16	5.20
	5.5	25.31	19.87	680.06	89.48	5.18
	6.0	27.52	21.60	734.52	96.65	5.17
	6.5	29.71	23.32	787.82	103.66	5.15
	7.0	31.89	25.03	839.99	110.52	5.13
	7.5	34.05	26.73	891.03	117.24	5.12
	8.0	36.19	28.41	940.97	123.81	5.10
	9.0	40.43	31.74	1037.59	136.53	5.07
	10	44.61	35.02	1129.99	148.68	5.03
159	4.5	21.84	17.15	652.27	82.05	5.46
	5.0	24.19	18.99	717.88	90.30	5.45
	5.5	26.52	20.82	782.18	98.39	5.43
	6.0	28.84	22.64	845.19	106.31	5.41
	6.5	31.14	24.45	906.92	114.08	5.40
	7.0	33.43	26.24	967.41	121.69	5.38
	7.5	35.70	28.02	1026.65	129.14	5.36
	8.0	37.95	29.79	1084.67	136.44	5.35
	9.0	42.41	33.29	1197.12	150.58	5.31
	10	46.81	36.75	1304.88	164.14	5.28
168	4.5	23.11	18.14	772.96	92.02	5.78
	5.0	25.60	20.10	851.14	101.33	5.77
	5.5	28.08	22.04	927.85	110.46	5.75
	6.0	30.54	23.97	1003.12	119.42	5.73
	6.5	32.98	25.89	1076.95	128.21	5.71
	7.0	35.41	27.79	1149.36	136.83	5.70
	7.5	37.82	29.69	1220.38	145.28	5.68
	8.0	40.21	31.57	1290.01	153.57	5.66
	9.0	44.96	35.29	1425.22	169.67	5.63
	10	49.64	38.97	1555.13	185.13	5.60
180	5.0	27.49	21.58	1053.17	117.02	6.19
	5.5	30.15	23.67	1148.79	127.64	6.17
	6.0	32.80	25.75	1242.72	138.08	6.16
	6.5	35.43	27.81	1335.00	148.33	6.14
	7.0	38.04	29.87	1425.63	158.40	6.12
	7.5	40.64	31.91	1514.64	168.29	6.10
	8.0	43.23	33.93	1602.04	178.00	6.09
	9.0	48.35	37.95	1772.12	196.90	6.05
	10	53.41	41.92	1936.01	215.11	6.02
	12	63.33	49.72	2245.84	249.54	5.95

尺寸(mm)		截面面积 $A(cm^2)$	重量 $(kg\cdot m^{-1})$	截面特性		
d	t			$I(cm^4)$	$W(cm^3)$	$i(cm)$
194	5.0	29.69	23.31	1326.54	136.76	6.68
	5.5	32.57	25.57	1447.86	149.6	6.67
	6.0	35.44	27.82	1567.21	161.57	6.65
	6.5	38.29	30.06	1684.61	173,67	6.63
	7.0	41.12	32.28	1800.08	185.57	6.62
	7.5	43.94	34.50	1913.64	197.28	6.60
	8.0	46.75	36.70	2025.31	208.79	6.58
	9.0	52.31	41.06	2243.08	231.25	6.55
	10	57.81	45.38	2453.55	252.94	6.51
	12	68.51	53.86	2853.5	294.15	6.45
203	6.0	37.13	29.15	1803.07	177.64	6.97
	6.5	40.13	31.50	1938.81	191.02	6.95
	7.0	43.10	33.84	2072.43	204.18	6.93
	7.5	46.06	36.16	2203.94	217.14	6.92
	8.0	49.01	38.47	2333.37	229.89	6.90
	9.0	54.85	43.06	2586.08	254.79	6.87
	10	50.63	47.60	2830.72	278.89	6.83
	12	72.01	56.52	3296.49	324.78	6.77
	14	83.13	65.25	3732.07	367.69	6.70
	16	94.00	73.79	4138.78	407.76	6.64
219	6.0	40.15	31.52	2278.74	208.10	7.53
	6.5	43.39	34.06	2451.64	223.89	7.52
	7.0	46.62	36.60	2622.04	239.46	7.50
	7.5	49.83	39.12	2789.96	254.79	7.48
	8.0	53.03	41.63	2955.43	269.90	7.47
	9.0	59.38	46.61	3279.12	299.46	7.43
	10	65.66	51.54	3593.29	328.15	7.40
	12	78.04	61.26	4193.81	383.00	7.33
	14	90.16	70.78	4758.50	434.57	7.26
	16	102.04	80.10	5288.81	483.00	7.20
245	6.5	48.70	38.23	3465.46	282.89	8.44
	7.0	52.34	41.08	3709.06	302.78	8.42
	7.5	55.96	43.93	3949.52	322.41	8.40
	8.0	59.56	46.76	4186.87	341.79	8.38
	9.0	66.73	52.38	4652.32	379.78	8.35
	10	73.8	57.95	5105.63	416.79	8.32
	12	87.84	68.95	5976.67	487.89	8.25
	14	101.60	79.76	6801.68	555.24	8.18
	16	115.11	90.36	7582.30	618.96	8.12
273	6.5	54.42	42.72	4834.18	354.15	9.42
	7.0	58.50	45.92	5177.30	379.29	9.41
	7.5	62.56	49.11	5516.47	404.14	9.39
	8.0	66.60	52.28	5851.71	428.70	9.37
	9.0	74.64	58.60	6510.56	476.96	9.34
	10	82.62	64.86	7154.09	524.11	9.31
	12	98.39	77.24	8396.14	615.10	9.24
	14	113.91	89.42	9579.75	701.84	9.17
	16	129.18	101.41	10706.79	784.38	9.10

续表

尺寸(mm)		截面面积	重量	截面特性		
d	t	A(cm²)	(kg·m⁻¹)	I(cm⁴)	W(cm³)	i(cm)
299	7.5	68. 68	53. 92	7300. 02	488. 30	10. 31
	8.0	73. 14	57. 41	7747. 42	518. 22	10. 29
	9.0	82. 00	64. 37	8628. 09	577. 13	10. 26
	10	90. 79	71. 27	9490. 15	634. 79	10. 22
	12	108. 20	84. 93	11159. 52	746. 46	10. 16
	14	125. 35	98. 40	12757. 61	853. 35	10. 09
	16	142. 25	111. 67	14286. 48	955. 62	10. 02
325	7.5	74. 81	58. 73	9431. 80	580. 42	11. 23
	8.0	79. 67	62. 54	10013. 92	616. 24	11. 21
	9.0	89. 35	70. 14	11161. 33	686. 85	11. 18
	10	98. 96	77. 68	12286. 52	756. 09	11. 14
	12	118. 00	92. 63	14471. 45	890. 55	11. 07
	14	136. 78	107. 38	16570. 98	1019. 75	11. 01
	16	155. 32	121. 93	18587. 38	1143. 84	10. 94
351	8.0	86. 21	67. 67	12684. 36	722. 76	12. 13
	9.0	96. 70	75. 91	14147. 55	806. 13	12. 10
	10	107. 13	84. 10	15584. 62	888. 01	12. 06
	12	127. 80	100. 32	18381. 63	1047. 39	11. 99
	14	148. 22	116. 35	21077. 86	1201. 02	11. 93
	16	168. 39	132. 19	23675. 75	1349. 05	11. 86
377	9	104. 00	81. 68	17628. 57	935. 20	13. 02
	10	115. 24	90. 51	19430. 86	1030. 81	12. 98
	11	126. 42	99. 29	21203. 11	1124. 83	12. 95
	12	137. 53	108. 02	22945. 66	1217. 28	12. 81
	13	148. 59	116. 70	24658. 84	1308. 16	12. 88
	14	159. 58	125. 33	26342. 98	1397. 51	12. 84
	15	170. 50	133. 91	27998. 42	1485. 33	12. 81
	16	181. 37	142. 45	29625. 48	1571. 64	12. 78
402	9	111. 06	87. 23	21469. 37	1068. 13	13. 90
	10	123. 09	96. 67	23676. 21	1177. 92	13. 86
	11	135. 05	106. 07	25848. 66	1286. 00	13. 83
	12	146. 95	115. 42	27987. 08	1392. 39	13. 80
	13	158. 79	124. 71	30091. 82	1497. 11	13. 76
	14	170. 56	133. 96	32163. 24	1600. 06	13. 73
	15	182. 28	143. 16	34201. 69	1701. 58	13. 69
	16	193. 93	152. 31	36207. 53	1801. 37	13. 66
426	9	117. 84	93. 00	25646. 28	1204. 05	14. 75
	10	130. 62	102. 59	28294. 52	0328. 38	14. 71
	11	143. 34	112. 58	30903. 91	1450. 89	14. 68
	12	156. 00	122. 52	33474. 84	1571. 59	14. 64
	13	168. 59	132. 41	36007. 67	1690. 50	14. 60
	14	181. 12	142. 25	38502. 80	1807. 64	14. 47
	15	193. 58	152. 04	40960. 60	1923. 03	14. 54
	16	205. 98	161. 78	43381. 44	2036. 69	14. 51

尺寸(mm)		截面面积	重量	截面特性		
d	t	A(cm²)	(kg·m⁻¹)	I(cm⁴)	W(cm³)	i(cm)
450	9	124. 63	97. 88	30332. 67	1348. 12	15. 60
	10	138. 61	108. 51	33477. 56	1487. 89	15. 56
	11	151. 63	119. 09	36578. 87	1625. 73	15. 53
	12	165. 04	129. 62	39637. 01	1716. 65	15. 49
	13	178. 38	140. 10	42652. 38	1895. 66	15. 46
	14	191. 67	150. 53	45625. 38	2027. 79	15. 42
	15	204. 89	160. 92	48556. 41	2158. 06	15. 39
	16	218. 04	171. 25	51445. 87	2286. 48	15. 35
480	8	133. 11	104. 54	36951. 77	1539. 66	16. 66
	10	147. 58	115. 91	40800. 14	1700. 01	16. 52
	11	161. 99	127. 23	44598. 63	1858. 28	16. 59
	12	176. 34	138. 50	48347. 69	2014. 49	16. 55
	13	190. 63	149. 08	52047. 74	2168. 66	16. 52
	14	204. 85	160. 20	55699. 21	2320. 80	16. 48
	15	219. 02	172. 01	59302. 54	2470. 94	16. 44
	16	233. 11	183. 08	62858. 14	2619. 09	16. 41
500	9	138. 76	108. 98	41860. 49	1674. 42	14. 36
	10	153. 86	120. 84	46231. 77	1849. 27	17. 33
	11	168. 90	132. 65	50548. 75	2021. 95	17. 29
	12	183. 88	144. 42	54811. 88	2192. 48	17. 26
	13	198. 79	156. 13	59021. 61	2360. 86	17. 22
	14	213. 65	167. 80	63178. 39	2527. 14	17. 19
	15	228. 44	179. 41	67282. 66	2691. 31	17. 15
	16	243. 16	190. 98	71334. 87	2853. 39	17. 12
530	9	147. 23	115. 64	50009. 99	1887. 17	18. 42
	10	163. 28	128. 24	55251. 25	2084. 95	18. 39
	11	179. 26	140. 79	60431. 21	2280. 42	18. 35
	12	195. 18	153. 30	65550. 35	2473. 60	18. 32
	13	211. 04	165. 75	70609. 15	2664. 50	18. 28
	14	226. 83	178. 15	75608. 08	2853. 14	18. 25
	15	242. 57	190. 51	80547. 62	3039. 53	18. 22
	16	258. 23	202. 82	85428. 24	3223. 71	18. 18
560	9	155. 71	122. 30	59154. 07	2112. 65	19. 48
	10	172. 70	135. 64	65373. 70	2334. 78	19. 45
	11	189. 62	148. 93	71524. 61	2554. 45	19. 41
	12	206. 49	162. 17	77607. 30	2771. 69	19. 38
	13	223. 29	175. 37	83622. 29	2986. 51	19. 34
	14	240. 02	188. 51	89570. 06	3198. 93	19. 31
	15	256. 70	201. 61	95451. 14	3408. 97	19. 28
	16	273. 31	214. 65	101266. 64	3616. 64	19. 24
630	9	175. 50	137. 83	84679. 83	2688. 25	21. 96
	10	194. 68	152. 90	93639. 59	2972. 69	21. 92
	11	213. 80	167. 92	102511. 65	3254. 34	21. 89
	12	232. 86	182. 89	111296. 59	3533. 23	21. 85
	13	251. 86	197. 81	119994. 98	3809. 36	21. 82
	14	270. 79	212. 68	128607. 39	4082. 77	21. 78
	15	289. 67	227. 50	137134. 39	4353. 47	21. 75
	16	308. 47	242. 27	145576. 54	4621. 48	21. 72

注：表中钢的理论重量是按密度为 7.85g/cm³ 计算的。

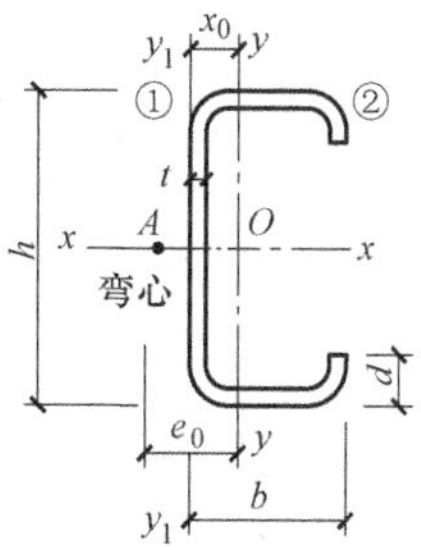

卷边槽钢

卷边槽形冷弯薄壁型钢的规格及截面特性 **附表 2-7**

尺寸 (mm)				截面面积 (cm²)	重量 (kg·m⁻¹)	x_0 (cm)	x-x			y-y				y_1-y_2	e_0 (cm)	I_t (cm⁴)	I_ω (cm⁶)	k (cm⁻¹)
h	b	a	t				I_x (cm⁴)	i_x (cm)	W_x (cm³)	I_y (cm⁴)	i_y (cm)	W_{ymax} (cm³)	W_{ymin} (cm³)	I_{y1} (cm⁴)				
80	40	15	2.0	3.47	2.72	1.452	34.16	3.14	8.54	7.79	1.50	5.36	3.06	15.10	3.36	0.0462	112.9	0.0126
100	50	15	2.5	5.23	4.11	1.706	81.34	3.94	16.27	17.19	1.81	10.08	5.22	32.41	3.94	0.1090	352.8	0.0109
100	50	20	2.5	5.46	4.29	1.755	84.22	3.93	16.84	19.38	1.88	11.04	5.97	36.20	4.35	0.1195	467.4	0.0099
100	50	20	3.0	6.49	5.09	1.732	99.11	3.91	19.82	22.55	1.86	13.02	6.90	42.02	4.29	0.2052	565.6	0.0118
120	50	20	2.5	5.98	4.70	1.706	129.40	4.65	21.57	20.96	1.87	12.28	6.36	39.36	4.03	0.1246	660.9	0.0085
120	50	20	3.0	7.06	5.54	1.592	152.32	4.64	25.39	24.05	1.85	15.11	7.06	41.94	4.03	0.2232	756.2	0.0106
120	60	20	3.0	7.65	6.01	2.106	170.68	4.72	28.45	37.36	2.21	17.74	9.59	71.31	4.87	0.2296	1153.2	0.0087
140	50	20	2.0	5.27	4.14	1.590	154.03	5.41	22.00	18.56	1.88	11.68	5.44	31.86	3.87	0.0703	794.8	0.0058
140	50	20	2.2	5.76	4.52	1.590	167.40	5.39	23.91	20.03	1.87	12.02	5.87	34.53	3.84	0.0929	852.5	0.0065
140	50	20	2.5	6.48	5.09	4.580	186.78	5.39	26.68	22.11	1.85	13.96	6.47	38.38	3.80	0.1351	931.9	0.0075
140	50	20	3.0	7.64	6.00	1.473	219.38	5.36	31.34	25.33	1.82	17.20	7.18	41.91	3.80	0.2442	1028.4	0.0095
140	60	20	3.0	8.25	6.48	1.964	245.42	5.45	35.06	39.49	2.19	20.11	9.79	71.33	4.61	0.2476	1589.8	0.0078
160	60	20	2.0	6.07	4.76	1.850	236.59	6.24	29.57	29.99	2.22	16.19	7.23	50.83	4.52	0.0809	1596.3	0.0044
160	60	20	2.2	6.64	5.21	1.850	257.57	6.23	32.02	32.45	2.21	17.53	7.82	55.19	4.50	0.1071	1717.8	0.0049
160	60	20	2.5	7.48	5.87	1.850	288.13	6.21	36.02	35.96	2.19	19.47	8.66	61.49	4.45	0.1559	1887.7	0.0056
160	60	20	3.0	8.78	6.89	1.740	335.77	6.18	41.97	44.08	2.24	25.33	10.35	70.66	4.46	0.2772	2080.7	0.0071

续表

尺寸 (mm)				截面面积 (cm²)	重量 (kg·m⁻¹)	x_0 (cm)	x-x			y-y				y_1-y_2	e_0 (cm)	I_t (cm⁴)	I_ω (cm⁶)	k (cm⁻¹)
h	b	a	t				I_x (cm⁴)	i_x (cm)	W_x (cm³)	I_y (cm⁴)	i_y (cm)	W_{ymax} (cm³)	W_{ymin} (cm³)	I_{y1} (cm⁴)				
160	70	20	3.0	9.45	7.42	2.224	243.67	6.29	46.71	60.42	2.53	27.17	12.65	107.20	5.25	0.2836	3070.5	0.0060
180	60	20	2.5	7.84	6.45	1.655	374.14	6.91	41.57	36.47	2.16	22.04	8.39	57.94	4.32	0.1719	2302.8	0.0054
180	60	20	3.0	9.35	7.31	1.634	443.17	6.88	49.24	42.63	2.14	26.09	9.76	67.59	4.26	0.2952	2676.1	0.0065
180	70	20	2.0	6.87	5.39	2.110	343.93	7.08	38.21	45.18	2.57	21.37	9.25	75.97	5.17	0.0916	2934.3	0.0035
180	70	20	2.2	7.52	5.90	2.110	374.90	7.06	41.66	48.97	2.55	23.19	10.02	82.19	5.14	0.1213	3165.6	0.0038
180	70	20	2.5	8.48	6.66	2.110	420.20	7.04	46.69	54.42	2.53	25.82	11.12	92.08	5.10	0.1767	3492.2	0.0044
180	70	20	3.0	9.92	7.79	2.002	473.09	6.91	52.57	60.92	2.48	30.43	12.19	100.68	5.11	0.3132	3844.7	0.0056
200	70	20	2.0	7.27	5.71	2.000	440.04	7.78	44.00	46.71	2.54	23.32	9.35	75.88	4.96	0.0969	3672.3	0.0032
200	70	20	2.2	7.96	6.25	2.000	479.87	7.77	17.99	50.64	2.52	25.31	10.13	82.49	4.93	0.1284	3963.8	0.0035
200	70	20	2.5	8.98	7.05	2.000	538.21	7.74	53.82	56.27	2.50	28.18	11.25	92.09	4.89	0.1871	4376.2	0.0041
200	70	20	3.0	10.55	8.28	1.893	623.01	7.68	62.30	64.06	2.46	33.84	12.54	101.87	4.91	0.3312	4825.3	0.0051
220	70	20	2.5	9.26	7.27	1.871	656.91	7.82	59.72	56.21	2.46	30.04	10.96	88.63	4.77	0.2031	5100.0	0.0039
220	70	20	3.0	11.06	8.68	1.796	779.67	8.40	70.88	65.92	2.44	36.70	12.67	101.60	4.72	0.3492	5942.5	0.0047
220	75	20	2.0	7.87	6.18	2.080	574.45	8.54	52.22	56.88	2.69	27.35	10.50	90.93	5.18	0.1049	5313.5	0.0028
220	75	20	2.2	8.62	6.77	2.080	626.85	8.53	56.99	61.71	2.68	29.70	11.38	98.91	5.15	0.1391	5742.1	0.0031
220	75	20	2.5	9.73	7.64	2.070	703.76	8.50	63.98	68.66	2.66	33.11	12.65	110.51	5.11	0.2028	6351.1	0.0035
250	70	20	2.5	9.97	7.83	1.688	888.72	9.44	71.10	58.31	2.42	34.54	10.98	86.72	4.52	0.2188	6759.4	0.0035
250	70	20	3.0	11.91	9.35	1.667	1055.62	9.41	84.45	68.37	2.40	41.01	12.82	101.47	4.47	0.3762	7883.6	0.0043
250	80	20	2.5	10.45	8.20	2.026	959.93	9.58	76.79	80.77	2.78	39.87	13.52	123.66	5.32	0.2292	9268.0	0.0031
250	80	20	3.0	12.48	9.80	2.004	1140.73	9.56	91.26	94.95	2.76	47.38	15.84	145.07	5.27	0.3942	10835.2	0.0037
280	70	20	2.5	10.68	8.38	1.575	1164.47	10.44	83.18	60.12	2.39	37.17	11.08	86.61	4.29	0.2344	8700.0	0.0032
280	70	20	3.0	12.76	10.02	1.555	1384.05	10.41	98.86	70.50	2.35	45.34	12.95	101.35	4.24	0.4032	10154.5	0.0039
280	80	20	2.5	11.16	8.76	1.896	1254.00	10.60	89.57	83.39	2.73	43.98	13.66	123.51	5.07	0.2448	11932.1	0.0028
280	80	20	3.0	13.33	10.46	1.876	1491.08	10.58	106.51	98.03	2.71	52.25	16.01	144.94	5.02	0.4212	13960.3	0.0034
300	80	20	2.5	11.63	9.13	1.819	1477.16	11.27	98.48	84.96	2.70	46.71	13.75	123.44	4.92	0.2552	13930.3	0.0027
300	80	20	3.0	13.91	10.92	1.799	1757.07	11.24	117.14	99.87	2.68	55.51	16.11	144.89	4.87	0.4392	16304.9	0.0032

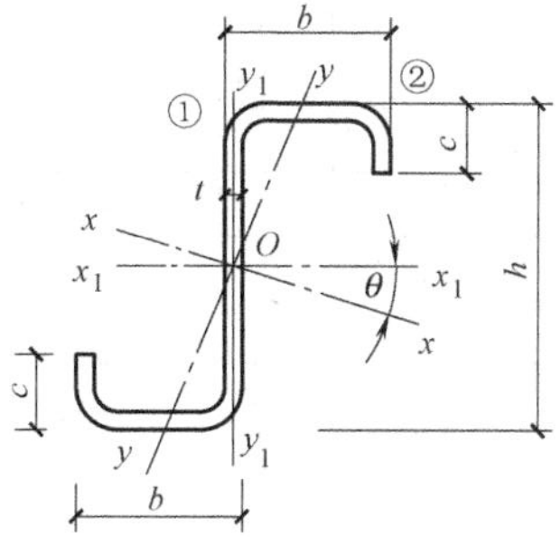

I—截面惯性矩；
W—截面模量；
i—截面回转半径；
I_t—截面抗扭惯性性矩；
I_ω—截面扇性惯性矩；
k—弯扭特性系数$\left(k=\sqrt{\frac{GI_t}{EI_\omega}}\right)$。

直卷边Z形冷弯薄壁型钢截面特性表 **附表 2-8**

尺寸(mm)				截面积	重量	θ(°)	x_1-x_1轴			y_1-y_1轴			x-x轴				y-y轴				I_{x1y1} (cm⁴)	I_t (cm⁴)	I_ω (cm⁶)	k (cm⁻¹)
h	b	c	t	A (cm²)	(kg·m⁻¹)		I_{x1} (cm⁴)	i_{x1} (cm)	W_{x1} (cm³)	I_{y1} (cm⁴)	i_{y1} (cm)	W_{y1} (cm³)	I_x (cm⁴)	i_x (cm)	W_{x1} (cm³)	W_{x2} (cm³)	I_y (cm⁴)	i_y (cm)	W_{y1} (cm³)	W_{y2} (cm³)				
100	40	20	2.0	4.07	3.19	24.02	60.04	3.84	12.01	17.02	2.05	4.36	70.70	4.17	15.93	11.94	6.36	1.25	3.36	4.42	23.93	0.0542	325.0	0.0081
100	40	20	2.5	4.98	3.91	23.77	72.10	3.80	14.42	20.02	2.00	5.17	84.63	4.12	19.18	14.47	7.49	1.23	4.07	5.28	28.45	0.1038	381.9	0.0102
120	50	20	2.0	4.87	3.82	24.05	106.97	4.69	17.83	30.23	2.49	6.17	126.06	5.09	23.55	17.40	11.14	1.51	4.83	5.74	42.77	0.0649	785.2	0.0057
120	50	20	2.5	5.98	4.70	23.83	129.39	4.65	21.57	35.91	2.45	7.37	152.05	5.04	28.55	21.21	13.25	1.49	5.89	6.89	51.30	0.1246	930.9	0.0072
120	50	20	3.0	7.05	5.54	23.60	150.14	4.61	25.02	40.88	2.41	8.43	175.92	4.99	33.18	24.80	15.11	1.46	6.89	7.92	58.99	0.2116	1058.9	0.0087
140	50	20	2.5	6.48	5.09	19.42	186.77	5.37	26.68	35.91	2.35	7.37	209.19	5.67	32.55	26.34	14.48	1.49	6.69	6.78	60.75	0.1350	1289.0	0.0064
140	50	20	3.0	7.65	6.01	19.20	217.26	5.33	31.04	40.83	2.31	8.43	241.62	5.62	37.76	30.70	16.52	1.47	7.84	7.81	69.93	0.2296	1468.2	0.0077
160	60	20	2.5	7.48	5.87	19.87	288.12	6.21	36.01	58.15	2.79	9.90	323.13	6.57	44.00	34.95	23.14	1.76	9.00	8.71	96.32	0.1559	2634.3	0.0048
160	60	20	3.0	8.85	6.95	19.78	336.66	6.17	42.08	66.66	2.74	11.39	376.76	6.52	51.48	41.08	26.56	1.73	10.58	10.07	111.51	0.2656	3019.4	0.0058
160	70	20	2.5	7.98	6.27	23.77	319.13	6.32	39.89	87.74	3.32	12.76	374.76	6.85	52.35	38.23	32.11	2.01	10.53	10.86	126.37	0.1663	3793.3	0.0041
160	70	20	3.0	7.45	7.42	23.57	373.64	6.29	46.71	101.10	3.27	14.76	437.72	6.80	61.33	45.01	37.03	1.98	12.39	12.58	146.86	0.2836	4365.0	0.0050
180	70	20	2.5	8.48	6.66	20.37	420.18	7.04	16.69	87.74	3.22	12.76	473.34	7.47	57.27	44.88	34.58	2.02	11.56	10.86	143.18	0.1767	4907.9	0.0037
180	70	20	3.0	10.05	7.89	20.18	492.61	7.00	54.73	101.11	3.17	14.76	553.83	7.42	67.22	52.89	39.89	1.99	13.72	12.59	166.47	0.3016	5652.2	0.0045

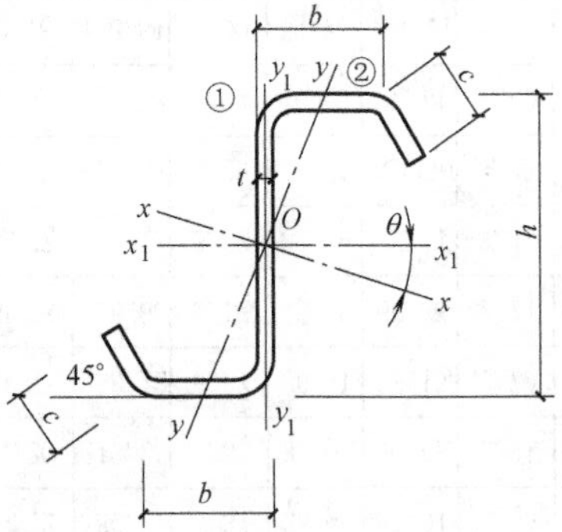

I—截面惯性矩；

W—截面模量；

i—截面回转半径；

I_t—截面抗扭惯性矩；

I_ω—截面扇性惯性矩；

k—弯扭特性系数$\left(k=\sqrt{\frac{GI_t}{EI_\omega}}\right)$。

斜卷边Z形冷弯薄壁型钢截面特性表 **附表 2-9**

尺寸(mm)				截面积	重量	θ(°)	x_1-x_1轴			y_1-y_1轴			x-x轴				y-y轴				I_{x1y1}	I_t	I_ω	k
h	b	c	t	A (cm²)	(kg·m⁻¹)		I_{x1} (cm⁴)	i_{x1} (cm)	W_{x1} (cm³)	I_{y1} (cm⁴)	i_{y1} (cm)	W_{y1} (cm³)	I_x (cm⁴)	i_x (cm)	W_{x1} (cm³)	W_{x2} (cm³)	I_y (cm⁴)	i_y (cm)	W_{y1} (cm³)	W_{y2} (cm³)	(cm⁴)	(cm⁴)	(cm⁶)	(cm⁻¹)
140	50	20	2.0	5.392	4.233	21.99	162.07	5.48	23.15	39.37	2.70	6.23	185.96	5.87	29.26	27.67	15.47	1.69	6.22	8.03	59.19	0.0719	968.9	0.0053
140	50	20	2.2	5.909	4.638	22.00	176.81	5.47	25.26	42.93	2.70	6.81	202.93	5.86	32.00	30.09	16.81	1.69	6.90	9.04	64.64	0.0953	1050.3	0.0059
140	50	20	2.5	6.676	5.240	22.02	198.45	5.45	28.35	48.15	2.69	7.66	227.83	5.84	36.04	33.61	18.77	1.68	7.65	10.68	72.66	0.1391	1167.2	0.0068
160	60	20	2.0	6.192	4.861	22.10	246.83	6.31	30.85	60.27	3.12	8.24	283.68	6.77	38.98	37.41	23.42	1.95	8.15	10.11	90.73	0.0826	1900.7	0.0041
160	60	20	2.2	6.789	5.329	22.11	269.59	6.30	33.70	65.80	3.11	9.01	309.89	6.76	42.66	40.42	25.50	1.94	8.91	11.34	99.18	0.1095	2064.7	0.0045
160	60	20	2.5	6.676	6.025	22.13	303.09	6.28	37.89	73.93	3.10	10.14	348.49	6.74	48.11	45.25	28.54	1.93	10.04	13.29	111.64	0.1599	2301.9	0.0052
180	70	20	2.0	6.992	5.489	22.19	356.62	7.14	39.62	87.42	3.54	10.51	410.32	7.66	50.04	47.90	33.72	2.20	10.34	12.46	131.67	0.0932	3437.7	0.0032
180	70	20	2.2	7.669	6.020	22.19	389.84	7.13	43.32	95.52	3.53	11.50	448.59	7.65	54.80	52.22	36.76	2.19	11.31	13.94	144.03	0.1237	3740.3	0.0036
180	70	20	2.5	8.676	6.810	22.21	438.84	7.11	48.76	107.46	3.52	12.96	505.09	7.63	61.86	58.57	41.21	2.18	12.76	16.25	162.31	0.1807	4179.8	0.0041
200	70	20	2.0	7.392	5.803	19.31	455.43	7.85	45.54	87.42	3.44	10.51	506.90	8.28	54.52	52.61	35.94	2.21	11.32	13.81	146.94	0.0986	4348.7	0.0029
200	70	20	2.2	8.109	6.365	19.31	498.02	7.84	49.80	95.52	3.43	11.50	554.35	8.27	59.92	57.41	39.20	2.20	12.39	15.48	160.76	0.1308	4733.4	0.0033
200	70	20	2.5	9.176	7.203	19.31	560.92	7.82	56.09	107.46	3.42	12.96	624.42	8.25	67.42	64.47	43.96	2.19	13.98	18.11	181.18	0.1912	5293.3	0.0037
220	75	20	2.0	7.992	6.274	18.30	592.79	8.61	53.89	103.58	3.60	11.75	652.87	9.04	63.38	61.42	43.50	2.33	13.08	15.84	181.66	0.1066	6260.3	0.0026
220	75	20	2.2	8.769	6.884	18.30	648.52	8.60	58.96	113.22	3.59	12.86	714.28	9.03	69.44	67.08	47.47	2.33	14.32	17.73	198.80	0.1415	6819.4	0.0028
220	75	20	2.5	9.926	7.792	18.31	730.93	8.58	66.45	127.44	3.58	14.50	805.09	9.01	78.43	75.41	53.28	2.32	16.17	20.72	224.18	0.2068	7635.0	0.0032

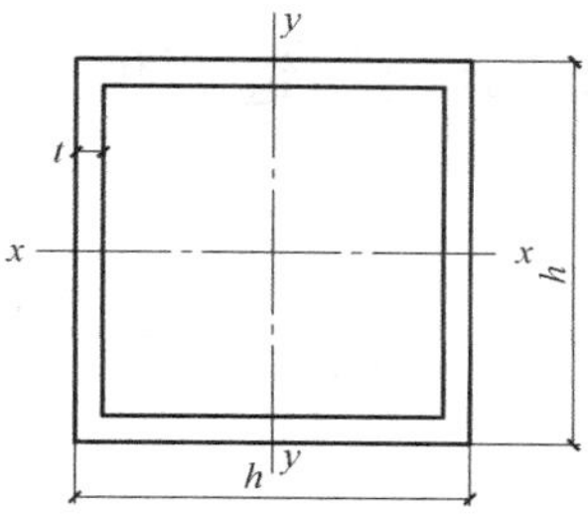

I——截面惯性矩；
W——截面抵抗矩；
I——截面回转半径。

薄壁方钢管截面特性表 **附表 2-10**

尺寸(mm)		截面面积 (cm²)	重量 (kg/m)	截面特性		
h	t			I_x(cm⁴)	W_x(cm³)	i_x(cm)
25	1.5	1.31	1.03	1.16	0.92	0.94
30	1.5	1.61	1.27	2.11	1.40	1.14
40	1.5	2.21	1.74	5.33	2.67	1.55
40	2.0	2.87	2.25	6.66	3.33	1.52
50	1.5	2.81	2.21	10.82	4.33	1.96
50	2.0	3.67	2.88	13.71	5.48	1.93
60	2.0	4.47	3.51	24.51	8.17	2.34
60	2.5	5.48	4.30	29.36	9.79	2.31
80	2.0	6.07	4.76	60.58	15.15	3.16
80	2.5	7.48	5.87	73.40	18.35	3.13
100	2.5	9.48	7.44	147.91	29.58	3.95
100	3.0	11.25	8.83	173.12	34.62	3.92
120	2.5	11.48	9.01	260.88	43.48	4.77
120	3.0	13.65	10.72	306.71	51.12	4.74
140	3.0	16.05	12.60	495.68	70.81	5.56
140	3.5	18.58	14.59	568.22	81.17	5.53
140	4.0	21.07	16.44	637.97	91.14	5.50
160	3.0	18.45	14.49	749.64	93.71	6.37
160	3.5	21.38	16.77	861.34	107.67	6.35
160	4.0	24.27	19.05	969.35	121.17	6.32
160	4.5	27.12	21.15	1073.66	134.21	6.29
160	5.0	29.93	23.35	1174.44	146.81	6.26

附录 3　各种截面回转半径的近似值

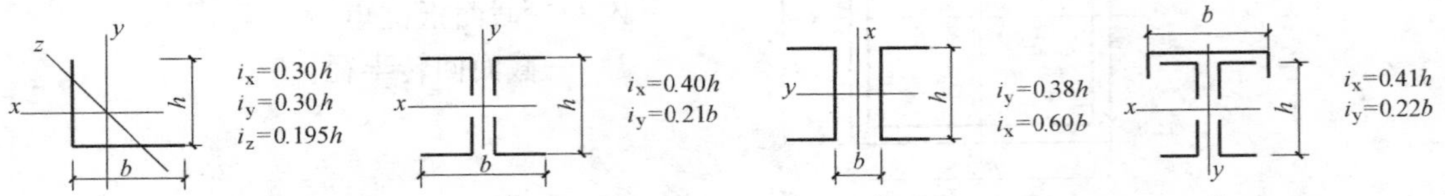

$i_x=0.30h$, $i_y=0.30h$, $i_z=0.195h$

$i_x=0.40h$, $i_y=0.21b$

$i_y=0.38h$, $i_x=0.60b$

$i_x=0.41h$, $i_y=0.22b$

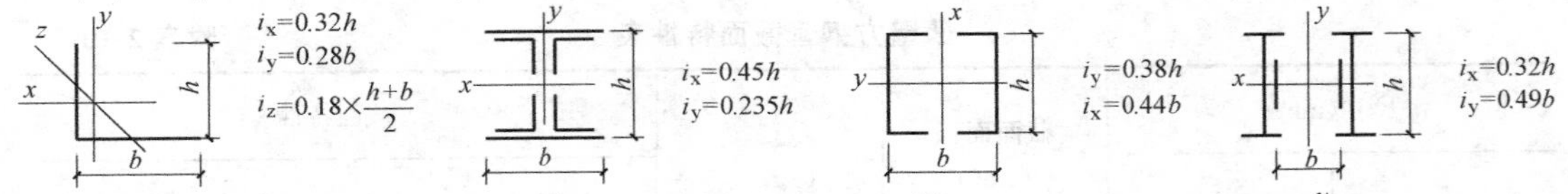

$i_x=0.32h$, $i_y=0.28b$, $i_z=0.18\times\frac{h+b}{2}$

$i_x=0.45h$, $i_y=0.235h$

$i_y=0.38h$, $i_x=0.44b$

$i_x=0.32h$, $i_y=0.49b$

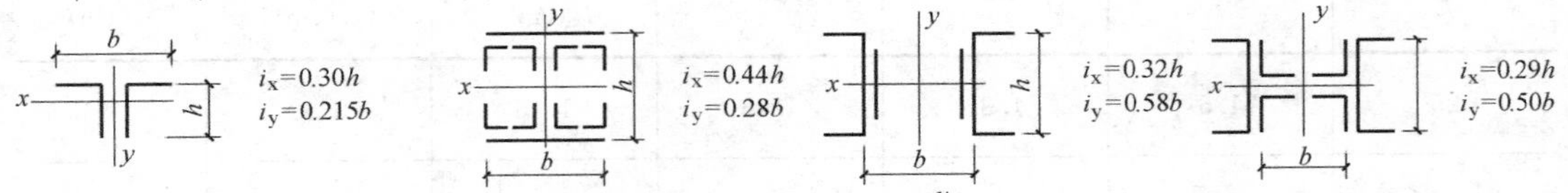

$i_x=0.30h$, $i_y=0.215b$

$i_x=0.44h$, $i_y=0.28b$

$i_x=0.32h$, $i_y=0.58b$

$i_x=0.29h$, $i_y=0.50b$

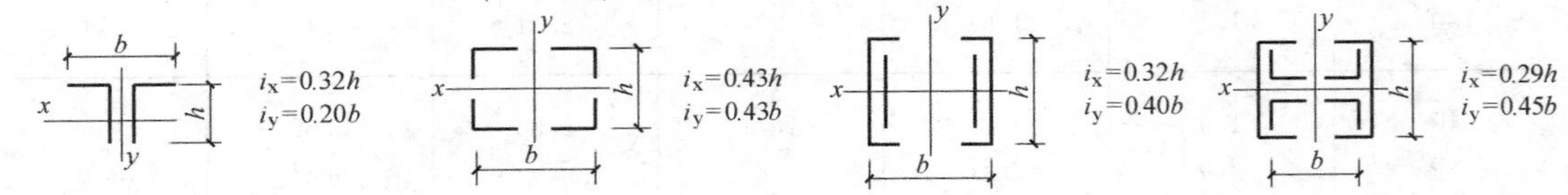

$i_x=0.32h$, $i_y=0.20b$

$i_x=0.43h$, $i_y=0.43b$

$i_x=0.32h$, $i_y=0.40b$

$i_x=0.29h$, $i_y=0.45b$

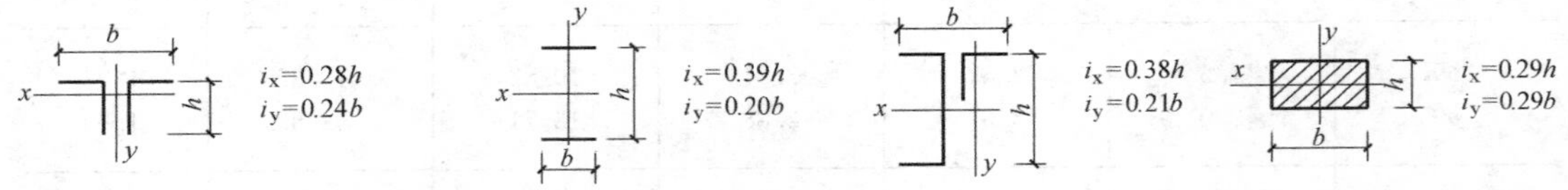

$i_x=0.28h$, $i_y=0.24b$

$i_x=0.39h$, $i_y=0.20b$

$i_x=0.38h$, $i_y=0.21b$

$i_x=0.29h$, $i_y=0.29b$

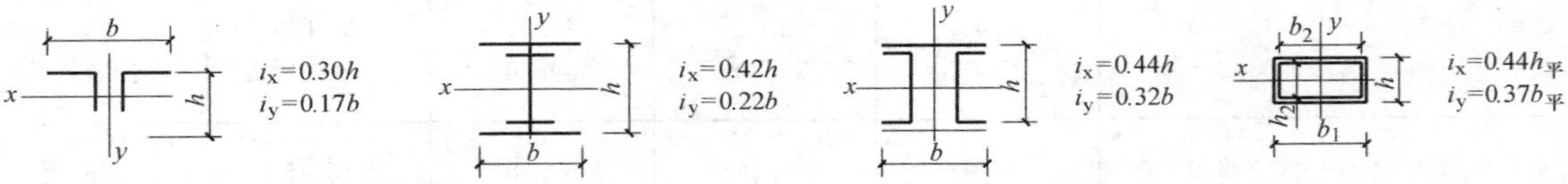

$i_x=0.30h$, $i_y=0.17b$

$i_x=0.42h$, $i_y=0.22b$

$i_x=0.44h$, $i_y=0.32b$

$i_x=0.44h_{平}$, $i_y=0.37b_{平}$

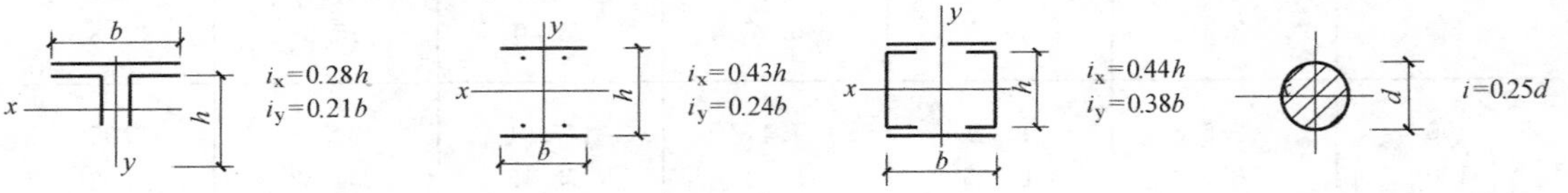

$i_x=0.28h$, $i_y=0.21b$

$i_x=0.43h$, $i_y=0.24b$

$i_x=0.44h$, $i_y=0.38b$

$i=0.25d$

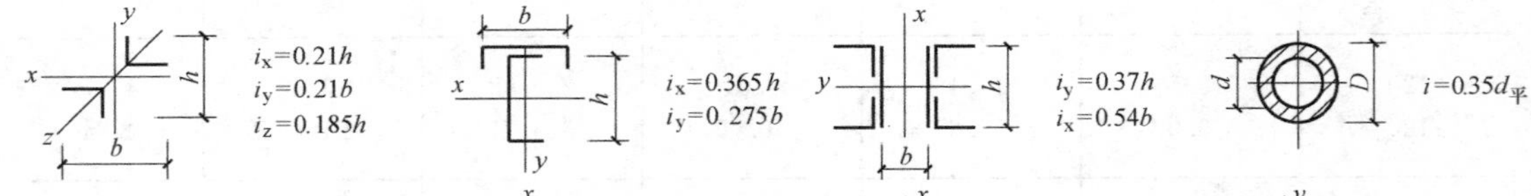

$i_x=0.21h$, $i_y=0.21b$, $i_z=0.185h$

$i_x=0.365h$, $i_y=0.275b$

$i_y=0.37h$, $i_x=0.54b$

$i=0.35d_{平}$

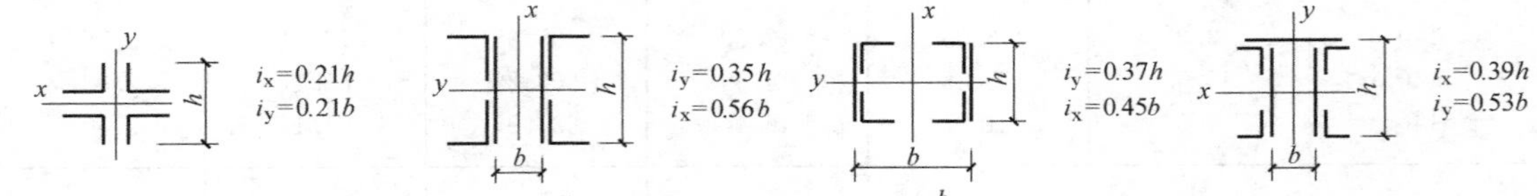

$i_x=0.21h$, $i_y=0.21b$

$i_y=0.35h$, $i_x=0.56b$

$i_y=0.37h$, $i_x=0.45b$

$i_x=0.39h$, $i_y=0.53b$

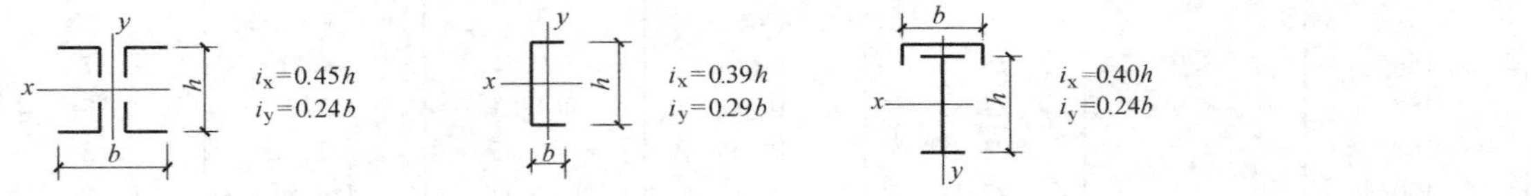

$i_x=0.45h$, $i_y=0.24b$

$i_x=0.39h$, $i_y=0.29b$

$i_x=0.40h$, $i_y=0.24b$

附录 4　螺栓的有效直径和有效面积

螺栓的有效直径及在螺纹处的有效面积　　　**附表 4-1**

螺栓直径 d(mm)	螺纹间距 p(mm)	螺栓有效直径 d_e(mm)	螺栓有效面积 A_e(mm^2)
10	1.5	8.59	58.0
12	1.75	10.36	84.0
14	2.0	12.12	115.0
16	2.0	14.12	156.7
18	2.5	15.65	192.5
20	2.5	17.65	244.8
22	2.5	19.65	303.4
24	3.0	21.19	352.5
27	3.0	24.19	459.4
30	3.5	26.72	560.6
33	3.5	29.72	693.6
36	4.0	32.25	816.7
39	4.0	35.25	975.8
42	4.5	37.78	1121.0
45	4.5	40.78	1306.0
48	5.0	43.31	1473.0
52	5.0	47.31	1758.0
56	5.5	50.84	2030.0
60	5.5	54.84	2362.0
64	6.0	58.37	2676.0
68	6.0	62.37	3055.0
72	6.0	66.37	3460.0
76	6.0	70.37	3889.0
80	6.0	74.37	4344.0

注：1. d_e——普通螺栓或锚栓在螺纹处的有效直径，$d_e=\left(d-\frac{13}{24}\sqrt{3}p\right)$；

2. A_e——螺栓在螺纹处的有效面积，$A_e=\frac{\pi}{4}d_e^2$。

附录5 轴心受压构件的稳定系数

a 类截面轴心受压构件的稳定系数 φ 附表 5-1

$\lambda\sqrt{\frac{f_y}{235}}$	0	1	2	3	4	5	6	7	8	9
0	1.000	1.000	1.000	1.000	0.999	0.999	0.998	0.998	0.997	0.996
10	0.995	0.994	0.993	0.992	0.991	0.989	0.988	0.986	0.985	0.983
20	0.981	0.979	0.977	0.976	0.974	0.972	0.970	0.968	0.966	0.964
30	0.963	0.961	0.959	0.957	0.954	0.952	0.950	0.948	0.946	0.944
40	0.941	0.939	0.937	0.934	0.932	0.929	0.927	0.924	0.921	0.918
50	0.916	0.913	0.910	0.907	0.903	0.900	0.897	0.893	0.890	0.886
60	0.883	0.879	0.875	0.871	0.867	0.862	0.858	0.854	0.849	0.844
70	0.839	0.834	0.829	0.824	0.818	0.813	0.807	0.801	0.795	0.789
80	0.783	0.776	0.770	0.763	0.756	0.749	0.742	0.735	0.728	0.721
90	0.713	0.706	0.698	0.691	0.683	0.676	0.668	0.660	0.653	0.645
100	0.637	0.630	0.622	0.614	0.607	0.599	0.592	0.584	0.577	0.569
110	0.562	0.555	0.548	0.541	0.534	0.527	0.520	0.513	0.507	0.500
120	0.494	0.487	0.481	0.475	0.469	0.463	0.457	0.451	0.445	0.439
130	0.434	0.428	0.423	0.417	0.412	0.407	0.402	0.397	0.392	0.387
140	0.382	0.378	0.373	0.368	0.364	0.360	0.355	0.351	0.347	0.343
150	0.339	0.335	0.331	0.327	0.323	0.319	0.316	0.312	0.308	0.305
160	0.302	0.298	0.295	0.292	0.288	0.285	0.282	0.279	0.276	0.273
170	0.270	0.267	0.264	0.261	0.259	0.256	0.253	0.250	0.248	0.245
180	0.243	0.240	0.238	0.235	0.233	0.231	0.228	0.226	0.224	0.222
190	0.219	0.217	0.215	0.213	0.211	0.209	0.207	0.205	0.203	0.201
200	0.199	0.197	0.196	0.194	0.192	0.190	0.188	0.187	0.185	0.183
210	0.182	0.180	0.178	0.177	0.175	0.174	0.172	0.171	0.169	0.168
220	0.166	0.165	0.163	0.162	0.161	0.159	0.158	0.157	0.155	0.154
230	0.153	0.151	0.150	0.149	0.148	0.147	0.145	0.144	0.143	0.142
240	0.141	0.140	0.139	0.137	0.136	0.135	0.134	0.133	0.132	0.131

b 类截面轴心受压构件的稳定系数 φ 附表 5-2

$\lambda\sqrt{\frac{f_y}{235}}$	0	1	2	3	4	5	6	7	8	9
0	1.000	1.000	1.000	0.999	0.999	0.998	0.997	0.996	0.995	0.994
10	0.992	0.991	0.989	0.987	0.985	0.983	0.981	0.978	0.976	0.973
20	0.970	0.967	0.963	0.960	0.957	0.953	0.950	0.946	0.943	0.939
30	0.936	0.932	0.929	0.925	0.921	0.918	0.914	0.910	0.906	0.903

续表

$\lambda\sqrt{\frac{f_y}{235}}$	0	1	2	3	4	5	6	7	8	9
40	0.899	0.895	0.891	0.886	0.882	0.878	0.874	0.870	0.865	0.861
50	0.856	0.852	0.847	0.842	0.837	0.833	0.828	0.823	0.818	0.812
60	0.807	0.802	0.796	0.791	0.785	0.780	0.774	0.768	0.762	0.757
70	0.751	0.745	0.738	0.732	0.726	0.720	0.713	0.707	0.701	0.694
80	0.687	0.681	0.674	0.668	0.661	0.654	0.648	0.641	0.634	0.628
90	0.621	0.614	0.607	0.601	0.594	0.587	0.581	0.574	0.568	0.561
100	0.555	0.548	0.542	0.535	0.529	0.523	0.517	0.511	0.504	0.498
110	0.492	0.487	0.481	0.475	0.469	0.464	0.458	0.453	0.447	0.442
120	0.436	0.431	0.426	0.421	0.416	0.411	0.406	0.401	0.396	0.392
130	0.387	0.383	0.378	0.374	0.369	0.365	0.361	0.357	0.352	0.348
140	0.344	0.340	0.337	0.333	0.329	0.325	0.322	0.318	0.314	0.311
150	0.308	0.304	0.301	0.297	0.294	0.291	0.288	0.285	0.282	0.279
160	0.276	0.273	0.270	0.267	0.264	0.262	0.259	0.256	0.253	0.251
170	0.248	0.246	0.243	0.241	0.238	0.236	0.234	0.231	0.229	0.227
180	0.225	0.222	0.220	0.218	0.216	0.214	0.212	0.210	0.208	0.206
190	0.204	0.202	0.200	0.198	0.196	0.195	0.193	0.191	0.189	0.188
200	0.186	0.184	0.183	0.181	0.179	0.178	0.176	0.175	0.173	0.172
210	0.170	0.169	0.167	0.166	0.164	0.163	0.162	0.160	0.159	0.158
220	0.156	0.155	0.154	0.152	0.151	0.150	0.149	0.147	0.146	0.145
230	0.144	0.143	0.142	0.141	0.139	0.138	0.137	0.136	0.135	0.134
240	0.133	0.132	0.131	0.130	0.129	0.128	0.127	0.126	0.125	0.124
250	0.123	—	—	—	—	—	—	—	—	—

c类截面轴心受压构件的稳定系数 φ **附表 5-3**

$\lambda\sqrt{\frac{f_y}{235}}$	0	1	2	3	4	5	6	7	8	9
0	1.000	1.000	1.000	0.999	0.999	0.998	0.997	0.996	0.995	0.993
10	0.992	0.990	0.988	0.986	0.983	0.981	0.978	0.976	0.973	0.970
20	0.966	0.959	0.953	0.947	0.940	0.934	0.928	0.921	0.915	0.909
30	0.902	0.896	0.890	0.883	0.877	0.871	0.865	0.858	0.852	0.845
40	0.839	0.833	0.826	0.820	0.813	0.807	0.800	0.794	0.787	0.781
50	0.774	0.768	0.761	0.755	0.748	0.742	0.735	0.728	0.722	0.715
60	0.709	0.702	0.695	0.689	0.682	0.675	0.669	0.662	0.656	0.649
70	0.642	0.636	0.629	0.623	0.616	0.610	0.603	0.597	0.591	0.584
80	0.578	0.572	0.565	0.559	0.553	0.547	0.541	0.535	0.529	0.523
90	0.517	0.511	0.505	0.499	0.494	0.488	0.483	0.477	0.471	0.467
100	0.462	0.458	0.453	0.449	0.445	0.440	0.436	0.432	0.427	0.423

续表

$\lambda\sqrt{\frac{f_y}{235}}$	0	1	2	3	4	5	6	7	8	9
110	0.419	0.415	0.411	0.407	0.402	0.398	0.394	0.390	0.386	0.383
120	0.379	0.375	0.371	0.367	0.363	0.360	0.356	0.352	0.349	0.345
130	0.342	0.338	0.335	0.332	0.328	0.325	0.322	0.318	0.315	0.312
140	0.309	0.306	0.303	0.300	0.297	0.294	0.291	0.288	0.285	0.282
150	0.279	0.277	0.274	0.271	0.269	0.266	0.263	0.261	0.258	0.256
160	0.253	0.251	0.248	0.246	0.244	0.241	0.239	0.237	0.235	0.232
170	0.230	0.228	0.226	0.224	0.222	0.220	0.218	0.216	0.214	0.212
180	0.210	0.208	0.206	0.204	0.203	0.201	0.199	0.197	0.195	0.194
190	0.192	0.190	0.189	0.187	0.185	0.184	0.182	0.181	0.179	0.178
200	0.176	0.175	0.173	0.172	0.170	0.169	0.167	0.166	0.165	0.163
210	0.162	0.161	0.159	0.158	0.157	0.155	0.154	0.153	0.152	0.151
220	0.149	0.148	0.147	0.146	0.145	0.144	0.142	0.141	0.140	0.139
230	0.138	0.137	0.136	0.135	0.134	0.133	0.132	0.131	0.130	0.129
240	0.128	0.127	0.126	0.125	0.124	0.123	0.123	0.122	0.121	0.120
250	0.119	—	—	—	—	—	—	—	—	—

d 类截面轴心受压构件的稳定系数 φ **附表 5-4**

$\lambda\sqrt{\frac{f_y}{235}}$	0	1	2	3	4	5	6	7	8	9
0	1.000	1.000	0.999	0.999	0.998	0.996	0.994	0.992	0.990	0.987
10	0.984	0.981	0.978	0.974	0.969	0.965	0.960	0.955	0.949	0.944
20	0.937	0.927	0.918	0.909	0.900	0.891	0.883	0.874	0.865	0.857
30	0.848	0.840	0.831	0.823	0.815	0.807	0.798	0.790	0.782	0.774
40	0.766	0.758	0.751	0.743	0.735	0.727	0.720	0.712	0.705	0.697
50	0.690	0.682	0.675	0.668	0.660	0.653	0.646	0.639	0.632	0.625
60	0.618	0.611	0.605	0.598	0.591	0.585	0.578	0.571	0.565	0.559
70	0.552	0.546	0.540	0.534	0.528	0.521	0.516	0.510	0.504	0.498
80	0.492	0.487	0.481	0.476	0.470	0.465	0.459	0.454	0.449	0.444
90	0.439	0.434	0.429	0.424	0.419	0.414	0.409	0.405	0.401	0.397
100	0.393	0.390	0.386	0.383	0.380	0.376	0.373	0.369	0.366	0.363
110	0.359	0.356	0.353	0.350	0.346	0.343	0.340	0.337	0.334	0.331
120	0.328	0.325	0.322	0.319	0.316	0.313	0.310	0.307	0.304	0.301
130	0.298	0.296	0.293	0.290	0.288	0.285	0.282	0.280	0.277	0.275
140	0.272	0.270	0.267	0.265	0.262	0.260	0.257	0.255	0.253	0.250
150	0.248	0.246	0.244	0.242	0.239	0.237	0.235	0.233	0.231	0.229
160	0.227	0.225	0.223	0.221	0.219	0.217	0.215	0.213	0.211	0.210
170	0.208	0.206	0.204	0.202	0.201	0.199	0.197	0.196	0.194	0.192

续表

$\lambda\sqrt{\frac{f_y}{235}}$	0	1	2	3	4	5	6	7	8	9
180	0.191	0.189	0.187	0.186	0.184	0.183	0.181	0.180	0.178	0.177
190	0.175	0.174	0.173	0.171	0.170	0.168	0.167	0.166	0.164	0.163
200	0.162	—	—	—	—	—	—	—	—	—

注：当构件的 $\lambda\sqrt{f_y/235}$ 值超出附表 5-1～附表 5-4 范围时，则 φ 值可按下列公式计算：

当 $\lambda_n=\frac{\lambda}{\pi}\sqrt{f_y/E}\leqslant 0.215$ 时：$\varphi=1-\alpha_1\lambda_n^2$；

当 $\lambda_n>0.215$ 时：$\varphi=\frac{1}{2\lambda_n^2}\left[(\alpha_2+\alpha_3\lambda_n+\lambda_n^2)-\sqrt{(\alpha_2+\alpha_3\lambda_n+\lambda_n^2)^2-4\lambda_n^2}\right]$。

系数 α_1、α_2、α_3 **附表 5-5**

截面类别		α_1	α_2	α_3
a 类		0.41	0.986	0.152
b 类		0.65	0.965	0.300
c 类	$\lambda_n\leqslant 1.05$	0.73	0.906	0.595
	$\lambda_n>1.05$		1.216	0.302
d 类	$\lambda_n\leqslant 1.05$	1.35	0.868	0.915
	$\lambda_n>1.05$		1.375	0.432

附录 6　压弯和受弯构件的截面板件宽厚比等级及限值

压弯和受弯构件截面板件宽厚比等级及限值 **附表 6-1**

构件	截面板件宽厚比等级		S1 级	S2 级	S3 级	S4 级	S5 级
压弯构件（框架柱）	H 形截面	翼缘 b/t	$9\varepsilon_k$	$11\varepsilon_k$	$13\varepsilon_k$	$15\varepsilon_k$	20
		腹板 h_0/t_w	$(33+13\alpha_0^{1.3})\varepsilon_k$	$(38+13\alpha_0^{1.39})\varepsilon_k$	$(42+18\alpha_0^{1.5})\varepsilon_k$	$(45+25\alpha_0^{1.66})\varepsilon_k$	250
	箱形截面	壁板 b_0/t	$30\varepsilon_k$	$35\varepsilon_k$	$40\varepsilon_k$	$45\varepsilon_k$	—
	圆钢管截面	径厚比 D/t	$50\varepsilon_k^2$	$70\varepsilon_k^2$	$90\varepsilon_k^2$	$100\varepsilon_k^2$	—
受弯构件（梁）	工字形截面	翼缘 b/t	$9\varepsilon_k$	$11\varepsilon_k$	$13\varepsilon_k$	$15\varepsilon_k$	20
		腹板 h_0/t_w	$65\varepsilon_k$	$72\varepsilon_k$	$93\varepsilon_k$	$124\varepsilon_k$	250
	箱形截面	壁板 b_0/t	$25\varepsilon_k$	$32\varepsilon_k$	$37\varepsilon_k$	$42\varepsilon_k$	—

注：1. ε_k 为钢号修正系数，$\varepsilon_k=\sqrt{235/f_y}$；

2. 表中参数 α_0 按下式计算：式中，σ_{max} 为腹板计算高度边缘的最大压应力；σ_{min} 为腹板计算高度另一边缘的应力，压应力取正值，拉应力取负值。

$$\alpha_0=\frac{\sigma_{max}-\sigma_{min}}{\sigma_{max}}$$

3. b 为工字形、H 形截面的翼缘外伸宽度，t、h_0、t_w 分别是翼缘厚度、腹板计算高度和腹板厚度，对轧制型截面，不包括翼缘腹板过渡处圆弧段；对箱形截面 b_0、t 分别为壁板间的距离和壁板厚度；D 为圆管截面外径；

4. 箱形截面梁及单向受弯的箱形截面柱，其腹板限值可根据 H 形截面腹板采用；

5. 腹板的宽厚比，可通过设置加劲肋减小；

6. 当按国家标准《建筑抗震设计规范》GB 50011—2010（2016 年版）第 9.2.14 条第 2 款的规定设计，且 S5 级截面的板件宽厚比小于 S4 级经 ε_σ 修正的板件宽厚比时，可视作 C 类截面，ε_σ 为应力修正因子，$\varepsilon_\sigma=\sqrt{f_y/\sigma_{max}}$。

附录 7　附　　图

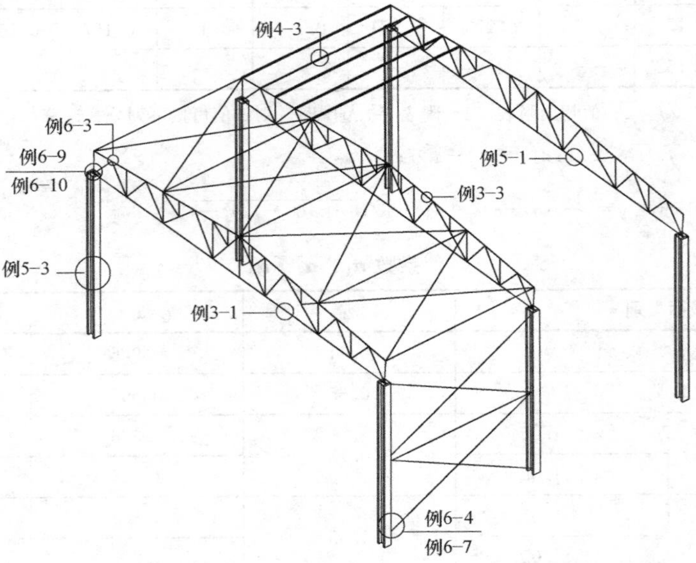

附图 7-1　普通钢屋架单层厂房结构示意

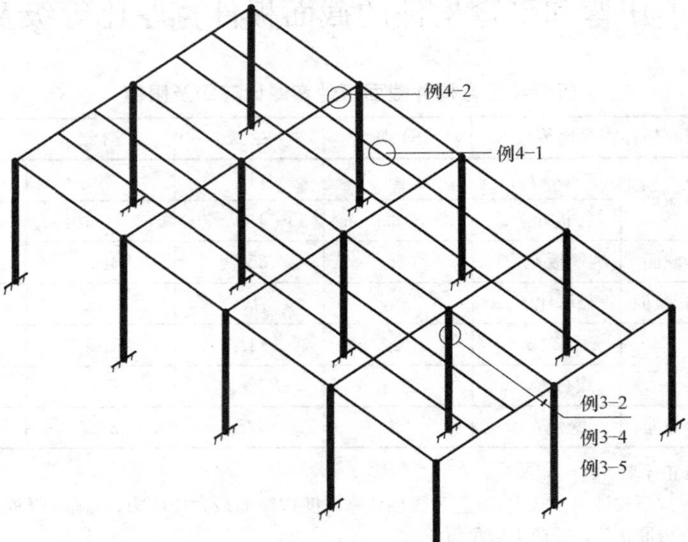

附图 7-2　钢平台结构示意

参考文献

［1］ 中华人民共和国国家标准. 钢结构设计标准 GB 50017—2017 ［S］. 北京：中国建筑工业出版社，2018.

［2］ 中华人民共和国国家标准. 低合金高强度结构钢 GB/T 1591—2018 ［S］. 北京：中国标准出版社，2009.

［3］ 中华人民共和国国家标准. 厚度方向性能钢板 GB/T 5313—2010 ［S］. 北京：中国标准出版社，2011.

［4］ 中华人民共和国国家标准. 碳素结构钢 GB/T 700—2006 ［S］. 北京：中国标准出版社，2007.

［5］ 沈祖炎，陈以一，陈扬骥，赵宪忠. 钢结构基本原理（第三版）［M］. 北京：中国建筑工业出版社，2018.

［6］ 夏志斌，姚谏. 钢结构—原理与设计（第二版）［M］. 北京：中国建筑工业出版社，2011.

［7］《钢结构设计手册》编辑委员会. 钢结构设计手册（第三版）［M］. 北京：中国建筑工业出版社，2009.

［8］ 张耀春主编. 钢结构设计原理 ［M］. 北京：高等教育出版社，2004.

［9］ 陈绍蕃. 钢结构稳定设计指南（第三版）［M］. 北京：中国建筑工业出版社，2013.

［10］ 张相勇. 建筑钢结构设计方法与实例解析 ［M］. 北京：中国建筑工业出版社，2013.

［11］ 王静峰，王波. 钢结构设计与应用范例 ［M］. 北京：机械工业出版社，2012.

［12］《钢结构》编委会. 钢结构 ［M］. 北京：中国计划出版社，2008.

［13］ 吕烈武，沈世钊，沈祖炎，胡学仁. 钢结构构件稳定理论 ［M］. 北京：中国建筑工业出版社，1983.

［14］ 陈绍蕃. 钢结构基础 ［M］. 北京：中国建筑工业出版社，2003.

［15］ 丁阳. 钢结构设计原理 ［M］. 天津：天津大学出版社，2004.

［16］ 崔佳，魏明忠. 钢结构设计规范理解与应用 ［M］. 北京：中国建筑工业出版社，2004.